MATLAB 程序设计及应用

郭斯羽 温 和 唐 璐 编著

电子工业出版社
Publishing House of Electronics Industry
北京·BEIJING

内 容 简 介

本书面向高等学校理工科专业本科生而编写，内容包括绪论、MATLAB 软件的基本操作、MATLAB 程序设计、MATLAB 中的矩阵与数组、MATLAB 绘图、MATLAB 的符号计算与数值计算。本书还提供了大量选自不同学科领域的例题和课后练习题，便于学生进行 MATLAB 实操和编程实践。本书所选择的内容旨在帮助高等学校理工科相关专业本科生熟练掌握 MATLAB 工具，并在后续的专业课程与科研实践活动中加以应用。读者可根据自己的实际需要从中选择合适的学习内容，并在本书的基础上，结合 MATLAB 帮助文档或其他参考书，更有针对性地学习 MATLAB 提供的各领域工具箱或 MATLAB 中的外部程序接口和窗口程序设计等更高级的功能。

除了理工科专业本科生，本书还适用于金融相关专业本科生和希望掌握一门程序设计语言与编程工具的零基础编程入门学习者。

未经许可，不得以任何方式复制或抄袭本书之部分或全部内容。
版权所有，侵权必究。

图书在版编目（CIP）数据

MATLAB 程序设计及应用 / 郭斯羽，温和，唐璐编著. —北京：电子工业出版社，2021.11
ISBN 978-7-121-42402-1

Ⅰ. ①M⋯ Ⅱ. ①郭⋯ ②温⋯ ③唐⋯ Ⅲ. ①Matlab 软件－高等学校－教材 Ⅳ. ①TP317

中国版本图书馆 CIP 数据核字（2021）第 240228 号

责任编辑：郭穗娟
印　　刷：天津千鹤文化传播有限公司
装　　订：天津千鹤文化传播有限公司
出版发行：电子工业出版社
　　　　　北京市海淀区万寿路 173 信箱　　邮编　100036
开　　本：787×1 092　1/16　印张：17.25　字数：442 千字
版　　次：2021 年 11 月第 1 版
印　　次：2021 年 11 月第 1 次印刷
定　　价：69.80 元

凡所购买电子工业出版社图书有缺损问题，请向购买书店调换。若书店售缺，请与本社发行部联系，联系及邮购电话：（010）88254888，88258888。
质量投诉请发邮件至 zlts@phei.com.cn，盗版侵权举报请发邮件至 dbqq@phei.com.cn。
本书咨询联系方式：（010）88254502，guosj@phei.com.cn。

前　言

　　本书是面向高等学校理工科专业低年级本科生以及零基础编程入门者的 MATLAB 程序设计基础教程，主要介绍 MATLAB 软件的基本操作、MATLAB 程序设计语言与编程、MATLAB 的数组与矩阵操作、MATLAB 中的矢量化计算方式、MATLAB 绘图、基础的符号计算与数值计算。本书内容侧重 MATLAB 的一般性和基础性使用，同时考虑理工科专业低年级本科生的课程学习、科研实践和学科竞赛等活动的需求，也对 MATLAB 中的符号计算和数值计算进行了较为详细的介绍。本书不涉及那些精深的专用工具的使用，本书的目的是，帮助 MATLAB 入门者迅速掌握 MATLAB 的基本功能。希望本书能够帮助那些将 MATLAB 作为第一门编程语言的零基础编程入门者，希望能够帮助他们较为轻松地掌握一个实用的编程工具，并帮助他们在学习过程中建立起利用计算机编程解决实际问题的意识、思维方式与能力，同时为将来接触和使用 MATLAB 的各类专用工具打下基础。

　　限于编著者的水平，本书难免存在疏漏之处，所提供的问题解决思路和参考程序也可能并非最佳方式。在此，特向曾志文和向刘超等同学致谢，感谢他们在本书出版前指出了书稿中的若干疏漏之处。编著者衷心希望读者能够指出本书中的疏漏和不足，或者就本书提供任何方面的宝贵的改进意见。读者可以通过 syguo75@163.com 与编著者联系，读者的反馈都将得到编著者的衷心感谢和认真思考。

编著者

2021 年 5 月

目　　录

第1章　绪论 ··· 1
   1.1　MATLAB 发展简介 ··· 1
   1.2　MATLAB 的优点和缺点 ·· 2
       1.2.1　优点 ·· 2
       1.2.2　缺点 ·· 4
   1.3　应用案例 ·· 5
   1.4　与 MATLAB 类似的软件 ·· 6

第2章　MATLAB 软件的基本操作 ·· 9
   2.1　MATLAB R2020a 的安装 ··· 9
   2.2　命令的输入与执行 ·· 10
       2.2.1　手工输入命令内容 ·· 10
       2.2.2　命令的快捷输入方式 ··· 12
   2.3　MATLAB 的帮助系统 ··· 13
   2.4　变量 ··· 14
       2.4.1　变量的命名 ·· 15
       2.4.2　工作空间 ··· 16
       2.4.3　变量的生成 ·· 18
   2.5　算术运算符与初等数学函数 ··· 19
       2.5.1　算术运算符 ·· 19
       2.5.2　三角函数 ··· 20
       2.5.3　双曲函数 ··· 22
       2.5.4　复数相关的函数 ··· 23
       2.5.5　指数函数与对数函数 ··· 24
       2.5.6　圆整与求余 ·· 25
   2.6　格式化文本输出 ··· 26
       2.6.1　`format` 命令 ·· 26
       2.6.2　`disp` 函数 ··· 27
       2.6.3　`fprintf` 函数 ··· 27
   2.7　数列 ··· 30
       2.7.1　数列的生成和下标 ·· 31
       2.7.2　数列的算术运算和常用函数 ··· 35
   2.8　基本绘图 ·· 40
   练习 ·· 46

第3章 MATLAB 程序设计 ... 51
3.1 M 文件 ... 51
3.1.1 脚本 M 文件 ... 53
3.1.2 函数 M 文件 ... 56
3.2 程序流程控制结构 ... 60
3.2.1 程序流程图简介 ... 60
3.2.2 关系运算符和逻辑运算符 ... 62
3.2.3 if 分支结构 ... 63
3.2.4 switch 分支结构 ... 67
3.2.5 for 循环结构 ... 69
3.2.6 while 循环结构 ... 75
3.2.7 其他流程控制语句 ... 82
3.3 工作空间与变量的作用域 ... 87
3.3.1 局部变量 ... 87
3.3.2 函数的输入/输出参数 ... 88
3.3.3 在工作空间之间共享数据 ... 89
3.4 局部函数与嵌套函数 ... 91
3.4.1 局部函数 ... 91
3.4.2 嵌套函数 ... 94
3.5 函数优先顺序与路径 ... 95
3.6 注释 ... 97
3.7 调试 ... 99
练习 ... 101

第4章 MATLAB 中的矩阵与数组 ... 108
4.1 矩阵与数组的生成和基本操作 ... 108
4.1.1 基本矩阵的生成 ... 109
4.1.2 获取数组的基本信息 ... 115
4.1.3 数组的常见处理 ... 116
4.1.4 访问数组中的单个元素 ... 119
4.2 数据类型 ... 122
4.2.1 MATLAB 中的数据类型概述 ... 122
4.2.2 与数据类型有关的常用操作 ... 124
4.3 数组运算 ... 126
4.4 矩阵运算 ... 131
4.4.1 矩阵的算术运算 ... 131
4.4.2 常用的矩阵运算函数 ... 139
4.5 数组下标 ... 143
4.5.1 多维下标 ... 143

4.5.2　一维下标 149
　　　4.5.3　逻辑数组下标 155
　4.6　异质数据容器 156
　　　4.6.1　元胞数组 157
　　　4.6.2　结构体数组 166
　　　4.6.3　表 167
　练习 169

第5章　MATLAB 绘图 176

　5.1　图形窗口与坐标区 176
　　　5.1.1　图形窗口 176
　　　5.1.2　坐标区 178
　5.2　绘制线图的函数 183
　　　5.2.1　使用 plot 函数绘制二维线图 183
　　　5.2.2　使用 plot3 函数绘制三维曲线 184
　　　5.2.3　使用 stairs 函数绘制阶梯图 185
　　　5.2.4　使用 errorbar 函数绘制带误差条的线图 186
　　　5.2.5　使用 area 函数绘制区域图 187
　　　5.2.6　使用 stackedplot 函数绘制共 x 轴堆叠图 188
　　　5.2.7　用于绘制对数图的函数 189
　　　5.2.8　根据函数表达式绘图 190
　5.3　曲面图的绘制 191
　　　5.3.1　绘制三维曲面图的方法 191
　　　5.3.2　瀑布图和条带图的绘制 193
　　　5.3.3　使用 pcolor 函数绘制伪彩色图 194
　　　5.3.4　等高线图的绘制方法 195
　5.4　数据分布图的绘制 197
　　　5.4.1　直方图的绘制方法 197
　　　5.4.2　箱形图的绘制方法 199
　　　5.4.3　散点图的绘制方法 199
　　　5.4.4　平行坐标图的绘制方法 201
　　　5.4.5　饼图的绘制方法 201
　5.5　离散数据图的绘制 202
　　　5.5.1　条形图的绘制方法 202
　　　5.5.2　针状图的绘制方法 205
　　　5.5.3　帕累托图的绘制方法 206
　5.6　极坐标图的绘制 206
　　　5.6.1　极坐标线图的绘制方法 206
　　　5.6.2　极坐标散点图的绘制方法 207
　　　5.6.3　玫瑰图的绘制方法 208

5.7 向量场相关图形的绘制···208
5.7.1 箭头图的绘制方法···208
5.7.2 羽毛图和罗盘图的绘制方法···································209
练习···210

第6章 MATLAB 中的符号计算···215
6.1 符号计算概述···215
6.2 创建符号数值、变量、表达式和函数·································216
6.2.1 创建符号数值···216
6.2.2 创建符号变量···217
6.2.3 创建符号表达式和函数···································218
6.3 表达式的变形与化简···219
6.4 基本的微积分运算···224
6.5 求解普通方程与微分方程···230
6.6 数值的求取与代码生成···235
6.6.1 数值的求取···235
6.6.2 代码生成···237
6.7 符号计算的局限性···237
练习···238

第7章 MATLAB 中的数值计算···240
7.1 求解非线性方程、多项式方程和方程组·····························240
7.1.1 求解非线性方程···240
7.1.2 求解多项式方程···246
7.1.3 求解非线性方程组···247
7.2 插值与拟合···248
7.2.1 问题描述···248
7.2.2 插值···249
7.2.3 拟合···254
7.3 数值积分···258
7.4 解常微分方程···261
练习···265

参考文献···268

第 1 章 绪 论

教学目标
（1）了解 MATLAB 发展的简要历程。
（2）理解 MATLAB 的优缺点，从而能够在实际应用中恰当选择。
（3）了解与 MATLAB 具有相似功能的其他科学计算软件或程序设计语言。

教学内容
（1）MATLAB 的发展简介。
（2）MATLAB 的优点和缺点。
（3）MATLAB 的实际应用案例。
（4）与 MATLAB 类似的软件。

1.1 MATLAB 发展简介

MATLAB 是一个用于科学研究与工程应用分析和设计的商业化算术运算软件。MATLAB 由美国新墨西哥大学的数学教授 Cleve Moler 开发。Moler 在其 1965 年的博士论文中使用的一个示例——L 形曲面成为现在 MathWorks 公司使用的徽标。

Moler 当时在美国阿贡国家实验室（Argonne National Laboratory）参与了两个数值计算软件包的开发：用于求取矩阵特征值的 EISPACK 和用于求解线性系统的 LINPACK。同时，他也在新墨西哥大学讲授数值分析和矩阵论的课程。为了让学生们既能够在计算机上进行实践，又能免除编写程序的麻烦，Moler 利用 FORTRAN 语言和 EISPACK 及 LINPACK 的部分功能，编写了最初版本的 MATLAB。这个版本的 MATLAB 仅 80 个数学函数，只能在字符界面上绘制粗略的曲线图，而且缺少 M 文件和工具箱等成熟版本 MATLAB 的核心部分。它所关注的是与矩阵有关的计算，这一点从 MATLAB（Matrix Laboratory：矩阵实验室）的名称也能看出来。

在 MATLAB 向商业化软件的转变过程中，自动控制工程师 Jack Little 扮演了重要角色。他是首个商业化 MATLAB 软件的主要开发者。1981 年 IBM 公司推出其首款个人计算机后，Little 迅速意识到 MATLAB 在个人计算机上的应用前景，并与 Steve Bangert 用 C 语言改写了 MATLAB，而 M 文件、工具箱以及更为强大的图形绘制功能等重要特性也在这时加入了 MATLAB。1984 年，Moler、Little 和 Bangert 在美国加利福尼亚州成立了 MathWorks 公司。

自那以后，MATLAB 便迅速发展，成为一个强有力的科学与工程领域的应用软件。它不仅用于解决矩阵与数值计算方面的问题，而且已经成为集数值与符号计算、数据可视化、图形界面设计、程序设计、仿真等功能为一体的集成软件平台。此外，在教育领域，MATLAB 也成为高等数学、线性代数、概率论与数理统计、数值分析、数学建模、自动控制系统设计与仿真、信号处理、通信系统仿真乃至大学物理、生物学、计量经济学等广泛课程的重要教学和实践工具，为众多的研究者与学习者所熟悉。

1.2 MATLAB 的优点和缺点

1.2.1 优点

MATLAB 作为一种科学计算软件，具有如下优点。

1. 强大的数学计算能力特别是矩阵运算能力

与 C/C++、Java 等编程语言不同，MATLAB 是将数组和矩阵作为基本的操作单元来对待的。因此，在 C/C++等编程语言中，加法运算符"+"在最基础的层面上支持的仅仅是单个标量的加法运算。尽管 C++等面向对象的编程语言可以通过操作符重载来定义更为复杂的"+"运算，但是这需要编程者额外的编程工作，或者是其他库的支持。而 MATLAB 编程语言直接将数组和矩阵这样的批量数据的组织形式作为基本的处理单元，因此，在 MATLAB 中，"+"表示的就是整个数组和矩阵之间的加法，这是 MATLAB 内生的特性，不需要编程者额外进行任何工作，从而极大地简化了数组和矩阵运算的编程任务，也使得其表达形式与数学公式更为一致，同时也更为简明清晰。

不仅如此，MATLAB 数组和矩阵的元素还可以取复数值而不限于实数值，从而使复数相关的运算也变得十分易用。

此外，MATLAB 从最初版开始就关注矩阵运算，因此其矩阵运算包括特征根与特征矢量的求取、矩阵求逆等常用而核心的运算，都具有极高的运行效率。实际上，MATLAB 在矩阵相关运算方面，一直都是各主要编程语言中最为高效者之一。

2. 语言特性简洁，编程效率高

MATLAB 编程语言本身的特性简洁明了，没有引入太多复杂的特性，这一点与 C++这样面向对象的编程语言相比显得尤为突出。此外，MATLAB 中的数组和矩阵实际上都是"动态"的，因此，在内存管理方面编程者几乎不需要负担多少工作。尽管在空间和时间效率上不一定能保证是最优的，但是不用进行内存管理，将明显减少程序发生内存相关错误的可能，从而使得编程者的代码编写和调试工作变得更为简单和轻松，编程效率可以显著提高，编程者能够将更多精力集中在如何解决实际问题，而不是陷在编程语言本身的技术细节之中。

同时，MATLAB 将数组和矩阵作为基本操作单元的处理方式，也使得与批量数据的运算和处理有关的程序变得更为简洁，编程工作量更少。在掌握了 MATLAB 的矢量化运算技巧之后，在 C 语言或 Java 语言中需要一层甚至是多层嵌套的循环才能完成的运算，在 MATLAB 中也许仅需要寥寥数行就能实现。

3. 交互性好，使用方便

MATLAB 又被称为"草稿纸式的计算软件"，它的基本使用方式是命令行式的：在命令窗口中输入一条命令，马上就能执行该命令，并且根据用户的需要可以显示计算的结果。这条命令可以本身是执行一项复杂、完整的计算任务的函数调用，也可以仅仅是一个复杂处理过程中的中间步骤。而利用 C/C++或 Java 等编程语言编程时，在编写了完整或部分的代码后，需要经过编译、链接等操作产生可执行程序，然后才能够实际运行和看到结果。

而且 MATLAB 的不同程序间的互相调用也十分方便和简单。它提供的每个 M 文件既是一个函数模块，也是一个完整的可执行程序。因此，它们既可以单独用来执行一项特定的任务，也可以组合起来构成更为复杂的程序。以 MATLAB 工具箱为例，每个工具箱通常由存放在特定目录下的一系列 M 函数构成，这个目录实际上起到了在其他编程语言中函数库的作用。

4. 绘图能力强大，能够利用数据可视化有效辅助研究分析

利用 MATLAB 可以方便地绘制多种常用的二维图形和三维图形，如曲线图、散点图、饼图、柱状图、三维曲线/三维曲面图、伪彩色图等。这些图形不但提供大量数据的直观表示，而且更便于揭示数据间的内在关系。

5. 为数众多的工具箱

MATLAB 除了基本的数学计算功能，还以工具箱的形式提供了大量针对特定功能和特定应用领域的工具箱。例如，在 MATLAB R2020a 中，就提供了包括曲线拟合工具箱、最优化工具箱、符号数学工具箱、统计与机器学习工具箱、深度学习工具箱、强化学习工具箱、并行计算工具箱，以及针对信号处理、图像处理与机器视觉、控制系统、测试测量、射频与混合信号、无线通信、自主系统、FPGA 等硬件开发、汽车、航空航天、计算金融学和计算生物学等特定应用领域的工具箱，多达 60 余个。此外，还包括用于仿真和代码生成等功能的软件和函数或模块库，数量也多达数十个。这些工具箱直接为使用者提供了相关领域的大量较为成熟的算法，从而使得研究者与开发者能够迅速在这些已有成果的基础上，构建自己的解决方案或新的算法。

6. 开放性好，便于扩展

大量 MATLAB 工具箱函数都是以 M 文件的形式提供的，因此，其具体实现都是公开的，而且用户可根据自己的需要加以修改。这些公开的代码不仅为用户对其进一步改进提供了很好的基础，而且研究者还能够通过阅读这些代码，更好地理解相关的算法。

以 M 文件为基本模块的工具箱组织方式，也使得用户能够构建自己的工具箱，或进一步搭建起基于 MATLAB 的二次应用环境。

MATLAB 的开放性还体现在它与其他编程语言和工具软件的交互上。MATLAB 提供了 C 语言和 FORTRAN 语言的 API 函数库，开发者可以利用这些 API 函数，使用 C 语言或 FORTRAN 语言来实现有关算法，然后把它们编译为可在 MATLAB 中执行的 MEX 函数模块。

MATLAB 还通过 COM 接口对外提供计算服务，其他的应用程序可以通过该 COM 接口调用 MATLAB 的计算功能，从而使得 MATLAB 可以作为一个强大的后台计算引擎来发挥作用。例如，用户可以利用 C++、VB 等语言来编写应用程序，然后在其中调用 MATLAB 来完成复杂或性能敏感的计算任务。

MATLAB 也可以对 Java 类进行操作和使用。同时，由于 MATLAB 强大的功能和已经构建起来的应用生态，不少其他的工具软件也提供了与 MATLAB 兼容的接口。例如，在

LabVIEW 中就可以利用 M 语言来编写模块以执行有关的计算功能。

7. C/C++代码生成功能

MATLAB 能自动将 M 代码转换为可靠的 C/C++语言代码。通过这一功能，开发者就可以利用 MATLAB 高效便捷地进行算法的实现、调试与验证，之后再自动转换为 C/C++代码，就能够将所实现的算法用于需要的程序中，从而极大地减少编写和调试程序的工作量。

1.2.2 缺点

尽管 MATLAB 具有上述优点，但是其缺点也是较为明显的。

1. 价格昂贵

作为一款功能强大的数学计算软件，MATLAB 的价格十分昂贵。实际上，除了 MATLAB 核心软件，MATLAB 的多数工具箱都是单独计价的。如果要将这些工具箱全部配齐，整个软件的价格将达到十余万甚至数十万元人民币。这一昂贵的价格在相当程度上限制了 MATLAB 的使用。在各种开源软件不断涌现的今天，MATLAB 昂贵的价格已经催生出了若干功能类似的其他软件。有些开源工具在部分功能和计算效率上都已经达到了与 MATLAB 比高低的程度，也因此逐步扩大了它们在数学计算方面的流行度。

2. 体积庞大，对计算机性能要求高

随着 MATLAB 功能的不断增加，工具箱数量的不断增多，其完整安装所需的空间也越来越大。以 MATLAB R2012a 为例，其完整安装约需要 5.7GB 的硬盘空间。同时，MATLAB 对于计算机的 CPU 和内存的要求也随着版本的提高而提高。因此，如果仅仅希望以 MATLAB 作为应用程序的后台计算引擎，上述的硬件开销一般都是偏大的。

3. 在某些特定应用领域中的表现不及其他软件

MATLAB 的优势主要体现在以矩阵计算为核心的科学计算与仿真上，但是在一些相对更新的应用领域，由于其基础架构的问题，因此表现不见得是最佳的。例如，在大数据处理和深度学习方面，MATLAB 尽管在最新的版本中也提供了工具箱支持，但是其功能和性能相比于 Python 语言及相关的第三方工具包或应用框架等还有一些差距。在这些领域的研究者中，其使用者所占的比例也较小。

4. 语言本身的计算效率存在不足

一般而言，MATLAB 内置的计算函数的效率都足够高效，但是对于利用 MATLAB 进行开发的程序员来说，如果需要提高所编写的程序的效率，就需要掌握更多的技巧。

在 MATLAB 的较早期版本中，影响程序效率的一个典型因素，就是利用循环的方式来对数组中的每个元素进行处理。由于在 MATLAB 中，哪怕是基本的算术运算，也会被解释为对 MATLAB 相应内置函数的一次调用，因此，在利用循环逐元素进行操作时，函数调用带来的计算开销将远大于这一计算本身的实际开销，从而使得程序的运行速度显著下降。因此在较早期的 MATLAB 版本中，如何利用矢量化技术来减少循环的数量，是提高程序效率的一个重要技巧，甚至在很多应用中，为了能够利用矢量化技术带来的高效率，往往使得代码本身变得晦涩难懂，影响了程序的可读性。尽管在较新的版本中，MathWorks 公司已经极大地提升了 MATLAB 中循环的执行效率，但是这一问题仍然没有得到解决。

此外，还有一种提高效率的方式，即使用 MEX 编程，利用 C/C++语言来编写对性能影响最为显著的算法核心部分，把它编译为 MEX 模块后再在 M 函数中加以调用。不过这种方式一方面需要程序员熟悉 C/C++编程，而且 MEX 模块的调试并不是十分方便，另一方面也使得整个程序的组织结构显得较为零散，不便于阅读和迅速理解。

尽管存在上述缺点，MATLAB 仍然以其高效的计算、便捷的交互、强大的可视化能力和众多工具箱的有力支持，在科学研究与技术开发中扮演着重要的角色。

1.3 应用案例

MATLAB 在工业界和学术界的应用案例可谓汗牛充栋，在此，仅列举数个不同应用领域的案例以窥一斑。

1. 奇瑞汽车的发动机管理系统软件开发

发动机管理系统（Engine Management System, EMS）通过车载的各类传感器感知发动机的吸入空气量、冷却水温度、发动机转速、加减速状态等信息，并据此控制发动机的工作，如发动机的燃油供给量、点火提前角、怠速空气流量等。设计良好的 EMS 软件可有效地提高发动机的工作性能。

由于不同车型对 EMS 有着不同的需求，因此需要采用一种灵活、迅速、低成本的方式来进行 EMS 软件的开发。奇瑞汽车采用基于模型的设计（Model-Based Design）解决方案，该解决方案主要采用的是 MATLAB 和同为 MathWorks 公司产品的 Simulink 软件。

开发组在 MS Word 中定义了系统软件需求，并利用 Simulink 和 StateFlow 构建了一个 EMS 控制模型。通过 Simulink Check 和 Simulink Requirements 软件，开发组建立了 Word 文档中的系统需求与 Simulink 控制模型中相应部件之间的对应关系，从而能够在需求发生变化时自动地将这些变化体现在模型中。在经过仿真和硬件验证后，开发组利用 Embedded Coder 和 Fixed-Point Designer 自动生成了超过 20 万行面向定点数 PowerPC 微控制器的源代码。这些源代码所生成的软件已经用在了包括奇瑞 QQ 在内的产品上。

采用上述解决方案，奇瑞公司每年可节约开发费用近 200 万美元。在开发第 2 代 EMS 软件时，第 1 代产品中约 60%的控制设计都可以复用，从而使得开发时间减半。代码自动生成同样节约了大量的开发与调试时间，所生成的代码执行效率高，而且未发现代码缺陷。

2. 上海电气集团的分布式能源系统规划与设计平台

上海电气集团需要根据不同城市的不同负载分布、发电系统类型、储能设备类型以及长期的气象数据，来规划和设计分布式能源系统。这些负载和发电、储能单元的种类繁多，数量庞大，针对不同城市需要进行电网模型的调整，需要针对新技术添加模型，还需要结合气象数据并在此基础上分析经济效益。这些需求对上海电气集团研发分布式能源系统规划与设计平台提出了挑战。该平台的开发采用 MATLAB 与 MATAB Production Server。能源工程师们利用 MATLAB 构建了分布式能源系统中各设备组件的模型，这些模型不仅包含了设备的物理特性，还包含了其经济特性。例如，在风力发电机模型中，除了电力输出，发电机的维护费用也以关于风速的函数形式被包含在内。由于组件繁多，因此，为了提高组件的复用性，开发团队利用 MATLAB 的面向对象编程能力，将这些组件以对象的形式加以实现。

开发者利用 MATLAB 的财务工具箱开发了一系列算法，用于评估给定的分布式能源系统模型的财务状况。在这些算法中，不仅包含了能源价格的变化趋势以及时间序列形式的气象数据，还包括了规章政策等因素。

在利用 MATLAB Compiler SDK 将平台的模型和算法打包后，平台通过 MATLAB Production Server 进行了部署。通过对 Production Server 进行部署的方式，使得用户能够访问自动更新的最新版本。该平台能够与一个用 C#编程语言编写的网络应用界面进行交互，让用户能够通过浏览器来使用该平台。

这一解决方案使得整个平台至少提前了 6 个月投入使用。通过该平台提供的规划与设计，仅仅在一个项目上，便节约了 200 万元人民币。而且 Production Server 的使用使得系统的更新能够即时自动完成，不再需要 IT 人员的维护。

3. 都科摩（北京）通信技术研究中心的通信算法开发

都科摩（北京）通信技术研究中心在研发过程中，利用 MATLAB 来提高研发效率。研究人员利用 MATLAB、信号处理工具箱中的滤波函数，以及通信工具箱中的调制、解调、编码和解码函数，构建了一条完整的发射—接收链，并以之作为验证先进通信算法的仿真框架。例如，如果现在要针对新一代设备开发调制解调方案，那么就可以将框架中的调制和解调函数替换为所开发的调制和解调功能，即可对其进行仿真验证。

在链接层的层次上对框架的可靠性进行验证之后，研究人员又进一步构建了包含多个基站和数百台移动设备的系统级模型。由于模型规模庞大，因此其仿真相当耗时。为了提高仿真效率，研究人员使用了 MATLAB 并行计算工具箱和 MATLAB Parallel Server，使得仿真能够以并行的方式进行。

通过上述方案，仿真系统的开发时间减少了 50%；一些仿真任务的耗时从数周减少为几个小时，仿真量也提高了 5 倍，从而大大提高了仿真结果的可信度。

1.4　与 MATLAB 类似的软件

除了在 1.2.2 节中介绍的缺点，MATLAB 还存在一个潜在风险，即它并非自主可控的软件。因此，在某些特定的情况下，即使是合法的正版用户，也可能不得不面临没有 MATLAB 可用的情形。本节将介绍几种较为流行的、与 MATLAB 类似的科学计算免费软件，由于它们与 MATLAB 的相似性，因此在极端情况下，用户也能够较快地切换到这些新的软件中，完成一些较为常规和基础的科学计算任务。

1. Scilab

Scilab（https://www.scilab.org/）最早可追溯到 20 世纪 80 年代，其前身是由法国国家信息与自动化研究所（INRIA）开发的计算机辅助控制系统设计软件 Blaise。Blaise 的目的是为自动控制领域的研究者提供一个工具,它的开发也受到了 MATLAB 的启发。在 1984 年,Blaise 更名为 Basile,然后由 INRIA(法国计算机科学与控制国家研究院)的首个初创公司 Simulog 进行发行。

20 世纪 90 年代初,Simulog 停止了 Basile 的发行,该软件更名为 Scilab,由 INRIA 的 Scilab 工作组 6 位成员负责开发。INRIA 决定以免费开源软件的方式发行 Scilab,其首个正式版本于 1994 年上传至可匿名访问的 FTP 服务器供使用者下载。Scilab 工作组的开发工作一直进行到 2002 年。

从 2003 年开始,为了适应越来越多的使用人数需求,INRIA 组建了 Scilab Consortium 以负责 Scilab 的开发、维护和技术支持。2008 年,Scilab Consortium 与 Digiteo 研究者网络结合,Scilab 的开发与维护即由 Scilab Consortium 在 Digiteo 内部开展进行。

到了 2010 年,在 INRIA 的支持下,Scilab Enterprises 公司成立,以保证 Scilab 软件的未来发展。从 2012 年开始,Scilab 有关的开发工作等就完全由 Scilab Enterprises 公司负责了。

Scilab 提供了数以百计的数学函数,能够完成数值分析、数据可视化、算法开发和应用开发等任务,主要面向的领域包括数学、优化、统计、信号处理和控制系统等。此外,Scilab Enterprises 还推出了 Xcos 软件,用于类似 Simulink 的系统建模与仿真。

2. GNU Octave

GNU Octave(https://www.gnu.org/software/octave/index)是 GNU 项目中的一个免费软件,可以运行于 GNU/Linux、macOS、Windows 等操作系统之上。Octave 最早的目的是为化工专业的本科生提供一个化学反应器设计方面的辅助软件,实际上 Octave 的命名就来自开发者的一位老师兼化学反应工程方面的专家 Octave Levenspiel。但是这一目标的局限性很快就变得显而易见,因此该软件也开始向更为灵活、更为一般的计算软件转变。

现在,GNU Octave 已经成为主要面向数值计算的一种高级编程语言,以及使用这种编程语言的软件工具。Octave 编程语言在很大程度上与 MATLAB 编程语言是兼容的,这就使得 MATLAB 用户向 Octave 的迁移显得尤为方便,甚至在没有使用过专业的工具箱函数时,MATLAB 程序可以直接移植到 Octave 中。Octave 的免费与开放性,使得用户可以通过编写和发布自己的程序,来不断完善和强化 Octave 软件的功能。

3. 基于 Python 编程语言的科学计算与可视化

Python 编程语言作为一种免费开源的语言,由于其易用性与强大灵活的功能,在众多领域获得了应用。在科学计算方面,Python 社区的开发者提供了 NumPy、SciPy、Matplotlib 和 SymPy 等多个软件包,能够高效地完成数组计算、数值和符号计算以及数据可视化的任务。

NumPy(https://www.numpy.org.cn/)是利用 Python 进行科学计算的基础包,其中提供了类似 MATLAB 数组的 N 维数组对象 ndarray,并重载了 Python 的运算符以支持矩阵运算;提供了类似 MATLAB 数组下标的 N 维数组的索引和切片,还提供了强大的线性代数、傅里叶变换和随机数功能。

SciPy(https://www.scipy.org/)中包含了一系列数值算法,以及包括信号处理、最优化、统计等很多专门应用领域的工具箱。

Matplotlib(https://matplotlib.org/)提供了功能全面的可视化函数集,能够绘制多种静态图形、动画以及可交互图形，包括各种常见的二维图形和三维图形。

SymPy（https://www.sympy.org/en/index.html）顾名思义是为了提供符号计算功能而开发的 Python 工具包，能够进行表达式的变形、化简、求解方程和方程组、微积分、组合学、几何、统计、离散数学、矩阵运算乃至物理学和密码学方面的符号计算。这些 Python 工具包共同完成了 MATLAB 中相当多的常见功能。当然，由于 Python 编程语言所支持的运算符和 MATLAB 并不相同，因此，在一些具体运算上，以及编程语言的表现形式上，两者存在较为明显的不同，但是在理解和掌握了 MATLAB 中对数组进行处理的方式和思路之后，对于具备 Python 编程语言基础的开发者和研究者而言，两者之间的转换也并不困难。

除了上述免费开源软件，还有其他一些国内外开发者负责的免费科学计算软件，只不过从所实现的功能和使用人数而言，目前还与上述软件存在一定的差距。

当然，我们在此介绍这些功能类似的免费软件，目的并非是希望读者就此放弃 MATLAB 而转移到其他软件的使用之上。我们的目的仍然是希望通过本书，使读者特别是尚不具备编程能力的读者，能够较为迅速、容易地掌握一门具有实用性的编程语言，从而初步建立编程的思维能力，以及利用编程来解决学习、工作和生活中的实际问题的意识，特别是对于理工科专业的本科生，能够利用这门编程语言，仿真和验证基础与专业课程中的结论，并能够在学科竞赛和科研实践中解决具有实际应用背景的问题。从这个目的而言，MATLAB 是一个良好的选择。而在具备了 MATLAB 编程基础并领会了数组计算的方式之后，如果有必要迁移到其他软件或语言平台，这种迁移将变得更为迅速和简单。

第 2 章　MATLAB 软件的基本操作

教学目标
（1）能够利用 MATLAB 中的算术运算和初等数学函数，完成工程或日常应用中的直接计算任务。
（2）能够利用 plot 函数，来绘制函数或平面曲线及散点图以完成计算结果的可视化。
（3）能够使用 MATLAB 的帮助系统，来获得有关函数使用方法的帮助、教程或示例。

教学内容
（1）MATLAB R2020a 的安装。
（2）利用命令窗口与命令历史窗口输入命令。
（3）命令的执行。
（4）在命令窗口中显示运行结果，以及显示结果的格式控制。
（5）MATLAB 的帮助系统。
（6）变量的命名与管理。
（7）MATLAB 工作区。
（8）MATLAB 的算术运算符、初等数学函数与数据分析函数。
（9）数列的生成与使用。
（10）plot 函数。

2.1　MATLAB R2020a 的安装

MATLAB R2020a 的安装与一般软件的安装相差不大，用户按照安装向导的提示逐步进行即可。不过，在安装过程中有一个步骤是选择需要安装的工具箱等辅助内容。如果用户的计算机配置较高，又对各个工具箱的用途不甚了解的话，一般可选择默认的全部安装。这时 MATLAB R2020a 将使用约 30GB 的硬盘存储空间。如果这一存储空间要求过高，那么从本书的教学内容出发，再结合电子信息类、电气信息类专业的本科教学需要，推荐读者选择安装以下组件：

- MATLAB；
- Simulink；
- Curve Fitting Toolbox；
- Optimization Toolbox；
- Global Optimization Toolbox；
- Symbolic Math Toolbox；
- Statistics and Machine Learning Toolbox；
- Deep Learning Toolbox；

- Signal Processing Toolbox；
- Wavelet Toolbox；
- Image Processing Toolbox；
- Computer Vision Toolbox。

当然，读者在逐渐熟悉了 MATLAB 及其工具箱的使用之后，也可以根据自己的需要确定一个合适的工具箱和辅助软件的配置。

2.2 命令的输入与执行

2.2.1 手工输入命令内容

1. 单行输入单条命令

运行 MATLAB R2020a，在出现的 MATLAB 操作界面中，有重要作用的子窗口，即默认设置下占据了操作界面最大比例部分、窗口标题为"Command Window"或"命令行窗口"的子窗口，该子窗口称为"命令窗口"，如图 2-1 所示。

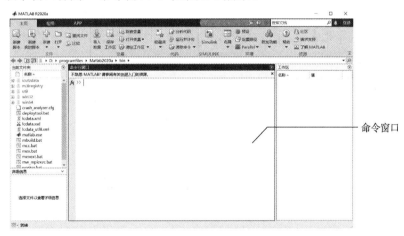

图 2-1 MATLAB 的命令窗口

用户可以在命令窗口中输入语句、命令或表达式，然后由 MATLAB 执行，执行结果的文本显示以及错误和警告等文本信息也都会显示在命令窗口中。为了叙述方便，在不致混淆的情况下，后文一般将不明确区分语句、命令和表达式的称谓。

当命令窗口中出现命令提示符">>"且光标在命令提示符后面闪烁时，用户就可以在命令窗口中输入命令了。

【例 2.1】

计算下式的值：

$$3\frac{1}{2} \times 20 \times 5^2$$

在命令窗口中输入如下内容：

```
>> (3+1/2) * 20 * 5^2
```

然后按 Enter 键，这时命令窗口中就将出现如下的文本输出内容：

```
ans =
    1750
```

在 MATLAB 命令窗口中输入一个完整的命令后，按 Enter 键表示输入内容的结束，并将触发 MATLAB 执行所输入的内容。在执行过程中，如果有文本输出，那么这些输出内容将出现在命令窗口中。当然，也存在若干 Enter 键并不表示输入结束的情况，这些情况将在之后的相应场合中加以介绍。

2. 在多行中输入单条命令

如果一条命令的长度很长，那么在 MATLAB 命令窗口的一行中输入长命令将导致阅读不便。这时，可以使用续行符"..."将命令分为连续的若干行进行输入。续行符由 3 个连续的点号构成，在续行符输入之后按 Enter 键，将不会触发 MATLAB 执行所输入的命令，而会将光标移至下一行并等待用户输入剩余的命令内容。

【例 2.2】

计算下式的值：

$$(14.53 + 0.74 \times 252) \Big/ \left(1\frac{3}{4} + 0.0006 \times 150^{2.3}\right)$$

在命令窗口中输入如下内容：

```
>> (14.53 + .74*252) / ...
(1 + 3/4 + 6e-4*150^2.3)
```

输出结果为

```
ans =
    3.2189
```

需要注意的是，在使用续行符时，如果续行符之前的字符是数字，那么 MATLAB 将优先把续行符中的点号解释为小数点。不注意到这一点，将容易导致最后执行命令时出错。通过在续行符之前加入空格可避免这个问题。如果不能确定续行符是否会与之前的内容产生歧义，那么统一在续行符之前加入一个空格将会是一种良好的编程习惯。

在 MATLAB 中输入小数时，如果该小数的整数部分为 0，那么可以省略整数部分的 0，而直接从小数点开始，输入后续的小数部分。例如，在例 2.2 中，0.74 被输入为".74"。

另外，当数字的数量级较大或较小时，用科学计数法输入将更为方便。此时，指数部分以字母"e"或"E"开始。例如，在例 2.2 中，0.0006 被输入为"6e-4"。

3. 利用逗号或分号结束命令

除了使用 Enter 键表示命令结束并触发执行程序，用户还可以通过逗号","或分号";"来表示命令的结束。逗号与分号的区别在于，分号不仅可以表示命令的结束，还可以屏蔽所结束的命令的执行结果在命令窗口中的显示。在本章示例中，输入的都是数学表达式，它们的值就是命令的执行结果。在没有使用分号的情况下，执行结果将显示在命令窗口中，但是如果命令是以分号结尾，那么执行结果将不会被显示。

【例 2.3】

请利用 MATLAB 求解如下一元二次方程：
$$3x^2 + 29x + 14 = 0$$

在命令窗口中输入如下内容：

```
>> a = 3; b = 29; c = 14;
>> D = (b^2 - 4*a*c)^0.5;
>> x1 = (-b + D)/(2*a), x2 = (-b - D)/(2*a)
```

输出结果为

```
x1 =
    -0.5096
x2 =
    -9.1570
```

在例 2.3 中使用了变量 a、b 等，并且通过赋值号 "=" 对这些变量进行赋值。赋值语句的结果就是被赋值变量的值，因此，如果语句是通过逗号或 Enter 键直接结束的，变量的值就会作为赋值语句的执行结果显示在命令窗口中，如例 2.3 中变量 x1 和 x2 的赋值语句；不过其余以分号结束的赋值语句执行结果就被屏蔽掉，而不会出现在命令窗口中。

从例 2.3 还可以看出，利用分号或逗号结束命令，就可以在同一行中输入多条命令。

2.2.2 命令的快捷输入方式

为了减轻输入命令的工作量，MATLAB 提供了多种快捷输入命令的方式，这些方式都与 "命令历史窗口" 有所关联。命令历史窗口是 MATLAB 操作界面中窗口标题为 "Command History" 或 "命令历史记录" 的子窗口，如图 2-2 所示。如果在界面中没有这个子窗口，则可以通过工具栏中的 "布局" 按钮，选中 "命令历史" 菜单中的 "停靠" 选项。在该窗口中，以列表形式保存和显示以往在命令窗口中输入过的语句和命令。这些以往的命令可以被追溯使用。

图 2-2 MATLAB 的命令历史窗口

1. 将命令历史窗口中的命令复制到命令窗口中执行

利用 Windows 系统列表框内容的选择方式，可以在命令历史窗口中选中一条或多条以往执行过的命令，然后用复制/粘贴或光标拖曳的方式，将选中的命令按它们在列表中原有的顺序复制到命令窗口之中，然后再使用 Enter 键执行这些命令。也可以在命令窗口中对这些命令进行修改后，再使用 Enter 键来执行。

2. 双击执行命令历史窗口中的命令

直接选中并双击命令历史窗口中的单条命令，可以将该命令复制到命令窗口中，并执行该命令。

3. 使用键盘的"↑"和"↓"键

使用键盘上的"↑"键，可以将命令历史窗口中的当前选中命令回溯为它的前一条命令，并显示在命令窗口中；使用键盘上的"↓"键，则可以选中当前命令的下一条命令，并显示在命令窗口中。如果在命令历史窗口中没有选中任何命令，那么"↑"键将回溯到最近的一条命令。在回溯到所需要的命令之后，可在命令窗口中进行修改或直接执行。

2.3 MATLAB 的帮助系统

MATLAB 为用户提供了十分完善强大的帮助系统。实际上，在掌握 MATLAB 基本操作方法之后，如果用户本身已经具有某个专业领域的背景知识，那么就完全可以仅凭 MATLAB 相应的工具箱所提供的帮助文档和演示、示例等内容，自学这个工具箱的系统、专业的使用。

MATLAB 的帮助信息可以以文本方式在命令窗口中显示，也可以在一个单独的帮助浏览窗口中显示。

1. help 命令

help 命令最常见的用法是以某个函数的名称作为命令参数查看该函数的帮助信息。例如，输入 help sin，那么执行命令后命令窗口中将出现 MATLAB 中 sin 函数的详细用法。

如果直接执行不带任何参数的 help 命令，那么在命令窗口中将显示所有主要的 MATLAB 帮助主题的列表。每个 MATLAB 的帮助主题实际上对应 MATLAB 路径中的一个目录名。关于 MATLAB 路径，将在 3.5 节中进行介绍。

输入 help/，将列举所有的 MATLAB 操作符和特殊字符的说明。

如果 DIR 是某个 MATLAB 路径中的目录名，那么输入 help DIR，将显示该目录下的所有函数及其简要说明。例如，输入 help elmat，可以显示所有矩阵的基本操作函数的简要信息。

在不同的 MATLAB 路径下，可能存在同名的函数（重载函数）。如果要获取特定目录 PATHNAME 下某个重载函数 FUN 的帮助信息，那么可以使用 help PATHNAME/FUN。例如，输入 help mod，显示的是普通数值类型变量的求余函数的帮助信息，而输入 help sym/mod，显示的则是符号计算中的求余函数的帮助信息。

以上是 help 命令的若干常见的用法，还有更多用法，读者可自行使用 help 命令进一步了解。

2. doc 命令

输入 doc 命令，将显示图 2-3 所示的 MATLAB 帮助浏览窗口。这个窗口从外观到功能都更接近较为传统的软件帮助系统。在窗口中以树形结构组织显示了 MATLAB 和 Simulink 软件，以及 MATLAB 中各个工具箱的帮助文档，这些帮助文档包括教程、函数帮助文档、示例和演示等。MATLAB 用户可以利用某个软件或工具箱的帮助文档，系统地进行学习。此外，在帮助浏览窗口中，还提供了搜索功能，用户可以通过关键词搜索来获取相关的函数信息与帮助。

3. 在线帮助

MathWorks 公司也提供了 MATLAB、Simulink 以及各个工具箱的在线帮助。访问 https://ww2.mathworks.cn/help/index.html 可以获取这些在线帮助。目前，在线帮助除了支持最新的 MATLAB 版本，还可以支持从 MATLAB R2015a 开始的较早版本。此外，这些帮助中大多是以中文翻译版的形式提供的，因此对于英文阅读尚不够熟练的用户而言更为友好。

图 2-3　MATLAB 帮助浏览窗口

2.4　变　　量

一个复杂的计算过程涉及很多步骤，而且有些中间结果可能会在多个场合被重复使用。如果仍然希望通过一个表达式来完成这个计算，不但表达式将十分冗长，输入工作量大，而且容易出错且难以修改。引入变量来保存和使用计算结果，不但能够将复杂的计算过程分解为若干更容易理解和输入的部分，而且可以减少重复使用部分的输入工作，同时也能够通过变量的命名使得代码更加易懂。例如，在例 2.3 中，就使用变量保存中间结果。本节将对与 MATLAB 变量有关的一些基本知识进行介绍。

2.4.1 变量的命名

变量名和函数名都是 MATLAB 中的标识符。关于 MATLAB 中标识符的构成和使用，有如下规则和建议。

1. 合法标识符的构成

在 MATLAB 中，一个合法的标识符只能包含以下字符：大小写英文字母、数字和下画线"_"，并且标识符的第一个字符只能是英文字母。

使用 isvarname 函数可以判断一个给定的字符串是否为合法的标识符：若 isvarname 函数返回值为 1，则表示合法；若函数返回值为 0，则表示不合法。

【例 2.4】

请判断以下（1）～（5）字符串是否构成合法的标识符。

（1）Section2_3。

在命令窗口中输入如下内容：

```
>> isvarname('Section2_3')
```

输出结果为

```
ans =
    1
```

函数返回值为 1，可以判断本字符串是合法的标识符。

（2）Section2.3。

在命令窗口中输入如下内容：

```
>> isvarname('Section2.3')
```

输出结果为

```
ans =
    0
```

函数返回值为 0，可以判断本字符串不是合法的标识符，因为其中包含了非法字符"."。

（3）Section 2_3。

在命令窗口中输入如下内容：

```
>> isvarname('Section 2_3')
```

输出结果为

```
ans =
    0
```

函数返回值为 0，可以判断本字符串不是合法的标识符，因为其中包含了非法字符空格符。

（4）_macro1。

在命令窗口中输入如下内容：

```
>> isvarname('_macro1')
```

输出结果为

```
ans =
    0
```

函数返回值为0，可以判断本字符串不是合法的标识符，因为它不是以英文字母开头的。

（5）4to9chps。

在命令窗口中输入如下内容：

```
>> isvarname('4to9chps')
```

输出结果为

```
ans =
    0
```

函数返回值为0，可以判断本字符串不是合法的标识符，因为它不是以英文字母开头的。

isvarname 函数的输入是待测试合法性的标识符字符串。MATLAB 中的字符串字面值是用一对单引号"'"包括起来的。

2. MATLAB 的关键字

MATLAB 保留了一系列"关键字"用于编写 MATLAB 程序，这些关键字尽管不违反 MATLAB 标识符的构成规则，但是它们必须具有固定的语义。因此，不能被用来作为普通的标识符。若将这些关键字作为 isvarname 函数的输入，则函数返回值也将为 0。利用 iskeyword 命令，可以获得所使用版本的 MATLAB 的关键字列表。

3. 对字母的大小写敏感

MATLAB 的标识符对字母的大小写是敏感的，也就是说，如果两个标识符仅仅在字母的大小写上有所不同，那么它们也将被认为是两个不同的标识符。例如，字母 A 和 a 可以表示两个不同的变量。但是，为了避免混淆不同变量的含义，以及由于输入失误而造成不易察觉的变量含义改变的错误，不建议在同一个程序中使用仅在字母大小写上有所区别的标识符。

4. 标识符的有效长度

尽管在输入标识符时，它的长度几乎不受限制，但是 MATLAB 只会保留开始的一定长度的字符串作为有效的标识符，在这个长度之后的标识符字符将被省略。因此，如果两个标识符字符串仅仅在这个长度之后才有所不同，那么在 MATLAB 内部看来，它们实际上对应的是同一个标识符。MATLAB 并不会因此报错，不过，将会在命令窗口中给出警告信息。

利用 namelengthmax 命令，可以获取所使用的 MATLAB 版本的标识符最大有效长度。

5. 命名风格

标识符的命名应能简洁易懂地体现所对应变量或函数的含义或用途。一般而言，作用域越小，即仅在相对较短的代码段范围内使用的变量，其名称可以更为简短抽象；而作用域越大，标识符则应更注重其说明性，适当增加长度。命名风格可根据个人喜好来选择，但是基本原则是尽可能始终坚持同一种风格。

2.4.2 工作空间

MATLAB 的工作空间是指 MATLAB 保留的一片内存区域，用户在 MATLAB 中创建的变量，或者由数据文件或其他程序导入 MATLAB 中的变量，都存放在工作空间中。

在 MATLAB 操作界面中，窗口标题为"Workspace"或"工作区"的子窗口，便是用来显示当前工作空间中已有变量信息的工作空间窗口，如图 2-4 所示。其中显示的变量信息主要包括变量名称、变量类型、变量值或数组大小，以及数组变量的最大值和最小值等。

在工作空间窗口中通过工具栏的按钮或鼠标右键弹出菜单，可以进行变量的创建、重命名、修改变量值、删除变量等操作。

不过，有关工作空间中变量的管理，都有等价的 MATLAB 命令与之对应，可直接在命令窗口中或用户自己编写的 MATLAB 程序中完成这些管理任务。如果对这些命令比较熟悉，其使用往往比在工作空间窗口中的操作更为便捷。下面简要介绍这些命令中的部分内容。

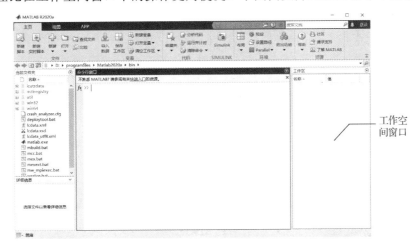

图 2-4　MATLAB 的工作空间窗口

1. who 命令

执行 who 命令，将在命令窗口中显示当前工作空间中的变量名称。需要注意的是，who 命令也可以在 MATLAB 程序文件中使用。如果 who 命令是在一个 MATLAB 函数中被调用，那么它显示的是该函数本身的工作空间中的变量名称。关于函数的工作空间，将在 3.3 节中进一步详细介绍。

who 命令也有函数形式，同时可以附带不同的命令参数来实现更为复杂的功能。具体用法可自行使用 help 命令了解。

2. whos 命令

whos 命令可以被视为 who 命令的一个更为详细的版本。它不但显示当前工作空间中变量的名称，还会显示变量（作为数组）的大小、占用的内存空间大小、数据类型等信息。whos 命令同样也可附带不同的命令参数，并且可以作为函数调用。具体用法可自行使用 help 命令了解。

3. clear 命令

clear 命令可用于将变量和函数从内存中清除出去。不带参数的 clear 命令或 clear variables 将清除当前工作空间中所有的变量。

输入 `clear VAR1 VAR2 ...` 命令,将由 VAR1、VAR2 等变量名所指定的变量从当前工作空间中清除。

输入 `clear global` 命令,将清除所有的全局变量。注意:这种清除方式是将该全局变量从所有使用它的工作空间中全部去除;没有调用 `global` 参数的 `clear` 命令则仅仅从当前工作空间中将全局变量去除,而在其他工作空间中,这些全局变量仍然能够使用。关于全局变量,将在 3.3 节中进一步介绍。

输入 `clear functions` 命令,将清除所有已编译的 MATLAB 函数和 MEX 函数。MEX 函数是利用 C/C++语言编写、符合一定函数接口格式要求并在 MATLAB 中被编译为可执行的二进制文件的一类特殊的 MATLAB 函数,通常用于加速 MATLAB 程序中的性能瓶颈。

输入 `clear all` 命令,将清除所有的变量、全局变量、已编译的 MATLAB 函数和 MEX 函数。

`clear` 命令还有其他的命令参数形式,更多用法可自行使用 `help` 命令了解。

4. `clearvars` 命令

`clearvars` 命令用于从当前工作空间中清除变量,其作用与 `clear` 命令类似,但是仅作用于变量,而不会清除函数等。具体用法可自行使用 `help` 命令了解。

2.4.3 变量的生成

与 C/C++或 Java 等编程语言不同,在 MATLAB 中不需要对变量进行显式的定义,MATLAB 将会根据具体情况自动生成所需要的变量。

变量的操作可分为最基本的两种类型:读操作和写操作。读操作是指从某个变量代表的内存区读取其中的数据,而写操作则是对该内存区赋以新的数据。例如,在表达式 b=sin(a) 中,对变量 a 执行的是读操作,因此需要读取变量 a 的值才能求取相应的正弦函数值;而对变量 b 执行的是写操作,因为正弦函数的返回值被赋值到变量 b 中。

如果在对一个变量进行写操作时,该变量在当前工作空间中并不存在,并且也没有在当前工作空间中被声明为全局变量,那么 MATLAB 将在当前工作空间中自动产生该变量,并完成命令所需的操作。但是,如果试图对一个当前工作空间不存在的变量进行读操作,那么 MATLAB 将会报错,命令的执行也会中断。

【例 2.5】

在 MATLAB 命令窗口中执行如下命令:

```
>> a = 10;
>> b = sin(a)
>> c = b-d
```

前两条命令的执行没有问题。实际上,在执行完第一条命令之后,可以在工作空间窗口中看到变量 a 的出现。因此,当第二条命令对变量 a 进行读取时,变量 a 已经存在于工作空间之中了。在命令窗口中显示的结果为

```
b =
   -0.5440
```

但第三条命令则试图读取一个目前尚不存在的变量 d，因此，在 MATLAB 命令窗口中出现了如下的错误信息：

```
Undefined function or variable 'd'.
```

需要指出的是，MATLAB 对标识符的解释过程其实更复杂，因为它还需要判断标识符是否为一个合法的函数名。对标识符解释过程的具体说明将在 3.5 节中介绍。

2.5 算术运算符与初等数学函数

2.5.1 算术运算符

通过例 2.1 和例 2.2，读者已基本接触了 MATLAB 中所有的算术运算符。这些运算符包括加法运算符"+"、减法运算符"-"、乘法运算符"*"、(右除)、除法运算符"/"以及乘方运算符"^"。实际上，"\"也是除法运算符（左除），但是其使用将在 4.4.1 节中再进行介绍。此外，示例中还使用了改变运算优先级顺序的括号"()"。

不同的运算符具有不同的运算优先级，对于同优先级的运算符，MATLAB 将按照从左至右的顺序加以处理。MATLAB 中运算符的优先级见表 2-1，尚未涉及的运算符将在后续章节中进行详细介绍。

表 2-1 MATLAB 运算符的优先级

优先级	运算符	说明
1（最高级）	( )	括号，改变优先级顺序
2	.'	矩阵转置
2	'	矩阵共轭转置
2	.^	逐元素乘方
2	^	矩阵乘方
3	+ -	正、负号（单目运算）
3	~	逻辑非
4	.*	逐元素乘法
4	./ .\	逐元素除法（右除、左除）
4	*	矩阵乘法
4	/ \	矩阵右除、左除
5	+ -	加、减法
6	:	冒号运算符
7	< <= >= > == ~=	关系运算符
8	&	逐元素逻辑与
9	|	逐元素逻辑或
10	&&	"短路型"逻辑与
11（最低级）	||	"短路型"逻辑或

【例 2.6】

请用 MATLAB 计算（1）～（3）表达式的值。

（1） $\dfrac{2.5^3 \times 7}{9 \times 8^{0.4}}$。

在命令窗口中输入如下内容：

```
>> 2.5^3*7/9/8^0.4
```

或

```
>> (2.5^3 * 7)/(9 * 8^0.4)
```

输出结果为

```
ans =
    5.2898
```

（2） $\left(2^4\right)^3$。

在命令窗口中输入如下内容：

```
>> 2^4^3
```

或

```
>> (2^4)^3
```

输出结果为

```
ans =
       4096
```

（3） 4^{3^2}。

在命令窗口中输入如下内容：

```
>> 4^(3^2)
```

输出结果为

```
ans =
       262144
```

在例 2.6 的第（1）题和第（2）题中，尽管两种输入方式都是等效的，但是从代码的可读性而言，第二个表达式往往比第一个表达式更为清晰易懂，也更符合数学表达式一般的书写习惯。实际上，作为一种良好的编程习惯，我们总是鼓励使用冗余的括号和空格把表达式划分为不同的单元和层次，从而提高代码的可读性，减少输入错误。

2.5.2 三角函数

在基本的算术运算之上，MATLAB 还提供了一系列常用的初等数学函数。以下将分节介绍 MATLAB R2020a 提供的部分常用初等数学函数。MATLAB 中的三角函数与反三角函数见表 2-2。

表 2-2　MATLAB 中的三角函数与反三角函数

	三角函数，输入角度 x 以弧度为单位		
sin(x)	正弦函数	cot(x)	余切函数
cos(x)	余弦函数	sec(x)	正割函数
tan(x)	正切函数	csc(x)	余割函数
	三角函数，输入角度 x 以度为单位		
sind(x)	正弦函数	cotd(x)	余切函数
cosd(x)	余弦函数	secd(x)	正割函数
tand(x)	正切函数	cscd(x)	余割函数
	反三角函数，输出角度以弧度为单位		
asin(x)	反正弦函数。值域为$[-\pi/2,\pi/2]$	acot(x)	反余切函数。值域为$(-\pi/2,\pi/2)$
acos(x)	反余弦函数。值域为$[0,\pi]$	asec(x)	反正割函数。值域为$[0,\pi]$
atan(x)	反正切函数。值域为$[-\pi/2,\pi/2]$	acsc(x)	反余割函数。值域为$[-\pi/2,\pi/2]$
atan2(y,x)	两个输入参数的反正切函数，输出结果为 arctan(y/x)，但是值域为$(-\pi,\pi]$，即函数会根据 x 和 y 的符号确定相应的角度所处的具体象限		
	反三角函数，输出角度单位为（°）		
asind(x)	反正弦函数。值域为[-90°,90°]	acotd(x)	反余切函数。值域为(-90°,90°)
acosd(x)	反余弦函数。值域为[0°,180°]	asecd(x)	反正割函数。值域为[0°,180°]
atand(x)	反正切函数。值域为[-90°,90°]	acscd(x)	反余割函数。值域为[-90°,90°]
atan2d(y,x)	两个输入参数的反正切函数，输出结果为 arctan(y/x)，但是值域为(-180°,180°]，即函数会根据 x 和 y 的符号确定相应的角度所处的具体象限		
	其他相关函数		
rad2deg(x)	将弧度为单位的角度值 x 转换为以度为单位的角度值		
deg2rad(x)	将度为单位的角度值 x 转换为以弧度为单位的角度值		
pi	返回圆周率π的值		

【例 2.7】

一个正弦交流电压信号（单位：V）如下：

$$u(t) = 20\sin(2\pi ft) + 5\sin(4\pi ft) + 0.8\sin(6\pi ft)$$

其中，f 为信号的基频（单位：Hz），t 为时间（单位：s）。假设基频为 50Hz，请求出 t = 75ms 时的电压值。

在命令窗口中输入如下内容：

```
>> b = 2*pi*50*75e-3;
>> u = 20*sin(b) + 5*sin(2*b) + 0.8*sin(3*b)
```

输出结果为

```
u =
 -19.2000
```

即所求电压值为–19.2V。

注意：pi 函数可以没有输入参数。调用这类无输入参数的 MATLAB 函数时，可以省略函数名之后的()符号，而这个函数的使用看起来也如同一个常量一般。

【例2.8】

给定三角形的两条边 a 和 b，以及这两条边的夹角 θ，则三角形的面积为

$$A = \frac{1}{2}ab\sin\theta$$

已知某三角形的边长为 $a = 10.4$，$b = 7.7$，它们的夹角为 $\theta = 53°$，求该三角形的面积。

在命令窗口中输入如下内容：

```
>> A = 10.4 * 7.7 * sind(53) / 2
```

输出结果为

```
A =
   31.9774
```

【例2.9】

设有一辆在平地上行进的模型小车，在预先定义的直角坐标系中，其速度的 x 分量和 y 分量分别为 –1.58m/s 和 3.39m/s。请计算该小车的前进方向 θ，以度为单位给出。

在命令窗口中输入如下内容：

```
>> theta = atan2d(3.39, -1.58)
```

输出结果为

```
theta =
  114.9891
```

2.5.3 双曲函数

MATLAB 中的双曲函数与反双曲函数见表 2-3。

表 2-3　MATLAB 中的双曲函数与反双曲函数

sinh(x)	双曲正弦函数	asinh(x)	反双曲正弦函数
cosh(x)	双曲余弦函数	acosh(x)	反双曲余弦函数
tanh(x)	双曲正切函数	atanh(x)	反双曲正切函数
coth(x)	双曲余切函数	acoth(x)	反双曲余切函数
sech(x)	双曲正割函数	asech(x)	反双曲正割函数
csch(x)	双曲余割函数	acsch(x)	反双曲余割函数

【例2.10】

如何将球面上的一点映射到平面上，是制作地图的核心问题。麦卡托投影（Mercator Projection）就是一种常用的球面到平面的投影方式。在麦卡托投影下，地球上某点的纬度 L 映射到平面的 y 坐标为

$$y = \operatorname{arctanh}(\sin L)$$

请分别计算 30°纬度和 70°纬度经麦卡托投影后所得的 y 坐标。

在命令窗口中输入如下内容：

```
>> y1 = atanh(sind(30)), y2 = atanh(sind(70))
```

输出结果为

```
y1 =
    0.5493
y2 =
    1.7354
```

2.5.4 复数相关的函数

MATLAB 对复数提供了直接的支持。也就是说，MATLAB 中的变量均可以取复数值，并且跟普通的实数一样参与各种算术运算或函数调用，而不需要额外的数据结构来特别声明某个变量是复数变量。这一特性为 MATLAB 进行涉及复数的大量常见科学计算提供了便利。

【例 2.11】

求解如下的一元二次方程

$$2x^2 + x + 3 = 0$$

在命令窗口中输入如下内容：

```
>> a = 2;
>> b = 1;
>> c = 3;
>> d = (b^2-4*a*c)^0.5;
>> x1 = (-b+d)/(2*a), x2 = (-b-d)/(2*a)
```

输出结果为

```
x1 =
  -0.2500 + 1.1990i
x2 =
  -0.2500 - 1.1990i
```

可见，MATLAB 直接给出了方程的复数解。

MATLAB 中的复数相关函数见表 2-4。

表 2-4 MATLAB 中的复数相关函数

函数	说明
abs(x)	复数 x 的模值。当 x 为实数时，其值为绝对值
angle(x)	复数 x 的幅角
complex(a,b)	以 a 为实部、b 为虚部产生相应的复数
conj(x)	复数 x 的共轭复数
real(x), imag(x)	分别获取复数 x 的实部和虚部
isreal(x)	当 x 为实数时，返回 1；否则，返回 0
i, j	返回虚单位 $\sqrt{-1}$

【例 2.12】

一辆模型小车在平地上以（2.5m/s,1.5m/s）的速度行进了 4m，然后逆时针旋转了 37°后又行进了 6m，请问小车的位移是多少？

对于平面上点（矢量）的运动的分析而言，复数是一个有力的工具。我们可以将平面上

的矢量 $v = (a,b)$ 等价地用复数表示为 $v = a+bi$，于是，矢量加法 $s = v_1+v_2$ 就可以用相应的复数加法 $s = v_1+v_2$ 完成，而矢量 v 逆时针旋转 θ 角度的操作可以通过复数乘法 $ve^{j\theta}$ 完成。

本例题中的小车运动轨迹如图 2-5 所示。设 u 为开始时小车运行方向上的单位长度矢量，那么小车第一步的位移即为 $4u$；之后小车逆时针旋转了 $\theta = 37°$，因此小车运行方向上的单位长度矢量变为了 $ue^{j\theta}$，而第二步的位移为 $6ue^{j\theta}$。小车的总位移为两步位移之和，即 $(4+6e^{j\theta})u$。

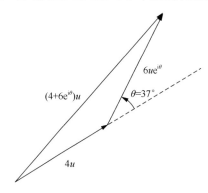

图 2-5　例 2.12 中小车的运动轨迹

在命令窗口中输入如下内容：

```
>> v = 2.5 + 1.5i;
>> u = v/abs(v);
>> s = (4 + 6*(cosd(37) + 1i*sind(37))) * u
```

输出结果为

```
s =
   5.6811 + 7.6197i
```

因此，小车的位移为（5.68m, 7.62m）。

注意：本例题中小车的速度只是给出了运动的方向，但是并不能保证该矢量是单位长度的。因此，在实际编程时，需要将速度矢量除以其模值进行归一化，从而得到运动方向上的单位长度矢量。

在例 2.12 中可以看到两种 MATLAB 中的复数输入方式。如果要输入的复数的虚部此时是以一个数字直接提供的，那么在数字后面直接加上虚单位 i 或 j 即可，如 2.5+1.5i；如果复数的虚部是以一个变量或表达式来提供的，这时可以用虚单位 i 或 j 与之相乘，如 i*sind(37)。需要注意的是，由于标识符 i 或 j 很容易被作为循环变量在程序中使用，那么这时它们将失去虚单位的含义。如果通过上面的方式来产生复数，就很容易造成语法正确但实际语义被改变的不易察觉的错误。因此，作为一种更加稳妥的产生复数的方式，用户可以使用表 2-4 中所列举的 complex 函数。

此外，例 2.12 中的 $e^{j\theta}$ 可以利用下一节将要介绍的 exp 函数更方便也更易懂地实现。不过，需要注意此时 θ 的单位应为弧度。

2.5.5　指数函数与对数函数

MATLAB 中的指数函数与对数函数见表 2-5。

表 2-5　MATLAB 中的指数函数与对数函数

函数	说明
exp(x)	指数函数 e^x
log(x)	自然对数函数 $\ln x$
log10(x)	常用对数函数 $\lg x$
log2(x)	以 2 为底的对数函数 $\log_2 x$
sqrt(x)	平方根 $\sqrt{x}$。支持复数值。当 $x<0$ 时将返回一个虚数
nthroot(x,n)	x 的实 n 次方根 $\sqrt[n]{x}$。x 和 n 都需要取实数。如果这个实 n 次方根不存在，那么函数将在命令窗口提示错误信息
pow2(x)	2^x
nextpow2(x)	满足 $2^p \geq x$ 的最小整数 p

【例 2.13】

用指数函数重复执行例 2.12。

在命令窗口中输入如下内容：

```
>> v = 2.5 + 1.5i;
>> u = v/abs(v);
>> s = (4 + 6*exp(complex(0,(37/180)*pi))) * u
```

输出结果为

```
s =
   5.6811 + 7.6197i
```

【例 2.14】

分别利用乘方运算符和 nthroot 函数计算 –1 的三次方根。

在命令窗口中输入如下内容：

```
>> r1 = (-1)^(1/3);
>> r2 = nthroot(-1,3);
>> r1, r2
```

输出结果为

```
r1 =
   0.5000 + 0.8660i
r2 =
   -1
```

可见，使用乘方运算符和 nthroot 函数给出了不同的（正确）结果。nthroot 函数确保结果是实数。因此，当被开方数 x 为负数时，方根的次数 n 必须取奇数值，而乘方运算符的处理方式则有所不同。对于标量 x 而言，尽管目前我们并未找到确切的说明，但是参照 MATLAB 帮助文档中的线索，可以猜测 x^p 的处理方式如下：若 p 为正整数，则按乘方的定义重复相乘得到结果；若 p 为负整数，则先取 x 的倒数，之后再重复相乘；当 $p=0$ 时，统一取 $x^0=1$；而对于其余的 p 值，则 x^p 等价于 $\exp(p\ln x)$。需要注意的是，此时不仅 x 可以取复数值，p 也同样可以取复数值。

2.5.6　圆整与求余

MATLAB 中的圆整和求余函数见表 2-6。

表 2-6　MATLAB 中的圆整和求余函数

floor(x)	向下取整，求取不大于 x 的最接近的整数
ceil(x)	向上取整，求取不小于 x 的最接近的整数
round(x)	按四舍五入取整
fix(x)	向 0 取整，求取绝对值不大于 $|x|$ 的最接近的整数
mod(x,y)	求余。当 $y\neq 0$ 时，mod(x,y) 返回 $x-\text{floor}(x/y)$，它与 y 同号
rem(x,y)	求余。当 $y\neq 0$ 时，rem(x,y) 返回 $x-\text{fix}(x/y)$，它与 x 同号
sign(x)	符号函数。当 $x<0$ 时，其值为 -1；当 $x=0$ 时，其值为 0；当 $x>0$ 时，其值为 1

【例 2.15】

将数值 $a = 9.8342577$ 四舍五入到小数点后第 2 位。

在命令窗口中输入如下内容：

```
>> a = 9.8342577;
>> round(a*100)/100
```

输出结果为

```
ans =
    9.8300
```

2.6　格式化文本输出

2.6.1　format 命令

format 命令用于设置在命令窗口中输出的数值的显示方式，它几种最为常用的用法如下。

不带命令参数的 format 命令用于将输出显示方式设置为默认方式。

format short 命令和 format long 命令分别用于将数值的显示方式设置为短格式和长格式。它们只适用于浮点型的数据，而不会影响整型数据的输出长度。执行 format short 命令后，所求数值将显示到小数点后第 4 位，并且将根据数值的大小，采用普通小数的输出方式或科学计数法的输出方式，这也是浮点型数据的默认显示方式。执行 format long 命令后，所求数值则显示到小数点后第 7 位（单精度浮点型数据）或第 15 位（双精度浮点型数据），同样视数值大小采用普通小数或科学计数法方式来显示。

执行 format hex 命令，以十六进制的方式显示整型和浮点型数据。

format compact 命令和 format loose 命令则用于控制输出文本中的空行。正如在之前的示例中所见到的那样，在默认情况下，MATLAB 命令窗口输出文本中插入了若干空行，以便用户更好地观察输出的结果。不过为此付出的代价是占据了更多的命令窗口输出空间。若希望消除这些空行，使得输出结果更加紧凑，则可以执行 format compact 命令。而执行 format loose 命令，则将恢复插入的空行。

注意：在不同显示格式下，同样数值的显示结果可能会有所不同。例如，浮点型数据的输出将根据长格式或短格式的显示精度进行相应的四舍五入。同一个数值在长、短格式下的显示结果可能有所不同，但这并不表示数值本身发生了变化，因为内存中的数值没有发生任何改变，仅仅是它的显示结果根据不同的需求而不同。

2.6.2 disp 函数

使用 disp 函数可以显示函数参数的值。实际上，disp(x)和直接使用不带分号的 x 作为命令得到的输出结果十分类似，只不过后者将显示变量名，而前者则仅仅显示变量的值。因此，输出结果也更为紧凑一些。

disp 函数显示的数值格式同样由 format 命令控制。

2.6.3 fprintf 函数

fprintf 函数能够使用户更为自由地定制数据在命令窗口中的文本输出方式。该函数的调用方式为

fprintf(formatSpec, A1, ..., An)

其中，formatSpec 是格式字符串，其后的 A1, ..., An 为数量不限的参数。格式字符串 formatSpec 中包含两种类型的内容：直接输出的文本内容，以及从后面的 A1, ..., An 参数列表中相应位置的参数取值，以产生相应文本输出的格式定义部分。

【例 2.16】

一名顾客购买了单价为 5.5 元的面包 2 个、单价为 10.8 元的蛋糕 1 包、以及单价为 6 元的薯片 3 筒。请计算总价，并以"本次购物金额：××.××元"的形式显示在命令窗口中，其中金额部分显示到小数点后第 2 位。

在命令窗口中输入如下内容：

```
>> fprintf('本次购物金额：%0.2f 元\n', 5.5*2 + 10.8 + 6*3);
```

输出结果为

```
本次购物金额：39.80 元
```

在这个 fprintf 调用中，'本次购物金额：%0.2f 元\n'就是格式字符串，其中，'%0.2f'是格式定义部分，也是在格式字符串中出现的第一个格式定义部分。因此，对应于格式化字符串后的第一个参数——计算金额的表达式的显示格式。'\n'表示换行符。

下面对 fprintf 函数中的格式定义等内容进行详细介绍。

1. 格式定义

格式字符串中的格式定义都以转义符'%'开始，即该字符在格式化字符串中不再表示百分号，而是用来表示其后的内容被定义了一个显示格式。fprintf 的格式化字符串中显示格式的组成如图 2-6 所示。

| % | 参数标识号 | 标志位 | 最小显示宽度 | . | 精度 | 子类型 | 转换字符 |

图 2-6 fprintf 的格式化字符串中显示格式的组成

在显示格式中，除了转换字符是必需的，其余部分都是可选的。MATLAB R2020a 中的合法转换字符见表 2-7。

表 2-7　MATLAB R2020a 中的合法转换字符

显示的数值类型	转换字符	说明
有符号整型	'd'或'i'	显示为十进制整数
无符号整型	'u'	显示为十进制整数
	'o'	显示为八进制整数
	'x'	显示为十六进制整数，使用小写字母 a~f
	'X'	显示为十六进制整数，使用大写字母 A~F
浮点型	'f'	采用普通小数而非科学计数法形式显示
	'e'	采用科学计数法显示，指数部分用小写字母 e 开头
	'E'	采用科学计数法显示，指数部分用大写字母 E 开头
	'g'	会根据数值自动采用'f'或'e'来显示数值，并且去除了末尾的 0
	'G'	会根据数值自动采用'f'或'E'来显示数值，并且去除了末尾的 0
字符型	'c'	显示单个字符
	's'	显示字符串

【例 2.17】

一位名叫 Steve 的学生，学号为 201907040118，已完成课程 7 门，平均绩点（GPA）为 4.07。请按"姓名：××；学号：××；已完成课程：××门；平均绩点：××。"的格式显示上述信息。

在命令窗口中输入如下内容：

```
>> fprintf('姓名: %s; 学号: %s; 已完成课程: %d 门; 平均绩点: %f. \n', ...
'Steve', sid, 7, gpa);
```

输出结果为

```
姓名: Steve; 学号: 201907040118; 已完成课程: 7 门; 平均绩点: 4.070000。
```

2. 最小显示宽度、精度和标志位

最小显示宽度是指在输出相应数据时，该数据所转换成的字符串的最小长度（字符数）。精度对浮点型的数据输出有效，用于规定所输出的小数在小数点之后数字的位数。最小显示宽度和精度用数字直接在格式字符串中给出，或者使用字符"*"，表示所需要的最小显示宽度和精度的数值从格式字符串之后的参数列表中取值。

标志位则规定了输出数字长度不满足最小显示宽度和精度的要求时，所采取的补齐方式，以及其他一些特殊的显示设置。标志位字符的合法设置见表 2-8。

表 2-8　标志位字符的合法设置

标志位字符	说明
'-'	靠左显示。当要显示的内容不满足最小显示宽度和精度要求时，不足的部分在字符串右侧用空格补足，字符串的最左端将紧接着之前的显示内容
'+'	在数字前显示正（+）、负（-）号
' '（空格）	在要显示的字符串之前插入一个空格
'0'	当要显示的内容不满足最小显示宽度和精度要求时，用 0 来补足

续表

标志位字符	说明
'#'	数值的特殊显示设置： (1) 对于'o'、'x'和'X'转换字符：在相应进制的数值之前分别增加 0、0x 和 0X 的前缀。 (2) 对于'f'、'e'和'E'转换字符：即使精度设置为 0，即不要求显示小数部分，也仍然会显示小数点。 (3) 对于'g'和'G'转换字符：不去除末尾的 0 和小数点

【例 2.18】

继续使用例 2.17。如果现在要求姓名字符串的最小显示宽度由变量 `nameWidth` 函数给出，并且姓名靠左显示；已完成课程门数的最小显示宽度为 2 字符；GPA 值需要显示到小数点后第 2 位。除了 Steve，还有一名学生 Arya，其学号为 201907040206，已完成课程 12 门，GPA 值为 4.1。请按照格式要求分两行显示这两名学生的有关信息。

在命令窗口中输入如下内容：

```
>> nameWidth = 8;
>> sid1 = '201907040118';
>> sid2 = '201907040206';
>> spec = '姓名: %-*s; 学号: %s; 已完成课程: %2d 门; 平均绩点: %.2f. \n';
>> fprintf(spec, nameWidth, 'Steve', sid1, 7, 4.07); ...
fprintf(spec, nameWidth, 'Arya', sid2, 12, 4.1);
```

输出结果为

```
姓名: Steve   ; 学号: 201907040118; 已完成课程:  7 门; 平均绩点: 4.07。
姓名: Arya    ; 学号: 201907040206; 已完成课程: 12 门; 平均绩点: 4.10。
```

可见，通过使用最小显示宽度等设置，可以使得输出内容更为规整，便于观察。不过，需要注意的是，最小显示宽度是以字符数来计算的，一个中文字符和一个英文字符的字符数相同，但是它们实际的尺寸是不同的：英文字符的实际宽度是中文字符的一半。而用来补齐空格是用英文字符，因此对于包含中文字符的字符串的显示而言，使用最小显示宽度也往往不能保证获得对齐的效果。

3. 子类型

子类型的合法设置为字符'b'或't'，与'u'、'o'、'x'或'X'等转换字符合用，用于将浮点型数据的二进制值以相应的无符号十进制、八进制或十六进制的形式显示出来。'b'表示按双精度浮点型数据的二进制值显示，'t'表示按单精度浮点型数据的二进制值显示。

4. 参数标识号

如果没有使用参数标识号，那么 `fprintf` 函数将根据格式字符串中的各个格式定义域，以及在最小显示宽度和精度的位置上使用的"*"号出现的先后顺序，依次对应到格式字符串之后的参数列表中的各个参数。利用参数标识号，则可以指定参数列表中任意位置的参数。参数标识号用"n$"的形式给出，其中 n 表示需要使用的参数的序号，从 1 开始。例如，"1$"表示参数列表中的第 1 个参数，"2$"表示第 2 个参数，以此类推。

【例2.19】

设 $a = 1949$，$b = 204.9$，先用十进制显示 a，用八进制显示 b 的双精度浮点型数据的二进制值，再用十六进制显示 a，并对八进制和十六进制的显示结果分别加上前缀 "00" 和 "0x"。

在命令窗口中输入如下内容：

```
>> a = 1949;
>> b = 204.9;
>> fprintf('%1$d, %2$#bo, %1$#x\n', a, b);
```

输出结果为

```
1949, 0040151471463146315, 0x79d
```

5. 特殊字符

`fprintf` 函数的格式字符串中还可以使用特定的字符序列来表示特殊字符（如'%'）或不可见的字符（如回车符、制表符等）。格式字符串中使用的特殊字符序列见表2-9。

表2-9 格式字符串中使用的特殊字符序列

特殊字符序列	含义
`''`	单引号在 MATLAB 中作为字符串字面值的起止符。若要在字符串中使用单引号，则需要用连续两个单引号来表示（单个）单引号
`%%`	连续两个百分号表示（单个）百分号
`\\`	连续两个反斜杠表示（单个）反斜杠
`\a`	报警符
`\b`	退格键
`\f`	换页符
`\n`	换行符
`\r`	回车符
`\t`	制表符
`\v`	垂直制表符
`\x`N	N 为某个字符的 ASCII 码（用十六进制表示），`\x`N 即该字符
`\`N	N 为某个字符的 ASCII 码（用八进制表示），`\`N 即该字符

2.7 数 列

MATLAB 的一个显著优势是它可以直接支持复数和数组，用户不必像在 C/C++ 或 Java 等编程语言中那样显式地将变量定义为数组，或者需要额外的复数数据结构。MATLAB 变量不仅可以是标量，还可以是任意维度的数组乃至是由复数所构成的数组。不仅如此，与复数类似，MATLAB 的算术运算和包括初等数学函数在内的其他操作也都直接在数组而非单个的数值上进行。实际上，从大多数程序的逻辑来看，被组织在同一个数组中的数据往往都具有某种"同质性"，因为这种同质性，常常会对它们采取统一的或有规则的方式来使用和处理。因此，MATLAB 这种直接对数组整体进行操作的方式，能够显著地降低编程的工作量,代码也能够更为简明。

本节将介绍 MATLAB 的数列,它其实是更为一般的 MATLAB 矩阵和数组的一个特例。之所以单独对这一特例进行介绍,一方面是为了配合前几章的学习目的,另一方面也是希望读者能够在此基础上逐渐熟悉 MATLAB 中对批量数据而非单个数据进行处理的方式,从而为学习第 4 章中的矩阵与数组操作打下基础。

2.7.1 数列的生成和下标

1. 在命令窗口中手工输入数列

数列的元素用一对方括号"[]"包围,在其中依次输入各个元素,相邻元素之间通过空格或逗号区隔,就能在命令窗口中手工输入数列。例如,输入如下内容:

就可以生成一个长度为 4,元素依次为 1、9、7、5 的数列。

2. 生成全 0 数列

使用 zeros 函数可以生成全 0 数列。

【例 2.20】

生成一个长度为 5 的全 0 数列 a。

在命令窗口中输入如下内容:

```
>> a = zeros(1,5)
```

输出结果为

```
a =
    0    0    0    0    0
```

或者当变量 a 还不存在时,使用 a(n)=0 也可以生成一个长度为 n 的全 0 数列。

【例 2.21】

重复例 2.20。

在命令窗口中输入如下内容:

```
>> clear a;
>> a(5) = 0
```

输出结果为

```
a =
    0    0    0    0    0
```

在变量 a 之后用括号"()"包围起来的部分表示数组下标。注意:MATLAB 中的下标是从 1 开始的,因此 a(5) 表示数列 a 中的第 5 个元素。上述操作的原理如下:当用户试图对变量 a 的第 5 个元素进行写操作时,如果变量 a 还不存在,那么 MATLAB 将在工作空间中产生该变量;进一步地,如果变量 a 的数列长度还不到 5,那么 MATLAB 将自动把 a 的长度扩充为 5,并且用 0 来填入新扩充出来的元素位置。由于之前变量 a 并不存在,因此 MATLAB 在执行 a(5) = 0 时,将直接生成一个长度为 5 的数列,使用 0 来填入第 1~4

个元素,并对第 5 个元素执行赋值操作,因此得到了一个所需长度的全 0 数列。

在上面两种生成全 0 数列的方式中,第一种方式能够更明确地表明操作的语义,并且总是能够得到所需的全 0 数列,而不用担心变量 a 是否已经存在。此外,这种方式还能用于生成任何维数的全 0 数组。第二种方式对于具有一定经验的 MATLAB 程序员而言是明晰和简便的,但是从程序的易读性和易维护性考虑,推荐读者使用第一种方式。

3. 生成全 1 数列

使用 ones 函数可以生成全 1 数列,其使用方法与 zeros 函数相同。

【例 2.22】

生成一个长度为 6 的全 1 数列。

在命令窗口中输入如下内容:

```
>> b = ones(1,6)
```

输出结果为

```
b =
     1     1     1     1     1     1
```

4. 生成等差数列

在 MATLAB 中生成等差数列最简单的方式是使用冒号运算符。使用

$$x = x\_start:step:x\_bound$$

可以生成一个等差数列 x,数列的首项为 x_start,公差为 step,而数列的末项是最接近但不"越过" x_bound 的值。所谓的"越过"与公差 step 的符号有关:若 step 的值大于 0,则数列末项是最接近但不大于 x_bound 的值;若 step 的值小于 0,则数列末项是最接近但不小于 x_bound 的值。需要注意的是,x_bound 不一定会出现在数列中,用户也没有必要确保 x_bound 成为数列的末项。

【例 2.23】

生成 1~10 之间的奇数数列和偶数数列。

在命令窗口中输入如下内容:

```
>> odd = 1:2:10
```

输出结果为

```
odd =
     1     3     5     7     9
```

在命令窗口中输入如下内容:

```
>> even = 2:2:10
```

输出结果为

```
even =
     2     4     6     8    10
```

【例 2.24】

设一条 50m 长的道路需要从道路起点开始,在路旁以 15m 的间隔植树。请问这些植树的位置分别为多少?

在命令窗口中输入如下内容：

```
>> p = 0:15:50
```

输出结果为

```
p =
     0    15    30    45
```

若公差为1，则":step"部分可以省略，直接使用 x_start:x_bound 即可。

【例2.25】

生成从1到5的升序和降序数列。

在命令窗口中输入如下内容：

```
>> ascend = 1:5
```

输出结果为

```
ascend =
     1     2     3     4     5
```

在命令窗口中输入如下内容：

```
>> descend = 5:-1:1
```

输出结果为

```
descend =
     5     4     3     2     1
```

除了使用冒号运算符，也可以使用 linspace 函数来生成等差数列。使用

```
x = linspace(a,b,n)
```

将生成一个首项为 a、末项为 b、项数为 n 的等差数列 x。

注意：此时 a 和 b 一定会出现在数列中，而数列的公差将由 linspace 函数自动确定。

【例2.26】

将[0,1]区间四等分，请给出各个等分点的位置。

在命令窗口中输入如下内容：

```
>> p = linspace(0,1,5)
```

输出结果为

```
p =
     0    0.2500    0.5000    0.7500    1.0000
```

5. 生成等比数列

使用 logspace 函数可以生成等比数列，即

```
x = logspace(p1,p2,n)
```

将生成一个首项为 10^{p_1}、末项为 10^{p_2}、项数为 n 的等比数列，数列的公比由 logspace 函数自动确定。

注意：该函数的参数不是数列中的首项和末项，而是它们的常用对数值。

6. 生成随机数列

使用 rand 函数可以生成在(0,1)区间内均匀分布的随机数列，即数列中的每个元素都是

一个随机数,并且该随机数可认为是独立抽取自一个在(0,1)区间均匀分布的母体。rand 函数的使用方式与 zeros 函数类似,即

```
x = rand(1,10)
```

可以生成一个长度为 10 的(0,1)区间均匀分布随机数列。

使用 randn 函数可以生成服从标准正态分布的随机数列,即数列中的每个元素都可认为是独立抽取自均值为 0、方差为 1 的标准正态分布母体。randn 函数的使用与 rand 函数类似。

使用 randi 函数可以生成均匀分布的随机整数。使用 randi(Imax,1,n) 可以生成一个长度为 n、元素在 1 到 Imax 范围内均匀分布的随机整数数列;或者可以使用一个长度为 2 的数列 Irange 指定要生成的随机整数的分布范围,再使用 randi(Irange,1,n) 来生成该范围内的 n 个均匀分布的随机整数。例如使用

```
x = randi([60 100],1,5)
```

可以生成一个长度为 5、在 60~100 范围内取值的均匀分布随机整数数列。

需要注意的是,MATLAB 中的随机数实际上都是"伪随机数",是通过一个"伪随机数发生函数" F,由某个"种子数" x_0 开始,通过不断迭代获得 $x_{k+1}=F(x_k)$。F 本身是一个完全确定的函数,只不过经过精巧的设计之后,由 F 所产生的数列 $\{x_i\}$ 的统计性质与随机数十分接近,因此可以作为随机数来使用。对于相同的 F,从相同的种子数 x_0 开始,所得到的伪随机数列将是完全相同的。

使用 rng 函数可以设置与伪随机数发生器有关的参数,其最常见的用途是用来设置新的种子数,以产生后续的伪随机数。rng(seed) 可以将非负整数 seed 设置为伪随机数发生函数的新种子数;rng('default') 将种子数设置为默认值;rng('shuffle') 则可以根据当前时间产生一个种子数,从而使得每次运行时所产生的种子数都是事先无法预测的。

注意:如果在程序中使用了随机数,并且使用了 rng('shuffle') 来初始化种子数,那么就意味着程序的每次运行几乎都是"不可复现"的。如果希望能够控制程序运行的"确定性",那么需要使用更加可控的方式。例如,指定某个固定的种子数或按某种可以预计的规律来产生种子数,就能够复现特定的运行过程和结果。对于程序的调试而言,这一做法尤为有用。

【例 2.27】

(1) 将种子数设置为 100,然后生成长度为 4 的(0,1)区间均匀分布随机数列。

在命令窗口中输入如下内容:

```
>> rng(100);
>> rand(1,4)
```

输出结果为

```
ans =
    0.5434    0.2784    0.4245    0.8448
```

(2) 再利用 shuffle 功能重置随机数发生器种子数,并生成长度为 5、在 50~80 范围内均匀分布的随机整数数列。

在命令窗口中输入如下内容:

```
>> rng('shuffle');
```

```
>> randi([50 80],1,5)
```
输出结果为
```
ans =
    76    54    62    72    75
```

(3) 再将种子数设置为 100,并产生长度为 4 的(0,1)区间均匀分布的随机数列。

在命令窗口中输入如下内容:
```
>> rng(100);
>> rand(1,4)
```
输出结果为
```
ans =
    0.5434    0.2784    0.4245    0.8448
```

可见,所得的结果与(1)中完全相同。

2.7.2 数列的算术运算和常用函数

1. 数列与标量的算术运算

标量(长度为 1 的数列)可以与任意长度的数列进行算术运算,其效果相当于该标量分别与数列中的每个元素进行这一运算。因此,运算结果也是等长度的数列。设 a 为标量,$b=\{b_i, i=1,\cdots,n\}$ 为数列,则 a、b 之间的算术运算的表达式及运算结果见表 2-10。

表 2-10 MATLAB 中数列与标量的算术运算表达式及运算结果

表达式	运算结果
c = a+b 或 c = b+a	$c_i = a + b_i, i=1,\cdots,n$
c = a-b	$c_i = a - b_i, i=1,\cdots,n$
c = b-a	$c_i = b_i - a, i=1,\cdots,n$
c = a*b 或 c = b*a	$c_i = ab_i, i=1,\cdots,n$
c = b/a	$c_i = b_i / a, i=1,\cdots,n$
c = a ./ b	$c_i = a / b_i, i=1,\cdots,n$
c = a .^ b	$c_i = a^{b_i}, i=1,\cdots,n$
c = b .^ a	$c_i = b_i^a, i=1,\cdots,n$

需要注意的是,在 2.5.1 节中介绍的算术运算符实际上都是针对"矩阵运算"的,只不过对于目前所接触到的标量而言,它们自然就等价于普通的算术运算了。对于数列和标量的运算而言,"+""−"和"*"等运算的形式仍然保持不变,但是"/"和"^"运算则有所不同。如果希望将标量 a 除以数列 b 中的每个元素,那么需要使用 MATLAB 中的"逐元素运算"的方式,采用"./"(点除或逐元素除法)运算符才能正确完成,对于乘方运算也是如此。如果没有使用逐元素运算符,MATLAB 将按照矩阵除法和矩阵乘方的方式加以解释,此时将发生错误。

【例 2.28】

生成数列 $x_k = 1/k^2, k=1,\cdots,5$。

在命令窗口中输入如下内容:

```
>> x = 1 ./ (1:5).^2
```
输出结果为
```
x =
    1.0000    0.2500    0.1111    0.0625    0.0400
```

2. 数列与数列的算术运算

数列与数列之间的算术运算也是按逐元素的方式进行的,此时要求参与运算的两个数列的长度相等,运算结果也是等长度的数列。利用 length(x) 函数可以获取数列 x 的长度。

设 $a = \{a_i, i = 1, \cdots, n\}$ 和 $b = \{b_i, i = 1, \cdots, n\}$ 是两个等长度的数列,则 a、b 之间的算术运算的表达式及运算结果见表 2-11。

表 2-11　MATLAB 中数列与数列的算术运算表达式及运算结果

表达式	运算结果
c = a+b 或 c = b+a	$c_i = a_i + b_i, i = 1, \cdots, n$
c = a-b	$c_i = a_i - b_i, i = 1, \cdots, n$
c = b-a	$c_i = b_i - a_i, i = 1, \cdots, n$
c = a .* b 或 c = b .* a	$c_i = a_i b_i, i = 1, \cdots, n$
c = a ./ b	$c_i = a_i / b_i, i = 1, \cdots, n$
c = b ./ a	$c_i = b_i / a_i, i = 1, \cdots, n$
c = a .^ b	$c_i = a_i^{b_i}, i = 1, \cdots, n$
c = b .^ a	$c_i = b_i^{a_i}, i = 1, \cdots, n$

【例 2.29】

生成数列

$$x_k = \frac{(4k+1)(4k+3)}{(4k+2)(4k+4)}, k = 0, \cdots, 4$$

在命令窗口中输入如下内容:
```
>> k=0:4;
>> x = ( (4*k+1).*(4*k+3) ) ./ ( (4*k+2).*(4*k+4) )
```
输出结果为
```
x =
    0.3750    0.7292    0.8250    0.8705    0.8972
```

3. 数列的初等函数

在 2.5 节介绍的 MATLAB 初等数学函数中,绝大部分均可以直接以数列作为输入参数,其效果相当于对数列中的每个元素应用该函数,并且函数的输出结果也是一个等长度的数列。如果对函数的实际效果不够确定的话,可以使用 help 命令进行具体了解。例如,2.5 节介绍的函数的一个"特例"便是 isreal 函数。该函数可以使用数列作为输入参数,但是只要数列中至少有一个元素为复数值,isreal 函数就会返回标量 1;否则,返回标量 0,而不会返回一个等长度的、0/1 取值的数列来表明每个元素是否为复数值。

【例 2.30】

计算 $\theta = 10°,30°,50°,70°$ 时的正弦函数值。

在命令窗口中输入如下内容：

```
>> theta = 10:20:70;
>> sind(theta)
```

输出结果为

```
ans =
    0.1736    0.5000    0.7660    0.9397
```

【例 2.31】

计算函数

$$y = xe^{-x^2}$$

在 $x = -1, -0.5, \cdots, 1$ 时处的值。

在命令窗口中输入如下内容：

```
>> x = -1:0.5:1;
>> y = x .* exp(-x.^2)
```

输出结果为

```
y =
   -0.3679   -0.3894        0    0.3894    0.3679
```

4. 常用数据分析函数

1）最大值与最小值

Max 函数和 min 函数分别用于求数列的最大值和最小值，两者用法相同，下面仅介绍 max 函数。M = max(A) 用于求数列 A 的元素中的最大值 M。

[M,I] = max(A) 在求取最大值 M 的同时，还返回最大值元素的下标 I。如果有多个元素等于最大值，I 将返回其中的第一个元素的下标。

例如，执行如下命令：

```
>> [m,i] = max([1 2 2 3 2 3])
```

输出结果为

```
m =
     3
i =
     4
```

当 A、B 为等长度的数列或其中至少有一个为标量时，C = max(A,B) 返回同样长度的数列，其中的元素等于 A、B 中对应元素的较大者。也就是说，当 A、B 均为数列时，C(i) = max{A(i), B(i)}；当 B 为标量时，C(i) = max{A(i), B}。

2）数列元素的和与积

sum(A) 函数和 prod(A) 函数分别用于求数列 A 中所有元素的总和与总乘积。

例如，执行如下命令：

```
>> sum(1:100)
```

输出结果为

```
ans =
    5050
```

3）算术平均值和中值

mean(A)函数和median(A)函数分别用于求数列 A 中所有元素的算术平均值和中值。设数列 $\{a_i\}$ 的中值是一种基于"序"的统计量。将该数列中的元素由小到大排序得到新数列 $\{a_i'\}$，如果原数列的长度 $n=2k+1$，则原数列的中值为 a_{k+1}'；如果原数列的长度 $n=2k$，则原数列的中值为 $(a_k' + a_{k+1}')/2$。

例如，对数列 $\{1^2, 2^2, 3^2, 4^2\}$ 求算术平均值和中值。

执行如下命令，求该数列算术平均值：

```
>> mean((1:4).^2)
```

输出结果为

```
ans =
    7.5000
```

执行如下命令，求该数列中值：

```
>> median((1:4).^2)
```

输出结果为

```
ans =
    6.5000
```

4）累积和与累积乘积

B=cumsum(A)函数和 B=cumprod(A)函数分别用于求数列 A 的累积和与累积乘积。设数列 $\{a_i, i=1,\cdots,n\}$ 的累积和或累积乘积是一个相同长度的数列 $\{b_i\}$，其元素分别为 $b_i = \sum_{j=1}^{i} a_j$ 和 $b_i = \prod_{j=1}^{i} a_j$。

例如，在命令窗口输入以下代码，可以求级数 $S = \sum_{k=1}^{\infty} \frac{1}{k}$ 的前 5 个部分之和。

```
>> s = cumsum(1./(1:5))
s =
    1.0000    1.5000    1.8333    2.0833    2.2833
```

5）标准差、方差与协方差

s = std(A,w)函数用于计算数列 A 中元素的标准差。w 的默认值为 0，此时标准差计算公式为

$$s = \sqrt{\frac{1}{n-1}\sum_{i=1}^{n}(a_i - \overline{A})^2}$$

式中，$\overline{A}$ 为数列 A 中元素的算术平均值，n 为数列长度。若 w = 1，则标准差计算公式为

$$s = \sqrt{\frac{1}{n}\sum_{i=1}^{n}(a_i - \overline{A})^2}$$

此外，w 还可以是与 A 等长度的数列，并且其所有元素均非负。此时，将按加权的方式确定标准差，即

$$s = \sqrt{\sum_{i=1}^{n} w_i (a_i - \overline{A})^2 \bigg/ \sum_{i=1}^{n} w_i}$$

V = var(A,w)函数的用法与std函数相同，可计算数列A的方差，即标准差的平方。

C = cov(A,B)可用于求得两个等长度数列A、B的2×2协方差矩阵。如果输入仅有一个数列，即C = cov(A)，那么此时cov函数的效果等同于var函数。

运行以下代码分别生成长度为100和10000并且在[0,1]区间均匀分布的随机数列，并计算相应的方差和标准差。

在命令窗口中输入如下代码：

```
>> r = rand(1,100);
>> var(r)
```

输出结果为

```
ans =
   0.0864
```

在命令窗口中输入如下代码：

```
>> std(r)
```

输出结果为

```
ans =
   0.2939
```

在命令窗口中输入如下代码：

```
>> r = rand(1,1e4);
>> var(r)
```

输出结果为

```
ans =
   0.0830
```

在命令窗口中输入如下代码：

```
>> std(r)
```

输出结果为

```
ans =
   0.2880
```

6）全真与全假

如果数列A中的元素全部为逻辑真值，那么all(A)函数返回逻辑真；如果数列A中的元素全部为逻辑假值，那么any(A)函数返回逻辑假。

7）排序

B=sort(A)函数用于对数列A由小到大按升序排列并返回排序结果。

[B,I] = sort(A)函数用于返回数列A升序排列的结果B，以及数列A中的元素在排序之后的位置I。例如，在命令窗口中输入如下代码：

```
>> [B,I] = sort(10:-1:6)
```

输出结果为

```
B =
   6   7   8   9   10
```

```
I =
    5    4    3    2    1
```

其中，I(1)的值为5，表示数列A中的第1个元素（10）在排序之后，成为B中的第5个元素。

sort(A,dir)可以指定排序的方向。dir 为'ascend'时，表示升序排列；dir 为'descend'时，表示降序排列。

2.8 基本绘图

当数列的长度较长时，使用命令窗口中的文本来显示数列中的数据，不仅冗长，而且不够直观，也难以使分析人员准确、快速、全面地把握数据中的重要信息。通过数据可视化，以图形的形式来展示大量数据，将是更恰当、更友好的数据呈现方式。本节主要介绍MATLAB最常用的绘图函数——plot函数。利用该函数可以绘制常见直角平面坐标系中的线图与散点图。

1. 绘制单条曲线

设 x 和 y 为等长度的数列，那么plot函数将利用 x 和 y 相同位置上的元素作为平面直角坐标系中的点 x 和 y 坐标构成一系列的平面点，即 $P_i = (x(i), y(i))$，其中 $i = 1,\cdots,n$，n 表示数列长度。然后，利用直线段 $\overline{P_i P_{i+1}}, (i = 1,\cdots, n-1)$ 将这些点依次相连，得到单条曲线。

【例2.32】

绘制函数 $y = x^2, x = 0, 0.2, \cdots, 1.0$ 的单条曲线。

在命令窗口中输入如下代码：

```
>> x = 0:0.2:1;
>> plot(x,x.^2);
```

运行上述代码后，MATLAB将弹出一个图形窗口，在此窗口中显示相应的坐标系以及所需的单条曲线，如图2-7所示。

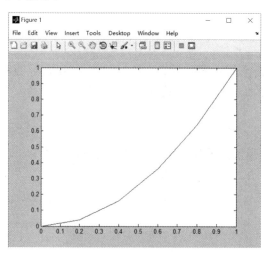

图2-7 例2.32的图形窗口

如果图形窗口已经存在,那么例 2.32 中的 plot 函数将直接在已有的图形窗口中绘图。

plot 函数中的 x 参数可省略,即可以用 plot(y) 的方式进行绘图。这时 plot 函数将使用数列下标作为自变量的值。

【例 2.33】

绘制序列 $h_i=1/i, i=1,2,\cdots$ 前 10 项的单条曲线。

在命令窗口中输入如下代码:

```
>> plot(1./(1:10));
```

绘制结果如图 2-8 所示。

用 plot 函数绘制的单条曲线总是折线图。如果希望绘制更为光滑的曲线,就需要将折线上的各点之间的距离减小,从而使得折线图看起来足够光滑。如果相邻点之间的距离只有两三个像素,那么得到的曲线就足够光滑了。对于函数 $y = f(x)$,根据通常使用的计算机屏幕的分辨率,将 x 的取值区间等间隔离散化为 200~1000 个小区间,就已经足够绘制光滑的函数曲线了。而对于平面上的自由曲线,则需要根据具体的曲线参数方程进行估算或尝试。

【例 2.34】

绘制 $[0,2\pi]$ 区间上足够光滑的 $\sin x$ 函数曲线。

在命令窗口中输入如下代码:

```
>> x = (0:360)*pi/180;
>> plot(x,sin(x));
```

绘制结果如图 2-9 所示。

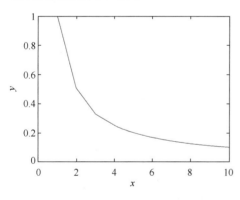

图 2-8 例 2.33 中数列的单条曲线

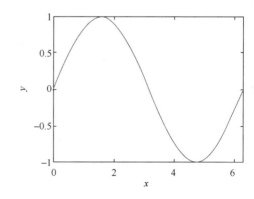

图 2-9 例 2.34 中函数的曲线图

2. 设置线型、颜色和标记点

通过给 plot 函数提供一个格式字符数组 s,可以设置所绘制曲线的线型、颜色和标记点。此时的 plot 函数调用方式为 plot(x,y,s) 或 plot(y,s)。在格式字符数组中,用户可以使用其中不同字符的组合,这些定义字符见表 2-12。

注意: 在格式字符数组 s 中,颜色、线型和标记点等每种类型最多只能提供一个定义字符。例如,设置颜色时,不能在同一个格式字符数组中既有'b'又有'm'。此外,如果同时设置了实线、虚线和实心圆点标记,要注意合理安排定义字符的顺序,以免与点画线混淆。

表 2-12 MATLAB 中的线型、颜色和标记点的定义字符

颜色			
b	蓝色	m	品红色
g	绿色	y	黄色
r	红色	k	黑色
c	青色	w	白色
线型			
-	实线	-.	点画线
:	点线	--	虚线
标记点			
.	实心圆点	v	朝下的三角形
o	空心圆点	^	朝上的三角形
x	叉号	<	朝左的三角形
+	十字号	>	朝右的三角形
*	星号	p	五角星形
s	空心正方形	h	六角星形
d	菱形	—	—

【例 2.35】

用红色点画线绘制例 2.33 中的数列,并且用实心圆点标记数据。

在命令窗口中输入如下代码:

```
>> plot(1./(1:10), 'r-.')
```

绘制结果如图 2-10 所示。

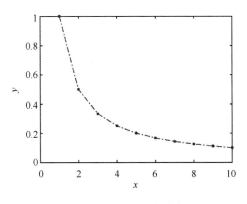

图 2-10 例 2.35 的绘制结果

格式字符数组 s 中不必对线型、颜色和标记点都进行指定。如果未指定颜色,将使用默认颜色——蓝色;如果指定了标记点但未指定线型,那么 plot 函数将绘制出离散的数据点,而不会将它们用折线相连。此时,实际上绘制得到的是散点图。如果线型和标记点均未指定,plot 函数将使用默认线型——实线绘制折线图,但不会绘制标记点。

【例 2.36】

使用五角星形标记点和默认颜色绘制双曲正切函数 $\tanh x (x = -2.0, -1.8, \cdots, 2.0)$ 的散点图。

在命令窗口中输入如下代码:

```
>> x = -2:0.2:2;
>> plot(x,tanh(x),'p')
```

绘制结果如图 2-11 所示。

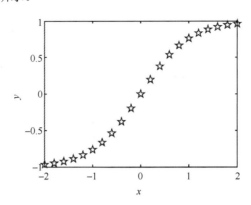

图 2-11 例 2.36 的绘制结果

3. 在同一坐标系中绘制多条曲线

在同一个坐标系中可以绘制多条曲线，一种方法是使用 hold 命令。使用其中的 hold on 命令，将图形窗口的绘制方式设置为"保留现有内容"，之后的 plot 函数或其他绘图函数将在现有内容的基础上增加新的绘制内容，从而可以实现多条曲线的绘制；使用 hold off 命令将取消保留现有内容，之后的绘图函数将首先清除图形窗口中的现有内容，然后再绘制新的内容。

【例 2.37】

请在同一个坐标系中利用红色实线绘制螺线，

$$\rho = \theta + \frac{\pi}{2}, \theta \in \left[-\frac{\pi}{2}, \frac{11\pi}{2}\right]$$

用蓝色虚线绘制螺线，

$$\rho = \theta - \frac{\pi}{2}, \theta \in \left[\frac{\pi}{2}, \frac{13\pi}{2}\right]$$

本例题中的曲线方程以极坐标形式给出，因此，为了在平面直角坐标系中绘制相应的曲线，需要将极坐标转换为平面直角坐标，即

$$\begin{cases} x = \rho(\theta)\cos\theta \\ y = \rho(\theta)\sin\theta \end{cases}$$

在命令窗口中输入如下代码：

```
>> theta = (-0.5:0.01:5.5)*pi;
>> rho = theta + pi/2;
>> plot(rho.*cos(theta), rho.*sin(theta), 'r');
>> hold on;
>> theta = (0.5:0.01:6.5)*pi;
>> rho = theta - pi/2;
>> plot(rho.*cos(theta), rho.*sin(theta), 'b--');
```

```
>> hold off;
>> axis equal
```

绘制结果如图 2-12 所示。

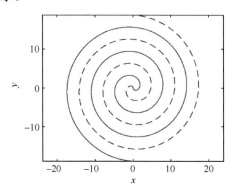

图 2-12　例 2.37 的绘制结果

在例 2.37 中使用了 `axis equal` 命令。该命令的作用是将坐标系的 x 轴和 y 轴方向的绘制比例设置为等比例,即相同长度的 x 取值区间和 y 取值区间也对应相同的绘制长度。例如,长度均为 1 的 x 区间和 y 区间,在所绘制的图形中,在水平方向和垂直方向上都对应于 100 像素点的长度。通过等比例设置,平面曲线将不会因拉伸或压缩而出现变形。

另一种绘制多条曲线的方式是在一次 `plot` 函数调用中,提供不限数量的数据-格式参数组作为输入内容。每组数据-格式参数组都包含了待绘制的数据数列 `x` 和 `y`,以及格式字符串 `s`,此时,`plot` 函数调用方式为

```
plot(x1,y1,s1,x2,y2,s2,...)
```

在这种调用方式中,每个参数组中的 `x` 和 `y` 数列长度必须相等,但是不同参数组的数据长度则不必相等。

【例 2.38】

设一个长轴长度 $a = 2$,短轴长度 $b = 1$,长轴的朝向角为 $\theta = 30°$,且中心位于平面直角坐标系原点的椭圆。请用蓝色点线绘制该椭圆,并在椭圆上离心角为 $0°$,$30°$,$60°$,…,$330°$ 的地方,用红色空心圆圈绘制椭圆上的相应点。

对于平面曲线而言,使用参数方程往往可以使得处理过程更为清晰。假设上述椭圆的朝向角为 $0°$,则椭圆方程为

$$\frac{x^2}{a^2} + \frac{y^2}{b^2} = 1$$

以离心角 ϕ 为参数,椭圆的参数方程为

$$\begin{cases} x(\phi) = a\cos\phi \\ y(\phi) = b\sin\phi \end{cases}$$

然后,再围绕椭圆中心旋转 θ 角度,此时,x 和 y 坐标分别为

$$\begin{cases} x'(\phi) = x(\phi)\cos\theta - y(\phi)\sin\theta = a\cos\phi\cos\theta - b\sin\phi\sin\theta \\ y'(\phi) = x(\phi)\sin\theta + y(\phi)\cos\theta = a\cos\phi\sin\theta + b\sin\phi\cos\theta \end{cases}$$

据此即可绘制出椭圆以及所要求的特定点。

在命令窗口中输入如下代码:

```
>> a = 2;
>> b = 1;
>> theta = 30;
>> phi1 = 0:0.5:360;
>> x1 = a*cosd(phi1);
>> y1 = b*sind(phi1);
>> xp1 = x1*cosd(theta) - y1*sind(theta);
>> yp1 = x1*sind(theta) + y1*cosd(theta);
>> phi2 = 0:30:330;
>> x2 = a*cosd(phi2);
>> y2 = b*sind(phi2);
>> xp2 = x2*cosd(theta) - y2*sind(theta);
>> yp2 = x2*sind(theta) + y2*cosd(theta);
>> plot(xp1,yp1,'b:',xp2,yp2,'ro');
>> axis equal
```

绘制结果如图 2-13 所示。

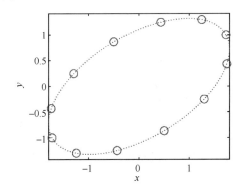

图 2-13 例 2.38 的绘制结果

4. 通过 Line 属性控制线条和标记点的外观

除了使用定义线型、颜色和标记点的格式字符串，还可以通过 Line 属性来控制 plot 函数或其他绘图函数所绘制线条的外观。此时，plot 函数的调用方式为

    plot(x,y,propertyName1,propertyValue1,...)

或

    plot(x,y,s,propertyName1,propertyValue1,...)

在 x-y 数据对或 x-y-s 数据-格式组之后，可以加上数量不限的属性名-属性值对。MATLAB 中常用的 Line 属性见表 2-13。

Line 属性除了控制线条外观，还可以控制它们在线图中的行为。要了解更多信息，可自行在 MATLAB 帮助浏览窗口或在线帮助中搜索"Line 属性"。

表 2-13 MATLAB 中常用的 Line 属性

属性名	说明
Color	线条颜色。Color 属性的值可以通过以下几种方式来给定： （1）与格式字符串中相同的颜色定义字符串； （2）RGB 三元组，即一个长度为 3 的数列，数列元素依次表示 RGB 颜色的红色（R）、绿色（G）和蓝色（B）分量的值，各分量的取值范围为[0,1]，0 表示最暗，1 表示最亮。例如，[0 0 0]表示黑色，[1 0 1]表示品红色； （3）字符串形式给定的十六进制颜色代码，此时 RGB 分量分别用 1 个字节表示，取值范围为 0（0x00）~255（0xFF），255 表示最亮。例如，黄色的十六进制颜色代码为'#FFFF00'
LineWidth	线条宽度。该属性值表示以磅（pt）为单位的线条宽度，默认为 0.5 磅。1 磅约等于 0.35mm
MarkerSize	以磅为单位的标记点尺寸，默认为 6 磅
MarkerEdgeColor	标记点轮廓的线条颜色
MarkerFaceColor	标记点内部的填充颜色

练　习

2-1 请计算下列算式的值。请不要自行化简某些部分，按算式的原样编写 MATLAB 命令并计算。

(1) $5.5^2 \times 3.7$ (2) $5.5^{2 \times 3.7}$

(3) $\dfrac{8.8+3.4}{8.8 \times 3.4}$ (4) $\sqrt{7.8^2 - 4 \times 1.3 \times 0.0074}$

(5) $9\dfrac{7}{12} + 73000/3^{2+3}$ (6) $1 + \dfrac{5 \times 4.9}{6^2} + 2.5^{2-4/1.3} \times 0.75/5.5$

2-2 太阳以 385×10^{24} J/s 的速度释放能量。这些能量全部通过核反应由质量转化而来。质能方程如下：

$$E = mc^2$$

式中，真空中的光速 c 取值 3.0×10^8 m/s。已知太阳质量为 1.9885×10^{30} kg，假设太阳一直保持这一能量释放速度，请问若要燃尽全部质量需要多少亿年？

2-3 压力为 p_0 的气体在可逆绝热条件下从容器中溢出时，其流量与如下因子成正比：

$$\Psi = \sqrt{\dfrac{k}{k-1} \cdot \sqrt{\left(\dfrac{p_e}{p_0}\right)^{\frac{2}{k}} - \left(\dfrac{p_e}{p_0}\right)^{\frac{k+1}{k}}}}$$

式中，p_e 为容器外部的压力，k 为绝热可逆气体常数。当

$$\dfrac{p_e}{p_0} = \left(\dfrac{2}{k+1}\right)^{\frac{k}{k-1}}$$

时，Ψ 因子可达到极大值。求当 $k = 1.4$ 时 Ψ 的极大值。

2-4 一元三次方程

$$ax^3 + bx^2 + cx + d = 0, a \neq 0$$

的求根公式为

$$x_1 = -\frac{b}{3a} + \sqrt[3]{-\frac{q}{2} + \sqrt{\left(\frac{q}{2}\right)^2 + \left(\frac{p}{3}\right)^3}} + \sqrt[3]{-\frac{q}{2} - \sqrt{\left(\frac{q}{2}\right)^2 + \left(\frac{p}{3}\right)^3}}$$

$$x_2 = -\frac{b}{3a} + \omega\sqrt[3]{-\frac{q}{2} + \sqrt{\left(\frac{q}{2}\right)^2 + \left(\frac{p}{3}\right)^3}} + \omega^2\sqrt[3]{-\frac{q}{2} - \sqrt{\left(\frac{q}{2}\right)^2 + \left(\frac{p}{3}\right)^3}}$$

$$x_3 = -\frac{b}{3a} + \omega^2\sqrt[3]{-\frac{q}{2} + \sqrt{\left(\frac{q}{2}\right)^2 + \left(\frac{p}{3}\right)^3}} + \omega\sqrt[3]{-\frac{q}{2} - \sqrt{\left(\frac{q}{2}\right)^2 + \left(\frac{p}{3}\right)^3}}$$

式中,

$$p = \frac{c}{a} - \frac{b^2}{3a^2}$$

$$q = \frac{d}{a} + \frac{2b^3}{27a^3} - \frac{bc}{3a^2}$$

$$\omega = \frac{-1 + \sqrt{3}i}{2}$$

请利用上述求根公式求方程

$$2x^3 - 10x^2 - 12x + 21 = 0$$

的根,并在完成求解后从工作空间中清除所使用的中间变量。

2-5 两个球体在主接触力 F 下被挤压在一起,在不同空间方向上产生的接触应力分别如下:

$$\sigma_x = \sigma_y = -p_{\max}\left[\left(1 - \frac{z}{a}\arctan\frac{a}{z}\right)(1 - \mu_1) - \frac{1}{2}\left(1 + \frac{z^2}{a^2}\right)^{-1}\right]$$

$$\sigma_z = -p_{\max}\left(1 + \frac{z^2}{a^2}\right)^{-1}$$

式中,

$$a = \sqrt[3]{\frac{3F}{8} \cdot \frac{E_1^{-1}(1 - \mu_1^2) + E_2^{-1}(1 - \mu_2^2)}{d_1^{-1} + d_2^{-1}}}$$

$$p_{\max} = \frac{3F}{2\pi a^2}$$

μ_i、E_i 和 d_i ($i = 1,2$) 分别表示两个球体的泊松比、弹性模量和直径。

请计算 $\mu_1 = 0.25$,$\mu_2 = 0.3$,$E_1 = 2.7 \times 10^8 \text{Pa}$,$E_2 = 3 \times 10^8 \text{Pa}$,$d_1 = 1.5 \text{cm}$,$d_2 = 2.75 \text{cm}$,$F = 100 \text{N}$,以及 $z = 0.1 \text{mm}$ 时的各方向接触应力。

2-6 高为 h、材料的弹性模量为 E 的螺栓通过直径为 d_0 的螺孔时的刚度为

$$k = \left[\ln\frac{(d_2 - d_0)(d_1 + d_0)}{(d_2 + d_0)(d_1 - d_0)}\right]^{-1} \pi E d_0 \tan\theta$$

式中,d_1 为螺孔下垫圈的直径,

$$d_2 = d_1 + h\tan\theta$$

请计算 $h = 4\text{cm}$,$d_0 = 6\text{mm}$,$d_1 = 16\text{mm}$,$\theta = 30°$ 和 $E = 3 \times 10^8 \text{Pa}$ 时的螺栓刚度。

2-7 横截面呈抛物线形状的开口管道中水流的流量系数为

$$K = \frac{1.2}{x}\left[\sqrt{16x^2+1} + \frac{1}{4x}\ln\left(\sqrt{16x^2+1}+4x\right)\right]^{-\frac{2}{3}}$$

式中，x 为最大水深与液体表面管道宽度之比。请利用该式计算 $x=0.45$ 时的流量系数。

2-8 圆周率的近似值可以通过如下的级数计算：

$$\frac{1}{\pi} = \frac{\sqrt{8}}{9801}\sum_{n=0}^{N}\frac{(4n)!(1103+26390n)}{(n!)^4 396^{4n}}$$

请分别计算 $N=0$ 和 $N=1$ 时上述级数的值，并计算由此得到的 π 值与 MATLAB 所提供的 π 值之差的绝对值。

2-9 克劳修斯-克拉贝龙方程是气象学中用于描述饱和水蒸气压强和大气温度之间关系的方程，对天气预报工作具有重要作用。该方程如下：

$$\ln\frac{p}{6.11} = \left(\frac{\Delta H}{R_a}\right)\left(\frac{1}{273}-\frac{1}{T}\right)$$

式中，T 表示大气的绝对温度（单位：K），p 表示在温度 T 时大气的饱和水蒸气的压强（单位：mbar），$\Delta H = 2.453\times 10^6$ J/kg，为水蒸气的相对潜热；$R_a = 461$ J/kg，表示潮湿气体的气体常数。请计算 20℃时大气的饱和水蒸气压强。

2-10 斐波那契数列的通项为

$$F(n) = \frac{1}{\sqrt{5}}\left[\left(\frac{1+\sqrt{5}}{2}\right)^n - \left(\frac{1-\sqrt{5}}{2}\right)^n\right]$$

请用红色虚线绘制该数列前 10 项的曲线，并用蓝色空心圆圈做标记点。

2-11 啁啾（chirp）信号是一种典型的非平稳信号，它是频率随时间而变化的正弦信号，在通信、雷达、声呐等领域都具有广泛的应用。一种简单的啁啾信号为

$$x(t) = \sin(t^2)$$

请绘制该信号在 [0,10] 的时间区间上足够光滑的曲线。

2-12 曲柄滑块机构中滑块的位移为

$$s = a\cos\varphi + \sqrt{b^2-(a\sin\varphi-e)^2}$$

式中，a 和 b 为曲柄两臂的长度，e 是滑块所在平面与曲柄固定端之间的高差，φ 是曲柄固定端所连接的曲柄臂与地面之间所成的角度。

请绘制 $a=1$，$b=1.5$，$e=0.3$ 时，$\varphi\in[0,2\pi]$ 上滑块位移的光滑曲线。

2-13 绘制如下函数的足够光滑的曲线，其中 x 的取值范围是 [0.5,2]：

$$f(x) = \frac{2\pi^4}{y^3}\cdot\frac{\sinh y+\sin y}{\cosh y-\cos y}, \quad y = \sqrt{2}\pi x$$

2-14 二阶线性系统是一种常见的系统模型，例如，在由弹簧和质量块构成的振动系统中，质量块位置随时间的变化关系就可以通过二阶系统来描述。二阶系统的单位冲击响应如下：

$$y(\tau) = \begin{cases} \dfrac{\omega_n}{\sqrt{1-\zeta^2}} e^{-\zeta\tau} \sin\left(\sqrt{1-\zeta^2} \cdot \tau\right), & 0 \leq \zeta < 1 \\ \omega_n \tau e^{-\tau}, & \zeta = 1 \\ \dfrac{\omega_n}{2\sqrt{\zeta^2-1}} e^{-\left(\zeta-\sqrt{\zeta^2-1}\right)\tau} - \dfrac{\omega_n}{2\sqrt{\zeta^2-1}} e^{-\left(\zeta+\sqrt{\zeta^2-1}\right)\tau}, & \zeta > 1 \end{cases}$$

式中，$\tau = \omega_n t$；ω_n 为系统的固有频率，ζ 为系统的阻尼比。

请在同一个坐标系中，分别用红色虚线、黑色实线和蓝色虚线绘制 $\omega_n = 1$，$\zeta = 0.8$，1 和 1.2，$t \in [0,20]$ 时足够光滑的单位冲击响应曲线。

2-15 图 2-14 是一个圆锥弹簧结构示意，它在受到垂直方向上的压力时产生的无量纲最大压缩应力为

$$\sigma'_{\max} = -d_t \left[C_3 (h_t - 0.5 d_t) + C_4 \right]$$

式中，

$$h_t = h/t, \quad d_t = \delta/t$$

$$C_3 = \left(\dfrac{\alpha}{\alpha-1}\right)^2 \left(\dfrac{\alpha-1}{\ln\alpha} - 1\right)$$

$$C_4 = \dfrac{\alpha^2}{2(\alpha-1)}$$

δ 为弹簧的形变，$\alpha = b/a$。参数 h、t、a、b 的含义均如图 2-14 所示。

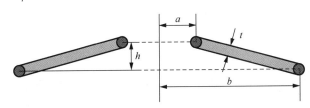

图 2-14 圆锥弹簧结构示意

请在同一坐标系中分别用蓝色、红色和绿色实线，绘制 $h_t = 1.5$，d_t 分别为 $0.5 h_t$、$2 h_t/3$ 和 $0.9 h_t$，$\alpha \in [1.1, 10]$ 时弹簧的无量纲最大压缩应力的光滑曲线。

2-16 一台地震计的测量值与真实值之比为

$$\dfrac{d_m}{d_t} = \dfrac{r^2}{\sqrt{(1-r^2)^2 + 4\zeta^2 r^2}}$$

式中，r 为地震计所测得的振动频率与地震计的自然频率之比，ζ 为地震计的阻尼因子。

请在同一个坐标系中，分别用红色虚线、黑色实线和绿色虚线，绘制 ζ 分别为 0.5、1 和 1.5，$r \in [0.1, 10]$ 时，d_m/d_t 的光滑曲线。

2-17 一根直长管的内径和外径分别为 a 和 b，其内表面温度和外表面温度分别为 T_a 和 T_b；那么在距离长管中轴为 r（$a \leq r \leq b$）的位置处，长管的径向应力 σ_r、切向应力 σ_t 和温度 $T(r)$ 分别为

$$\sigma_r = \dfrac{\alpha E (T_a - T_b)}{2(1-\mu)\ln(b/a)} \left[\dfrac{a^2}{b^2 - a^2} \left(\dfrac{b^2}{r^2} - 1\right) \ln\left(\dfrac{b}{a}\right) - \ln\left(\dfrac{b}{r}\right) \right]$$

$$\sigma_t = \frac{\alpha E(T_a - T_b)}{2(1-\mu)\ln(b/a)}\left[1 - \frac{a^2}{b^2-a^2}\left(\frac{b^2}{r^2}+1\right)\ln\left(\frac{b}{a}\right) - \ln\left(\frac{b}{r}\right)\right]$$

$$T(r) = T_b + \frac{(T_a - T_b)\ln(b/r)}{\ln(b/a)}$$

式中，E 为长管材料的弹性模量，α 为长管材料的热膨胀系数，μ 为长管材料的泊松比。

假设 $\alpha = 1.2 \times 10^{-5}$，$E = 3 \times 10^7$，$\mu = 0.3$，$T_a = 500$，$T_b = 300$，$a = 0.25$，$b = 0.6$，请绘制 σ_r、σ_t 和 $T(r)$ 随 r 变化的足够光滑的曲线。

2-18 一个包含谐波的电压信号 $u(t)$ 表达式如下：

$$u(t) = \sin\omega t + 0.4\sin 2\omega t + 0.15\sin 3\omega t$$

式中，$\omega = 2\pi f$ 为信号的角频率，$f = 50$Hz。现在使用 1kHz 的采样频率，从 $t = 0$ 开始，在 [0,0.5s] 的时间范围内对该电压信号进行采样，并且由于加性噪声的影响，每个采样值被叠加了一个在 [–0.05,0.05] 范围内均匀分布的随机值。请根据上述电压信号绘制其曲线。

2-19 请在同一个坐标系中，分别用品红色实线和青色虚线绘制以下两条以极坐标方程给出的平面曲线。请注意使用等比例的坐标轴。

$$\rho_1(\theta) = |\sin^8(\theta)|$$
$$\rho_2(\theta) = |\cos^8(\theta)|$$

2-20 请用红色实线绘制一个正五角星形，要求该五角星的尖端朝上。

第 3 章　MATLAB 程序设计

教学目标
（1）能够使用脚本 M 文件和函数 M 文件编写 MATLAB 程序。
（2）能够使用 MATLAB 流程控制语句和结构实现复杂的程序逻辑。
（3）能够通过程序流程图描述程序逻辑。
（4）能够书写有效的注释以及为 MATLAB 函数书写帮助文档。
（5）能够设置 MATLAB 路径并保证 MATLAB 调用正确的函数。
（6）能够利用 MATLAB 提供的调试工具或自行编码来完成程序的调试。

教学内容
（1）脚本 M 文件与函数 M 文件。
（2）程序流程图简介。
（3）程序流程控制语句。
（4）工作区与变量的作用域。
（5）局部函数与嵌套函数。
（6）函数的优先顺序与 MATLAB 路径。
（7）注释与 MATLAB 帮助。
（8）调试 MATLAB 程序。

3.1　M 文 件

到目前为止，我们的代码编写都是在 MATLAB 命令窗口中完成的。这种方式虽然交互性较好，但是不足之处也十分明显。

（1）如果待完成的任务较为复杂，涉及较多的命令，特别是还需要使用流程控制结构，那么在命令窗口中输入的代码往往不便于阅读。一方面是因为在代码中间可能夹杂着中间结果的输出，另一方面则是这样输入的代码缺少能够反映代码嵌套结构的缩进。

（2）不便于发现问题和修改程序。如果在命令窗口中输入流程控制结构，那么除非在这些结构内部的代码输入发生了即时的语法错误，否则，只有在整个流程控制结构都完全输入之后，MATLAB 才会执行这部分代码，因此，MATLAB 软件"草稿纸演算"式的操作在这种情况下实际上是失效的，而流程控制结构中的代码错误的发现将被延后。而这些错误的修改也较为烦琐：通常需要将整个完整的流程控制结构代码重新复制到命令窗口中，然后再对出错部分进行修改；如果某些工作空间中的变量已经被部分执行的流程控制结构代码改变了，还需要将这部分变量复原之后再修改代码，而这种情形往往又容易因为遗漏了某些被改变的变量而引入更加难以察觉的错误。

（3）很多代码需要被重复使用，如果在每次使用时都输入相同的代码，那么这显然是低效而不必要的。

使用 M 文件可以避免上述问题。M 文件是包含 MATLAB 代码的文件，其文件后缀名为.m。文件本身只是普通的文本文件，因此在极端的情况下，用户也可以使用普通的文本编辑器来编写 M 文件。不过，一般都使用 MATLAB 自带的编辑器来完成 M 文件的编写，因为 MATLAB 编辑器与一般的集成开发环境类似，不但提供了丰富的配色方案来区分不同的代码内容，也提供了代码嵌套结构的自动缩进功能，以方便阅读程序。此外，还包括程序的调试等功能。在命令窗口中选择主菜单的 File→New→Script 选项，或在默认的界面设置下单击工具栏左侧的"新建脚本"（New Script）按钮（如图 3-1 所示），或者使用快捷键 Ctrl+N，启动 MATLAB 编辑器，新建一个空白的 M 文件，MATLAB 编辑器窗口如图 3-2 所示。

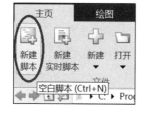

图 3-1　单击"新建脚本"按钮

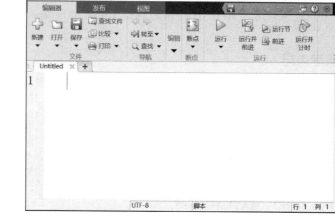

图 3-2　MATLAB 编辑器窗口

MATLAB 的当前文件夹与 M 文件的使用有着密切的关系。图 3-3 中所示的左侧子窗口就是 MATLAB 主界面中的"当前文件夹"子窗口，在"当前文件夹"子窗口中，可以浏览"当前文件夹"中的文件和子文件夹。同时在 MATLAB 的工具栏下方，也以下拉框的形式显示了"当前文件夹"的路径。打开下拉框，还可以看到最近所使用过的文件夹，从中选择一个，即可将"当前文件夹"切换为选中的文件夹；也可以单击下拉框左侧的"浏览文件夹"按钮，然后在对话框中选择特定的文件夹作为当前文件夹。

图 3-3　与"当前文件夹"有关的 MATLAB 主窗口组件

为了方便本书的学习，建议读者在自己的计算机上专门新建一个文件夹，作为学习和使用 MATLAB 的工作文件夹，并且在每次启动 MATLAB 时，将这个工作文件夹设置为当前文件夹。在运行 M 文件时，也包括在使用相对路径访问其他的数据文件时，请注意首先确定这些文件存在于当前文件夹中，否则，可能会出现运行错误。

M 文件又可以分为脚本 M 文件和函数 M 文件两大类，以下分别介绍这两大类文件。

3.1.1 脚本 M 文件

脚本 M 文件从内容上来看，就是一系列命令窗口中的语句的集合，它们被组织在一个 M 文件中，并通过这个 M 文件被包装起来。

脚本 M 文件没有输入/输出参数，其计算所需的数据以及计算结果，是通过脚本 M 文件调用者的工作空间来传递的，即脚本 M 文件可直接访问其调用者的工作空间，在其中创建、读取或修改变量，从而将计算结果提供给调用者或调用者工作空间的其他使用者。在脚本 M 文件执行完毕后，这些变量将仍然存在于调用者的工作空间之中。

脚本 M 文件通常在命令窗口中被调用，调用方式是将其文件名（不包括.m 后缀）以类似命令的方式输入。调用脚本 M 文件的效果，相当于直接输入并执行脚本 M 文件中的内容。

【例 3.1】

圆柱螺旋扭转弹簧在外加转矩下可扭转一定角度。在给定了弹簧的工作转矩范围、扭转角、弹簧材料、钢丝直径和弹簧中径等参数后，就能够计算出弹簧的其他工作参数。

设弹簧的工作极限扭转角 φ_j（单位：°）为

$$\varphi_j = \frac{T_j}{T'}$$

式中，T_j 为工作极限转矩（单位：N·mm）：

$$T_j = \frac{\pi d^3 \sigma_j}{32 K_1}$$

d 为弹簧钢丝的直径（单位：mm）；σ_j 为工作极限弯曲应力（单位：MPa）：

$$\sigma_j = 80\% \times \sigma_b$$

σ_b 为弹簧的钢丝抗拉极限强度（单位：MPa）；K_1 为弹簧的曲度系数：

$$K_1 = \frac{4C-1}{4C-4}$$

C 为弹簧的旋绕比：

$$C = \frac{D}{d}$$

D 为弹簧中径（单位：mm）；T' 为弹簧刚度（单位：N·mm/°）：

$$T' = \frac{Ed^4}{3667Dn}$$

E 为弹簧材料的弹性模量（单位：N/mm²）；n 为弹簧圈数：

$$n = \frac{Ed^4 \varphi}{3667D(T_n - T_1)}$$

四舍五入取整；T_n 为设计最大工作转矩（单位：N·mm）；T_1 为设计最小工作转矩（单位：

N·mm）；φ 为设计工作扭转角（单位：°）。

假设现在设计最小工作转矩为 T_1 = 2000 N·mm，设计工作扭转角 φ = 40°，弹簧钢丝直径为 d = 4mm，弹簧中径 D = 25mm，弹簧钢丝抗拉极限强度 σ_b = 1520MPa，弹簧钢丝的弹性模量 E = 206×10^{3}N/mm^2。若设计最大工作转矩为 T_n = 4000,4100,4200,…,6000 N·mm，请利用脚本 M 文件相应的工作极限扭转角 φ_j 绘制曲线图。

对于程序设计的初学者而言，最基本、最简单也最重要的一点，就是认识到程序是由一系列"步骤"或"动作"依次构成的，而确定这些步骤或动作先后顺序的关键因素，就是在执行一个步骤或动作时，该步骤或动作所需的所有数据都是已知的。而对一个完整的程序而言，在设计的最初阶段，就是要厘清程序的输入量是哪些，即有哪些数据是应该由用户提供给程序；程序的输出量又是哪些，即程序希望获取的最终结果是什么。之后再一步步地构建出从输入量到输出量的各个必需的步骤。

就本例题而言，题中给出的已知量为 T_1、T_n、φ、d、D、σ_b 和 E，这些已知量就构成了程序的输入量。对于脚本 M 文件而言，既可以由用户手动在命令窗口中输入这些已知量，再调用脚本 M 文件，也可以将这些已知量的赋值放在脚本 M 文件中进行。在本例题中，我们采用后一种方式。而题目需要获得的量是 φ_j，它就构成了程序的输出量。而根据题中所给的公式，可以整理出由输入量到输出量的计算顺序：输入→n、C、σ_j→T'、K_1→T_j→φ_j。

对于初学者开发者而言，程序流程图是一种有用的工具，因为程序流程图使用规范的符号描绘程序各步骤的执行顺序。本例题的程序流程图如图 3-4 所示。

根据上述分析与程序流程图编写的脚本 M 文件如下，该脚本 M 文件被保存为 sprangle_s.m。

sprangle_s.m

```
% 初始化输入变量
T1 = 2000;
Tn = 4000:100:6000;
phi = 40;
wireD = 4;
springD = 25;
sigmaB = 1520;
E = 206e3;

% 计算弹簧圈数 n, 旋绕比 C, 工作极限弯曲应力 sigmaJ
n = (E*wireD^4*phi) ./ (3667*springD*(Tn-T1));
C = springD / wireD;
sigmaJ = sigmaB * 0.8;

% 计算弹簧刚度 Tp, 曲度系数 K1
Tp = (E*wireD^4) ./ (3667*springD*n);
K1 = (4*C-1) / (4*C-4);
% 计算工作极限转矩 Tj
Tj = (pi*wireD^3*sigmaJ) / (32*K1);
```

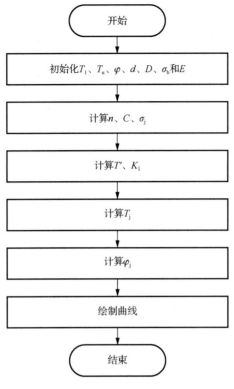

图 3-4　例 3.1 的程序流程图

```
% 计算工作极限扭转角 phiJ
phiJ = Tj ./ Tp;

% 绘制 Tn-phiJ 曲线
plot(Tn, phiJ);
```

保存完毕后，在命令窗口中输入该脚本 M 文件的文件名（不包括.m 后缀名），然后按 Enter 键执行，可以得到如图 3-5 所示的曲线。

```
>> sprangle_s;
```

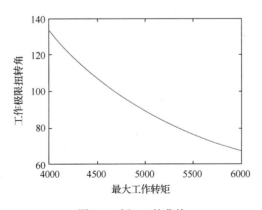

图 3-5　例 3.1 的曲线

注意：在执行了该脚本 M 文件后，在 MATLAB 的工作空间中，出现了脚本 M 文件中产生的所有变量。脚本 M 文件通过工作空间进行数据交互的这一方式，使得发生变量冲突的可能性大为增加。例如，有可能一个脚本 M 文件会将某个已经存在的、未预料到会被改变的变量加以修改，从而导致在之后使用该变量时，所得的结果并非希望的结果。这种错误并非语法层面错误因而更加隐蔽、更加难以排查。

此外，脚本 M 文件由于没有输入/输出参数，即脚本 M 文件不能像普通函数那样，在调用时由用户提供输入量，然后得到相应的输出量。因此，当计算条件发生变化时，修改较为麻烦。例如，对例 3.1 而言，如果现在弹簧材料的弹性模量 E 发生了变化，那就只能在 MATLAB 编辑器中修改相应的赋值语句，保存之后再回到命令窗口重新调用。

因此，脚本 M 文件一般用于没有或仅有少量可变参数的一些日常任务的批量处理，或者临时性的代码组织。即使是用于上述目的，也同样可以通过函数 M 文件来完成，并且对用户而言没有明显差别。

3.1.2 函数 M 文件

如果一个 M 文件的第一行有效代码（除空白行和注释行之外的代码行）是以关键字 `function` 开头的函数声明行，那么这个 M 文件就是一个函数 M 文件。一个函数 M 文件对外部而言，就提供了一个 MATLAB 函数，实际上它同样也可以视为一个完整的、完成了某项具体任务的 MATLAB 程序。MATLAB 的绝大多数函数都是以函数 M 文件的形式提供的。

在函数声明行中，不但包括函数名，也包括函数的输入/输出接口。下面介绍常见的输入/输出的声明方式。

1. 有一个或多个输入参数、一个或多个输出参数

MATLAB 函数可以具有不止一个输出参数，这一点相较于 C/C++、Java 等相对"传统"的编程语言而言，在语法层面上提供了一种灵活便利的途径来强化 MATLAB 函数的功能。具有 N 个输入参数、M 个输出参数的 MATLAB 函数的声明方式如下：

```
function [O1 … OM] = funcname(I1, …, IN)
```

在关键词 `function` 之后是输出参数列表，输出参数列表用"`[]`"括起来，输出参数之间以空格或逗号区隔。如果仅有一个输出参数，则`[]`可省略；输出参数列表之后是"`=`"号，然后是函数名；函数名之后是用"`()`"括起来的输入参数列表，输入参数之间以逗号区隔。

【例 3.2】

使用如图 3-6 所示的双曲柄机构可以生成双叶线。两根长度均为 a 的连杆 AP 和 BQ 的一端分别固定于两个定点 P、Q，P、Q 之间的距离为 $b>a$。A、B 两端用一根长度同样为 b 的连杆相连，并在连杆 AB 上确定的一个定点 T，它到 A 点的距离为 r。当连杆 AP 绕点 P 旋转并带动连杆 AB 和 BQ 一同运动时，点 T 的运动轨迹就是一条双叶线。

根据连杆机构的运动分析结果，若以 P 为平面直角坐标系原点，则 T 的坐标 (x,y) 为

$$\begin{cases} x = a\cos\varphi + r\cos(\beta+\pi) \\ y = a\sin\varphi + r\sin(\beta+\pi) \end{cases}$$

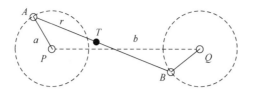

图 3-6 双曲柄机构

式中，φ 为连杆 AP 的朝向角，β 为连杆 AB 的朝向角：

$$\beta = \arctan 2\left(\frac{\sin\varphi - \sin\delta}{\cos\varphi - \cos\delta - k}\right)$$

arctan 2 表示值域为 $(-\pi,\pi]$ 的四象限反正切函数，δ 为连杆 BQ 的朝向角：

$$\delta = 2\arctan 2\left[\frac{(1+k)|\sin\varphi|}{(1-k)\mathrm{sgn}(\sin\varphi)(1+\cos\varphi)}\right]$$

式中，$k = b/a$。

下面使用函数 M 文件来实现双叶线的绘制。在设计函数时，一个十分关键的内容就是设计函数的输入/输出接口。函数的输出接口通常是根据函数要完成的任务来设计的，例如，在本例题中，我们希望最终提供给函数的用户的结果就是点 T 的运动轨迹上的一系列位置对应的 x 和 y 坐标，我们将这些坐标分别组织为两个数列，并作为函数的两个输出参数。

而函数的输入接口则往往由我们所希望提供给用户的灵活性，以及希望用户承担的计算责任来确定。对本例题而言，我们希望能够绘制一条完整的双叶线，因此在函数内部，我们将 φ 的取值范围固定为 $[0,2\pi]$ 区间，而连杆的长度 a、b 以及点 T 的位置 r 均可由用户规定，这些参量将作为函数的输入参数。此外，我们将曲线绘制的光滑程度也交由用户来负责。因此，额外增加一个输入参数 n，表示用户希望将 φ 的取值范围 $[0,2\pi]$ 分为 n 个等间隔的离散点。

根据以上设计的函数的输入/输出接口及坐标的计算公式，给出如下的函数 M 文件。

duleaves.m

```
function [x,y] = duleaves(a,b,r,n)
% [x,y] = duleaves(a,b,r,n)
% 绘制双叶线。
%
%    a 表示作圆周运动的两根短连杆的长度；b 表示连接两根短连杆
% 的自由端的连接连杆长度，要求 b > a；r 表示用于生成双叶线的
% 连接连杆上固定点 T 到主动端的距离；n 表示希望生成的双叶线上
% 的离散采样点的个数。
%
%    x 和 y 是两个长度为 n 的数列，分别给出了双叶线的离散采样点
% 的 x 坐标和 y 坐标。
%
% 例:
%    [x,y] = duleaves(0.3, 0.5, 0.25, 500);
%    plot(x,y); axis equal;
%

k = b/a;
```

```
phi = linspace(0,2*pi,n);

ty1 = (1+k)*abs(sin(phi));
tx1 = (1-k)*sign(sin(phi)).*(1+cos(phi));
delta = 2*atan2(ty1,tx1);

ty2 = sin(phi)-sin(delta);
tx2 = cos(phi)-cos(delta)-k;
beta = atan2(ty2,tx2);

x = a*cos(phi) + r*cos(beta+pi);
y = a*sin(phi) + r*sin(beta+pi);
```

将函数 M 文件按上述文件名保存好之后，即可在命令窗口中调用该函数。调用方式如下：

```
>> [x,y] = duleaves(.3,.5,.25,500);
```

执行完毕后，即可用 plot 函数绘制所得的双叶线。在上述调用的参数设置（$a = 0.3$, $b = 0.5$, $r = 0.25$）下，得到的双叶线如图 3-7 所示。

```
>> plot(x,y), axis equal;
```

若将 r 值改为 0.2，则得到的双叶线如图 3-8 所示。

```
>> [x,y] = duleaves(.3,.5,.2,500);
>> plot(x,y), axis equal;
```

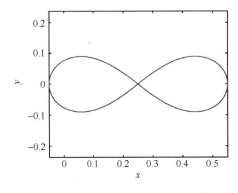
图 3-7 例 3.2 中 $r = 0.25$ 时的双叶线

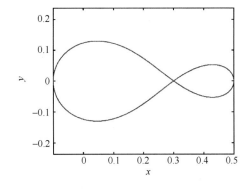
图 3-8 例 3.2 中 $r = 0.2$ 时的双叶线

关于函数 M 文件的调用说明如下：

（1）与脚本 M 文件一样，函数 M 文件通过文件名来调用，而不是用函数声明行中给出的函数名来调用。假设例 3.2 中的函数被保存为 shuangyexian.m，那么在命令窗口中调用时，就应该使用 shuangyexian 而非使用 duleaves 作为函数名。显然，内部声明的函数名与 M 文件名不相同的情况容易带来不必要的误解和麻烦。因此，建议保持函数 M 文件名与内部声明的函数名一致。如果在新的 M 文件中创建函数，在保存时 MATLAB 也将默认提供内部声明的函数名作为保存的 M 文件名，尽管用户可以修改该文件名。

（2）如果用户在调用函数时希望保存函数的多个输出参数，那么这些输出参数要使用"[ ]"符号括起来。如果只希望保存函数的第一个输出参数，则 [ ] 符号可以省略。例如，如果在例 3.2 中只希望保留 x 坐标数列，那么可以使用下面的调用方式：
```
x = duleaves(0.3, 0.5, 0.2, 500);
```
（3）如果用户仅希望保留开头的若干输出参数，而将后面的输出参数省略，那么只需要用[]符号将希望保留的那些输出参数括起来，不必再提供后面的输出参数。但是如果用户希望省略掉位置靠前的某些输出参数，而保留若干位置靠后的输出参数，那么，此时不能直接跳过希望省略掉的那些输出参数的位置，而需要在这些位置上使用占位符"～"。例如，在例 3.2 中只希望保留 y 坐标数列而省略 x 坐标数列，那么需要以如下方式调用：
```
[~,y] = duleaves(0.3, 0.5, 0.2, 500);
```
（4）如果用户没有保留任何输出参数，那么函数的第一个输出参数将被保留到 ans 变量中，其余的输出参数被省略。

（5）如果函数调用不是以分号结尾，那么所有被保留的输出参数的值将被显示在命令窗口中。如果没有保留任何输出参数，那么保留到 ans 变量中的第一个输出参数的值将被显示。例如
```
[x,y] = duleaves(0.3, 0.5, 0.2, 500)
```
实际上等价于
```
[x,y] = duleaves(0.3, 0.5, 0.2, 500); x, y
```

2. 无输出参数的函数

MATLAB 函数可以没有输出参数。此时，在函数声明中，可将输出参数列表与其后的"="去除，即
```
function funcname(I1, …, IN)
```
无输出参数的函数一般以文本或图形显示计算结果，或者将这些结果保存为文件。

3. 无输入参数的函数

MATLAB 函数也可以没有输入函数。函数声明中的输入参数列表可以为空，()符号可保留也可省略，以下两种方式均是合法的：
```
function [O1, …, OM] = funcname()
function [O1, …, OM] = funcname
```
在调用无输入参数的函数时，函数名之后既可以加()符号，也可以把该符号省略。

【例 3.3】

将例 3.1 中的代码封装为无输入/输出参数的函数 M 文件。

只需在例 3.1 的代码之前增加如下的函数声明：
```
function sprangle()
```
将代码保存为 sprangle.m，然后在命令窗口中输入如下命令：
```
>> sprangle;
```
就可以得到与图 3-5 相同的图形。

从调用的方式看，例 3.1 和例 3.3 是一样的。但是请注意，在例 3.3 的调用完成后，命令窗口的工作空间中并不会出现例 3.1 中的那些变量。也就是说函数 M 文件中的变量并不会出现在命令窗口的工作空间中，从而也就可以避免变量冲突的潜在风险。

3.2 程序流程控制结构

3.2.1 程序流程图简介

程序流程图对于梳理程序设计的思路、形象化程序的流程结构以及与他人交流程序的功能和实现细节具有重要作用。同时，程序流程图也是一种具有推荐规范的比较标准的图形。关于程序流程图的绘制规范，感兴趣的读者可以参考国家推荐标准 GB/T 1526—1989。本节对最常见的程序流程图的符号和绘制规范进行介绍。

程序流程图用来表示程序中的操作顺序，其中包括能表明处理操作的处理符号、表明控制流的流线符号和方便阅读与绘制程序流程图的特殊符号。程序流程图常用符号见表 3-1。

表 3-1 程序流程图常用符号

符号	说明
→	流线，表示程序的控制流或程序的走向。尽管流线在不致引起歧义的前提下可以不加箭头，但通常为了增强流程图的清晰性和可读性，总是推荐加上箭头以便明确说明该流线的前导步骤与后续步骤
□	表示处理。通常表示一个或一组确定的操作。该符号只有一个入口和一个出口
⊟	表示一个已命名的处理。通常表示一个或多个步骤构成的一个整体，或者是一个子函数或模块，该处理的具体流程在别处已有详细说明。该符号只有一个入口和一个出口
◇	表示判断。该符号只有一个入口，但有两个或更多的出口。符号中的内容是一个条件，在对该条件求值后，根据结果激活出口中的一个且仅一个。在各个出口的流线上要标注上该流线激活的条件值
⬭	端点符，一般用于程序的起点和终点。用于起点时，没有入口，仅有一个出口；用于终点时，仅有一个入口，没有出口
○	连接符。当一个完整的程序流程图较为复杂且庞大时，可以将它分为若干更小、更清晰的部分。这时被分开的流线应使用连接符来作为起始或终止：当流线要离开当前的流程图时，以连接符终止；当流线从其他流程图进入当前流程图时，以连接符起始。连接符中应当标上标号，以明确流程的走向
═	并行，表示同步进行两个或两个以上的并行操作。可以有一个入口、多个出口，表示从一条串行流程进入多个并行流程处理；或有多个入口、一个出口，表示多个并行流程处理结束后，重新进入一条串行流程；或有多个入口、多个出口，表示一批并行流程处理结束后，进入另一批并行流程处理

图 3-9 和图 3-10 所示是一个例子的程序流程图，它们实际上是一个程序的流程图，但是由于该流程较复杂，绘制成一个流程图后所占篇幅偏大，因此分为两个子流程图绘制，并且使用了连接符来说明子图之间的连接关系。此外，在图 3-10 中还使用了一个子程序"重连节点"，该子程序的流程应在其他地方给出，只不过在这个示例中从略了。

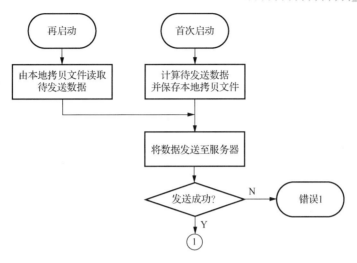

图 3-9 程序子流程图（第一部分）

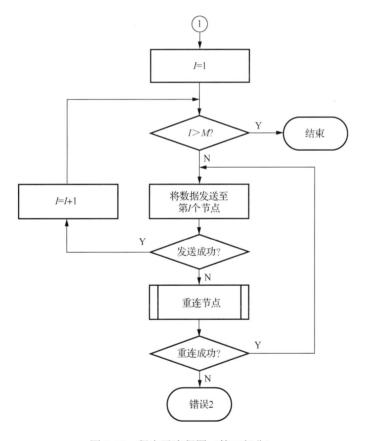

图 3-10 程序子流程图（第二部分）

下面结合例子说明绘制程序流程图的一些注意事项。

（1）流线的走向一般是从上或从左流入，从下或从右流出。不过，在实际绘制过程中也时常出现为了使流程图更为紧凑而不严格按此执行的情况。

（2）如果判断框仅有两个出口，分别对应判断条件成立（标注为"是"或"Y"）和不成立（标注为"否"或"N"）两种情况，那么一般是条件成立的出口向下，条件不成立的出口向右。同样，为了流程图紧凑，可以不严格按此执行。

（3）在程序流程图中，流线可以发生汇聚。此时，汇聚点应该在流线上，而不应该直接汇聚到过程框或判断框等图框上。例如，图 3-10 中重连成功后的流线应汇聚在将数据发送至节点的过程框的入口流线上，而不应该作为该过程框的一条新的入口流线直接连到该过程框上。

（4）流线尽可能不要交叉，可通过连接符或子程序等手段来避免。实在无法避免，则应设法明确区分交叉点和流线的汇聚点，以免造成对程序流程的错误理解。

（5）不要出现如图 3-11 所示的流线的无条件分岔。如果要表示并行处理，应明确使用表 3-1 中的并行符号。实际上，除非是明确进行并行算法的开发，一般的程序包括本书的所有程序，本质上都是串行程序而非并行程序，因此不会用到并行符号。

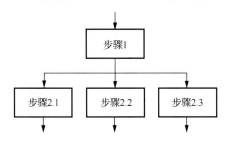

图 3-11　流线的无条件分岔

3.2.2　关系运算符和逻辑运算符

MATLAB 中的关系运算符包括<（小于）、<=（小于等于）、>=（大于等于）、>（大于）、==（相等）和~=（不等于），这些关系运算符应用于数值类型上。关系运算的结果则是逻辑型的，逻辑型变量只取 0 或 1 两个值。其中，0 表示逻辑假，1 表示逻辑真。

【例 3.4】

在命令窗口中输入如下表达式：

```
>> a = 1;
>> b = 2;
>> a > b
```

得到输出结果：

```
ans =
    0
```

输入如下表达式：

```
>> a<=b
```

得到输出结果：

```
ans =
    1
```

输入如下表达式：

```
>> c = a==b
```

得到输出结果：

```
c =
    0
```

输入如下表达式：

```
>> d = a~=b
```

得到输出结果：

```
d =
    1
```

逻辑运算符包括&（逻辑与）、|（逻辑或）、~（逻辑非）、&&（"短路"的逻辑与）以及||（"短路"的逻辑或）。其中，逻辑与和逻辑或均为二元运算符，即它们需要两个逻辑型变量参与运算；而逻辑非为一元运算符，它只作用在紧跟它之后的逻辑型变量之上。

一个逻辑表达式可以包含一系列逻辑运算符。如果采用短路式的逻辑运算符，那么一旦能够确定逻辑表达式的值，即使有部分逻辑表达式的值还没有确定，逻辑运算也将提前结束。例如，假设 a = 1，b = 2，c = 5，那么在求以下逻辑表达式的值时

```
a > 3 && (b <= 2 || c > 3)
```

由于 a > 3 的比较运算结果为假，因此，不管&&运算符后面部分的值是真还是假，整个逻辑表达式的结果都必然为 0。这时，短路的逻辑与在直接判断出 a > 3 为假之后，就可以确定整个逻辑表达式结果为 0，并在此结束逻辑表达式求值过程，而不再执行(b <=2 || c > 3)的表达式部分。

数值型的变量也可以参加逻辑运算。在这种情况下，若变量值不等于 0，则被认为是逻辑真；否则，为逻辑假。

关系运算符和逻辑运算符的优先级见表 2-1。请记住，如果对运算符的优先级顺序没有把握，使用()符号总能保证运算按照希望的正确顺序进行，同时也往往能够使得表达式的可读性更好。

3.2.3 if 分支结构

if-elseif-else 条件语句能够让程序根据不同的条件选择不同的执行路径，从而形成程序流程的分支结构。if-elseif-else 条件语句的语法如下：

```
if exp1
    stmtblk1
elseif exp2
    stmtblk2
...
elseif expN
    stmtblkN
else
    stmtblk_else
end
```

在 if-elseif-else 条件语句中，关键字 if 和与之配对的 end 是必需的，elseif 以及 else 分支则是可选的。其中，elseif 分支数量不限，else 分支最多只能有一个，

并且必须是最后一个分支。在if或elseif分支之后的判断表达式的结果应为逻辑值。

上述if-elseif-else分支结构的执行过程可用如图3-12所示的程序流程图来表示。程序在进入if-elseif-else分支结构后，将依次测试各个if或elseif分支的判断表达式。如果某个分支的判断表达式的值为真（逻辑1），那么程序将进入该分支，执行该分支下面的语句,当该分支的语句执行完毕后,程序流程将直接离开当前的if-elseif-else结构，并继续执行end之后的程序部分。如果所有的if或elseif分支的判断表达式均为假，那么在存在else分支时，执行else分支下面的语句。因此，在进入if-elseif-else分支结构后，最多只有一个分支的语句会被执行。

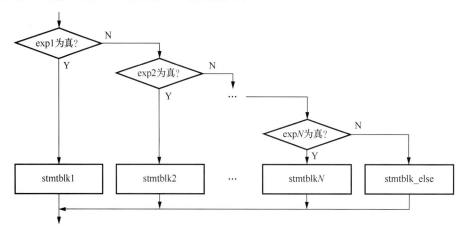

图3-12 if-elseif-else条件语句的程序流程图

【例3.5】

试编写一个程序，实现以下函数功能，并且能够根据该函数被调用的时间在命令窗口中显示相应的问候信息：如果是新世纪到来的元旦，即年份为整百数的元旦，那么函数显示"你好，新世纪！"；如果是普通年份的元旦，那么显示"新年快乐！"；如果是元旦之外的普通日期，那么当时间在0时0分至4时59分时，显示"还是凌晨呢！"；在5时0分至11时59分时，显示"早上好！"；在12时0分至17时59分时，显示"下午好！"；在18时0分至23时59分时，显示"晚上好！"。

分析题目要求，可以看出需要多重的判断分支。首先以日期为判断量，如果是元旦，那么在这一分支下嵌套一个内部的if结构，进一步判断是否是新世纪的元旦；如果日期并非元旦，那么嵌套另一个if结构对具体的时间进行区分处理。本例题的程序流程图如图3-13所示。

利用MATLAB中的clock函数可获取当前的日期与时间。clock函数返回一个长度为6的数列，依次给出了当前的年、月、日、时、分、秒。根据上述流程编写的代码如下。

greetings.m

```
function greetings()

t = clock;

if t(2)==1 && t(3)==1 % 1月1日
```

```
        if mod(t(1),100)==0  % 年份被100整除
            disp('你好,新世纪!');
        else
            disp('新年快乐!')
        end
    else
        if t(4)>=0 && t(4)<=4  % 0~4时
            disp('还是凌晨呢!');
        elseif t(4)>=5 && t(4)<=11  % 5~11时
            disp('早上好!');
        elseif t(4)>=12 && t(4)<=17  % 12~17时
            disp('下午好!');
        else
            disp('晚上好!');
        end
end
```

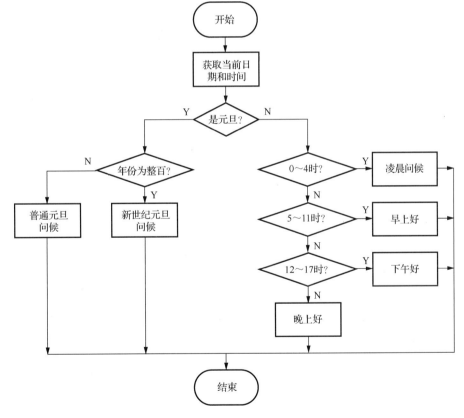

图 3-13　例 3.5 的程序流程图

当程序出现嵌套结构时,就需要特别留意确定相配对的 end 语句,因为只有确定了与条件或循环语句配对的 end 语句,才能确定该条件或循环结构的作用范围,进而才能正确地把握程序流程的走向。

与某个 if 语句（或其他后文将要介绍的条件或循环语句）配对的 end 语句，是这个 if 语句之后与之最接近但尚未与其他语句配对的 end 语句。以例 3.5 来说明，判断日期是否为元旦的 if 语句（第 5 行）之后最近的 end 语句在第 10 行，但是它并不能与这个 if 语句配对，因为它已经与嵌套在元旦处理部分的 if 语句（第 6 行）配对了。类似地，第 20 行的 end 语句与第 12 行中判断时间的 if 语句配对，因此与第 5 行 if 语句配对的 end 语句就落在了第 21 行中了。

为了准确判断条件或循环结构的作用范围，编程中常会使用不同的代码行缩进长度来突出显示不同的代码结构嵌套层次。例如，最高层的判断日期是否为元旦的 if 语句没有缩进，而在这个 if 语句的各分支中低一层的 if 结构就被缩进了一个单位。MATLAB 编辑器可以自动进行代码行的缩进，读者应该注意养成良好的编程习惯，保持 MATLAB 编辑器自动提供的代码嵌套结构，而不要随意地加以改动。如果不慎进行调整而打乱了代码的整齐布局，那么也可以使用 MATLAB 编辑器提供的快捷功能进行调整。首先可以使用快捷键 Ctrl+A 选中全部代码，或者用鼠标拖曳被选中需要调整格式的代码，之后再使用快捷键 Ctrl+I 恢复代码行的自动缩进格式。

【例 3.6】

公历闰年的判定方法如下：4 年一闰，100 年不闰，400 年再闰。也就是说，如果某个公历年份能够被 4 整除，那么当它也能够被 100 整除但不能被 400 整除时，不是闰年；否则，就是闰年。试编写一个程序，实现以下函数功能：其输入量为年份，当其为闰年时输出值为 1；否则，输出值为 0。

根据上述规则编写的程序代码如下。

isleap.m

```
function flag = isleap(y)
% flag = isleap(y)
% 判断闰年。
%
% y 是一个正整数值。当 y 对应的年份是闰年时，flag = 1,
% 否则 flag = 0。
%

flag = 0;
if mod(y,400)==0 % 能够被 400 整除
    flag = 1;
elseif mod(y,100)==0 % 能被 100 整除但不能被 400 整除
    flag = 0;
elseif mod(y,4)==0 % 普通闰年
    flag = 1;
end
```

在上述代码中，我们首先判断能够得出确定结论的一个简单条件，即年份能够被 400 整除，此时输出值为 1；如果该条件不满足，再考虑不能被 400 整除但能够被 100 整除的平年条件。注意：这个条件本来是一个复合条件，即本来需要两个关系表达式的逻辑运算来描述，但由于我们已经将其中的一个关系运算剥离，把它作为之前的判断分支了，因此在这个

elseif 中就仅需要判断是否能够被 100 整除的条件了。类似的做法也出现在判断普通闰年的 elseif 分支上。

此外，如果程序流程中存在分支，那么在编写 MATLAB 函数时还需要特别注意函数的输出值问题。MATLAB 函数的输出值是通过在函数中直接对输出参数赋值来完成的。关于 MATLAB 函数，需要切记，无论程序是从哪一条流程分支返回的，都必须保证函数在返回之前已经对所有输出值都进行了赋值。否则，当调用 MATLAB 函数并试图将某个在函数内未被赋值的输出值保留到其他变量中时，MATLAB 将会报错并中断程序的执行。

关于 if 语句，比较容易出现的疏忽，就是在 if 结构中没有 else 分支，同时所有对输出值的赋值操作又全部放在了 if 分支和 elseif 分支中，那么一旦不能保证这些 if 分支和 elseif 分支已经包括了所有可能出现的情况，就有可能发生该 if 结构中所有分支都没有被运行的情况，从而出现未对输出值进行赋值的情况。在例 3.6 中，为了避免此类疏忽，程序首先在第 9 行对一种默认的情况（平年）进行输出值赋值，然后在 if 结构中就可以省略对这种情况的判断，即省略了 else 分支。

需要注意的是，elseif 不要误写为 else if。前者是一个 if 结构中的一个分支，后者是在当前的 if 结构的 else 分支下又嵌套了一个低一层级的 if 结构，自然需要增加相应的 end 语句与这个嵌套的 if 语句配对。如果把例 3.6 中的 elseif 用 else if 替换，那么区别将会更加明显。替换后的程序代码如下。

```
function flag = isleap(y)

flag = 0;
if mod(y,400)==0
    flag = 1;
else if mod(y,100)==0
        flag = 0;
    else if mod(y,4)==0
            flag = 1;
        end
    end
end
```

可见，每个 if 语句后面的代码行缩进层级都增加了一层。尽管这个程序的效果与例 3.6 中的程序等效，但是嵌套层次过深，会使分支的逻辑结构不够清晰。那么什么时候使用 elseif 分支，什么时候使用嵌套的 if 结构呢？一般而言，如果各个分支对应的判断具有相同的语义类型，那么就适合设计成同一嵌套层级并列的多个分支；如果某些分支的语义和其他分支不同类，那么就适合将它们设计成不同嵌套层级的多个 if 结构。例如，在例 3.5 中，第一层的 if 结构判断日期是否为元旦，第二层的两个 if 结构则分别判断年份和时间，因此这两层的判断条件的语义是不同的。判断时间的 if 结构的各个分支只不过是对不同的时间区间进行区分，因此判断条件是否具有相同的语义使用了多个 elseif 分支。

3.2.4 switch 分支结构

在实际应用中，还有一类常见的分支情况。程序需要根据某个对象的"类别"采取不同的处理方式，对象的类别往往使用整数形式的类别代码，或者直接使用字符串形式的类别名称。因此，这种分支的判断条件最终都可以归结为变量与特定整数或字符串是否相等。如果使用 if 分支结构，在对象的类别较多时，程序会相当冗长，而且对类别本身突出得也不够。此时，使用 switch-case-otherwise 语句将更为合适。其语法如下。

```
switch var
    case value1
        stmtblk1
    case value2
        stmtblk2
    …
    case valueN
        stmtblkN
    otherwise
        stmtblk_other
end
```

switch 语句后面跟着的是待判别的变量或表达式 var，通常为整数或字符串。在 switch 分支结构内部可以包含数量不限的 case 分支，以及可选的 otherwise 分支，并且 otherwise 分支必须出现在最后。上述 switch 分支结构的程序流程图如图 3-14 所示。

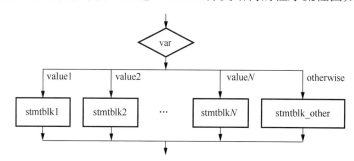

图 3-14　switch 分支结构的程序流程图

在执行 switch 语句时，程序将由上至下依次检查判别变量 var 是否与 case 语句后面的值相匹配。如果匹配，那么流程进入该 case 语句下面的语句块，并在执行完语句块后离开 switch 分支结构；如果所有 case 语句后面的值都不匹配判别变量 var，那么执行 otherwise 语句下面的语句块，若没有 otherwise 部分，则直接离开 switch 分支结构。

需要注意的是，在 MATLAB 中，上述 value1, value2, …, valueN 都不一定是单一的值，而可能是多个值构成的集合，判别变量 var 与这个集合中的任何一个值相等，都认为其与该集合匹配。对由多个值构成的集合，需要将这些值包括在{}符号之中。

【例 3.7】

课程的成绩往往有不同的评分制，如常见的百分制和等级制。现在为了计算平均成绩，需要将等级制成绩转换为百分制成绩，转换规则如下："优"或"优秀"或"A"相当于百分制的 93 分；"良"或"良好"或"B"相当于 85 分；"中"或"中等"相当于 75 分；"C"相当于 70 分；"及格"相当于 65 分；"不及格"或"差"或"D"相当于 50 分。

根据题中的规则，可以直接使用 switch 分支结构完成转换。程序代码如下。

grd2scr.m

```
function s = grd2scr(g)
% s = grd2scr(g)
% 将等级制成绩 g 转换为百分制成绩 s。
%
% g 是一个字符串，可以取以下值：
%    '优', '优秀', 'A'        - 对应 93 分
%    '良', '良好', 'B'        - 对应 85 分
%    '中', '中等'             - 对应 75 分
%    'C'                      - 对应 70 分
%    '及格'                   - 对应 65 分
%    '不及格', '差', 'D'      - 对应 50 分
% 对其余不能识别的等级制成绩，函数将返回[]。
%
switch g
    case {'优', '优秀', 'A'}
        s = 93;
    case {'良', '良好', 'B'}
        s = 85;
    case {'中', '中等'}
        s = 75;
    case 'C'
        s = 70;
    case '及格'
        s = 65;
    case {'不及格', '差', 'D'}
        s = 50;
    otherwise
        s = [];
end
```

上述程序的思路很容易理解。不过，这里需要注意的是，otherwise 语句中的处理方式：不包括任何元素的[]符号表示"空数列"。在 MATLAB 中，空数列常常可以作为一个特殊值表示异常的返回。尽管对本例题而言，也可以使用超出百分制成绩范围的其他数值如−1 来表示异常的情况，但对 MATLAB 的使用者而言，更多情况下还是适合使用空数列。使用 MATLAB 中的函数 isempty 可以判断一个数列是否为空。

3.2.5 for 循环结构

for 循环结构的语法如下：

```
for var = values
    stmtblk
end
```

这里，变量 var 称为循环变量，values 表示 var 在循环过程中依次取到的值。在绝大多数场合下，values 都是一个数列。stmtblk 称为循环体。for 循环的执行可视为是按照图 3-15 所示的程序流程图进行的。

循环变量 var 首先将被赋值为空数列[]，之后从循环变量的取值数列 values 的第 1 个元素开始依次取值，每轮循环取一个，直到 values 中的所有值都被取完为止。在循环内部，var 的值就是本次从 values 数列中取到的值。

注意：values 同样可以为空数列，在这种情况下，程序实际上将不会进入 for 循环的循环体中。

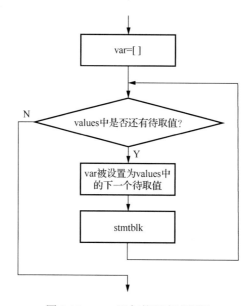

图 3-15　for 语句的程序流程图

【例 3.8】

假设一个迭代公式如下：

$$\begin{cases} x_{k+1} = 1 - ax_k^2 + y_k \\ y_{k+1} = bx_k \end{cases}, k = 1, 2, \cdots, n$$

从给定的初始值 x_0 和 y_0 开始，按照给定的参数 a 和 b 与上述迭代公式就能求得 (x_1, y_1)，(x_2, y_2)，…，这个迭代公式可以很简单地通过 for 循环完成，并且我们将迭代得到的所有 x 和 y 的值（包括初始值）组织为数列输出。程序代码如下。

henonatrc.m

```
function [x,y] = henonatrc(x0,y0,a,b,n)
% [x,y] = henonatrc(x0,y0,a,b,n)
% 计算 Henon 吸引子：
%   x(k+1) = 1 - a*x(k)^2 + y(k)
%   y(k+1) = b*x(k)
%
% x0 和 y0 为迭代初始点，n 为迭代次数。
%
```

```
% x和y均为n+1长的数列,分别给出了包括初始值在内的
% 每次迭代的x和y值。
%
% 例:
%   [x,y] = henonatrc(0.3, 0.5, 1.2, 0.3, 5000);
%   plot(x,y,'.');
%

x = zeros(1,n+1);
y = zeros(1,n+1);
x(1) = x0;
y(1) = y0;

for i = 2:n+1
    x(i) = 1 - a*x(i-1)^2 + y(i-1);
    y(i) = b*x(i-1);
end
```

现要求绘制当 $x_0 = 0.3$,$y_0 = 0.5$,$a = 1.2$ 和 $b = 0.3$ 时,迭代 5000 次后的图形。输入如下代码:

```
>> [x,y] = henonatrc(0.3,0.3,1.2,0.3,5000);
>> plot(x,y,'.','MarkerSize',3);
```

得到的曲线如图 3-16 所示。

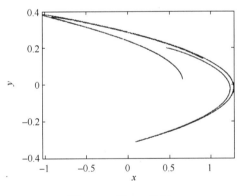

图 3-16 例 3.8 曲线

【例 3.9】

一个数列 a 的各项由下式递归给出:

$$\begin{cases} a(2n) = a(n) \\ a(4n+1) = 1 \\ a(4n+3) = -1 \end{cases}$$

设想位于平面直角坐标系原点的一点,初始朝向为 x 轴的正向。之后该点根据数列 a 中当前项的值改变朝向:若其值为 1,则将朝向逆时针旋转 90°;否则,顺时针旋转 90°。之后再前进 1 个单位的距离。那么在遍历数列 a 之后,该点在平面中经过的轨迹图形是

怎样的?

下面我们通过一个函数 drgcurve.m 来绘制该曲线,该函数有一个输入参数 n,表示数列 a 的项数。

由于数列 a 的值是递归形成的,因此在函数内部,我们使用一个数列来保存数列 a 的各项。否则,在遇到偶数位置的数列项时,就需要回溯到之前的数列项以确定该项的值。如果没有保存之前的项,程序将更为复杂,也更为耗时。

平面点的运动同样以复数来处理。容易看出,本例题中点的运动方向只有上、下、左、右这 4 个方向,对应的复数增量分别为 i、-i、-1 和 1。朝向逆时针或顺时针旋转 90°,就相当于将当前的增量乘以 i 或 -i。结合数列 a 的形成,我们在函数内部进一步直接将数列 a 中的元素值变为相应的旋转复数值,之后再通过循环求和得到平面点的运动轨迹上各点的复数值。程序代码如下。

drgcurve.m

```
function [x,y] = drgcurve(n)
% [x,y] = drgcurve(n)
% 绘制龙曲线。
%
%   龙曲线根据如下的数列产生:
%       a(2n) = a(n)
%       a(4n+1) = 1
%       a(4n+3) = -1
% 一个点从原点开始,初始朝向向右,然后当 a 中元素值
% 为 1 时逆时针旋转 90 度,为 -1 时顺时针旋转 90 度,之后
% 前进一个单位的长度。遍历完数列之后,该点的轨迹
% 就是龙曲线。
%
%   n 为前进的步数,即数列 a 的长度。
%
%   x 和 y 分别给出了包括初始点(原点)在内的龙曲线
% 上各点的 x 和 y 坐标。
%
% 例:
%   drgcurve(2^10);
%

a = zeros(1,n);
for i = 1:n
    if mod(i,2)==0      % a(2n)
        a(i) = a(i/2);
    else
        if mod(i,4)==1  % a(4n+1)
            a(i) = complex(0,1);
        else            % a(4n+3)
            a(i) = complex(0,-1);
```

```
        end
    end
end

p = zeros(1,n+1);
direction = 1;  % 当前朝向
for i = 1:n
    direction = direction * a(i);
    p(i+1) = p(i) + direction;
end

plot(p);
axis equal;
```

如图3-17所示便是长度为2^{11}的曲线。这种方式所产生的曲线又称为"龙曲线"。

利用累积和与累积乘积函数，可以更方便地完成从p=zeros(1,n+1)这一条语句开始的计算任务。此时，只需使用如下的1行代码替代原来的6行代码即可。

```
p = cumsum(cumprod(a));
```

不过，此时的p并不包括起点（原点）在内。

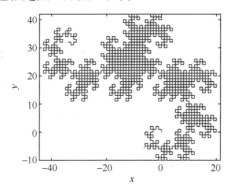

图3-17　例3.9曲线

【例3.10】

一个方波可由一系列不同频率的正弦波叠加而成，或者说方波可以展开为如下的傅里叶级数：

$$S(t) = \frac{4}{\pi}\sum_{k=0}^{\infty}\frac{1}{2k+1}\sin\left[2(2k+1)\pi ft\right]$$

由于不可能对无穷项进行求和，因此需要在某个K值处对傅里叶级数进行截断，即

$$S(t) \approx \frac{4}{\pi}\sum_{k=0}^{K}\frac{1}{2k+1}\sin\left[2(2k+1)\pi ft\right]$$

其中，$t\in[0,T]$。试编写一个程序，实现以下函数功能：能够对给定的f、T和K值，绘制足够光滑的$[0,T]$时间范围内的近似方波曲线。

实际上，当f和T确定后，对某个给定的K值，就可以通过数列和初等数学函数，方便地绘制出对应的正弦曲线了。为了绘制方波，只需通过一个for结构来实现多条不同K值

的正弦曲线的叠加即可。程序代码如下。

sqrwave.m

```
function S = sqrwave(f,T,K)
% S = sqrwave(f,T,K)
% 求取并绘制频率为 f、傅里叶级数展开至第 K 项的
% [0,T]时间范围内的近似方波。
%

ts = linspace(0,T,500);
S = zeros(1,length(ts));

for i = 0:K
    S = S + sin(2*(2*i+1)*pi*f*ts)/(2*i+1);
end
S = S*4/pi;

plot(ts,S);
```

当 $f=2$、$T=1$ 和 $K=10$ 时,得到的近似方波如图 3-18 所示。

【例 3.11】

利用例 3.2 中的 duleaves 函数,在同一个坐标系中绘制 $a=0.3$,$b=0.5$,以及 $r=0.1$,0.2, 0.25, 0.3, 0.4 时的双叶线。

以下代码可组织为脚本 M 文件,或直接在 MATLAB 命令窗口中输入。

```
for r = [.1 .2 .25 .3 .4]
    [x,y] = duleaves(.3, .5, r, 500);
    plot(x,y);
    hold on;
end
hold off;
axis equal;
```

得到的双叶线如图 3-19 所示。

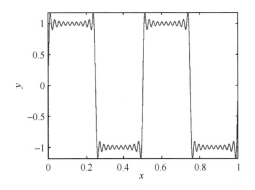

图 3-18 例 3.10 的近似方波

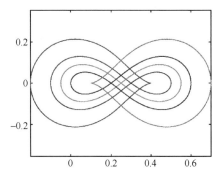

图 3-19 例 3.11 的双叶线

在例 3.11 中我们看到了 for 循环结构的一种不太常见的用法,即不是使用冒号运算符产生一个等差数列形式的取值数列,而是直接给定一个任意的取值数列。两者的区别主要在于使用冒号运算符的 for 循环,其循环变量常常具有序号或下标的含义;而直接给定不规则的取值数列,循环变量的含义实际上是由该取值数列所对应量的含义来确定的。一般来说,使用冒号运算符的形式,与 C/C++或 Java 等其他编程语言中 for 的使用方法更为接近,其含义也更容易为一般的程序员所理解。使用不规则取值数列的 for 循环同样可以用使用下标作为循环变量的 for 循环替代,因此在确定使用哪一种形式的时候,应该主要从程序的可读性来取舍:如果 for 循环体的规模相对较小,阅读者能够容易地跟踪上循环变量的含义,那么就可以使用不规则的取值数列;否则,使用下标或序号作为循环变量可能更不容易引起混淆和误判。

3.2.6 while 循环结构

while 循环结构的语法如下:
```
while exp
    stmtblk
end
```
exp 称为循环条件。while 循环结构的程序流程图如图 3-20 所示。

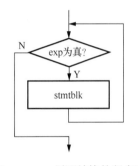

图 3-20 while 循环结构的程序流程图

程序在进入 while 循环结构时,首先判断循环条件是否成立。若条件成立,则进入 while 循环体执行其中的指令,执行完毕后再返回 while 处检查循环条件,直至循环条件不成立。此时程序流程离开 while 结构,继续执行 end 之后的语句。如果在进入 while 循环结构时循环条件就不成立,那么流程将根本不会经过循环体,而直接离开 while 循环。

与 for 循环相比,while 循环适用于循环次数事先难以预计的场合,而 for 循环的循环次数基本上都是在进入循环之前就可以确定的。使用 while 循环时,一个非常关键的问题就是程序需要确保在每次执行循环体的过程中,那些影响循环条件 exp 的值的因素应该有可能发生改变,从而能够最终触发 exp 为假并离开循环,否则,将进入死循环。

【例 3.12】

任意给定一个大于 1 的整数,并执行如下操作:如果该数为奇数,就乘 3 再加 1;如果该数为偶数,就除以 2。经过上述运算之后的结果作为新的数,并一直重复这一操作,直到该数变为 1 为止。

这一命题称为"角谷猜想"或"冰雹猜想",它尚未得到数学上的证明,但是到目前为止并未发现反例。

很显然,在本例题中,任意给定一个大于 1 的整数,我们事先无从确定需要经过多少次这样的操作才能满足停止的条件,但停止条件本身是清晰的。因此更适合使用 while 循环而非 for 循环。

下面我们给出一个函数,其输入值为大于 1 的整数 n,输出值则是长度为 n 的数列,

该数列的第 i 个元素表示从 i 开始进行上述操作到最终停止时所需的操作次数。程序代码如下。

collatz.m

```
function c = collatz(n)
% c = collatz(n)
% 验证角谷猜想。
%
% n > 1 为整数。
%
% c是长度为n的数列,第i个元素表示整数i根据角谷
% 猜想的操作达到停止所需的操作次数。
%

c = zeros(1,n);

for i = 1:n
   count = 0;
   v = i;

   while v > 1
      if mod(v,2)==0
         v = v/2;
      else
         v = v*3+1;
      end
      count = count+1;
   end

   c(i) = count;
end
```

当 $n = 200$ 时,得到的数列曲线如图 3-21 所示。

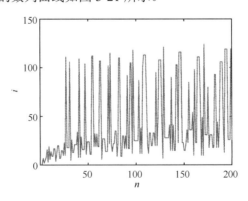

图 3-21 例 3.12 的数列曲线

【例 3.13】

一个十进制数 $a_1 a_2 \cdots a_n$ 的逆序数是指,将该数各个数位上的数字按颠倒的顺序排列而得

到的数 $a_n a_{n-1} \cdots a_1$。

给定一个数后，其十进制表示的数位实际上是可以通过对数运算来获得的，使用 while 循环可以将这一步骤省略。获取逆序数的过程如下：从个位开始逐步剥离每个数位，然后利用这些数位的逆序排列构造部分逆序数，直至所有数位都被剥离，就得到最终需要的逆序数。

设已经剥离了部分低位数位的待逆序数为 r，而使用已剥离的数位构造的部分逆序数为 s，那么下一步的逆序操作如下：提取 r 的个位数 a，然后将 r 的剩余数位"右移"1 位；之后将 s 的数位"左移"1 位，再加上前面提取得到的数位 a。提取个位数 a 的任务可通过求余运算完成，而"右移"和"左移"操作则可以通过除以 10 和乘以 10 的运算来完成。当 r 为 0 时，就表示所有的数位都已经被剥离了。

实际上，根据上述的解决思路，我们可以很自然地将十进制数表示扩展为任意 B 进制数表示。求一个数的任意 B 进制数表示下的逆序数的程序代码如下。

revnum.m

```
function s = revnum(n,b)
% s = revnum(n,b)
% 求整数 n 在 b 进制表示下的逆序数 s。
%
%    注意 MATLAB 在输入和显示 n 与 s 的值的时候，实际上都是
% 以 10 进制方式来进行的。因此为了验证结果的正确性，请
% 使用 dec2base 函数来查看这些数的 b 进制表示。
%

r = n;
s = 0;

while r > 0
    s = s*b + mod(r,b);
    r = floor(r/b);
end
```

例如，要求十进制数 1234 的逆序数，输入以下代码：

```
>> revnum(1234,10)
```

得到的结果为

```
ans =
    4321
```

而要求十进制数 1000 在六进制下的逆序数，输入以下代码：

```
>> revnum(1000,6)
```

得到的结果为

```
ans =
    1030
```

这是因为 $(1000)_{10} = (4344)_6$，而 $(1030)_{10} = (4434)_6$。

【例 3.14】

绝大多数非线性方程都不存在所谓的"根式解"或"闭式解"，这些方程的求解需要使

用数值方法。一个简单的求解一元非线性方程的数值算法就是"二分法",其步骤如下:

设待求解的方程为 $f(x)=0$,其中 f 为连续函数,并且已经确定了一个"有根区间"$[a,b]$;该区间的端点满足 $f(a)f(b)<0$,即函数 f 在区间端点处的函数值异号。给定误差限 $\varepsilon>0$。用二分法求解方程的步骤如下:

(1) 求 $[a,b]$ 区间的中点 $x=(a+b)/2$。

(2) 若 $f(x)=0$,则已求得方程的根,返回;否则,若 $f(x)f(a)>0$,则置 $a=x$;否则,置 $b=x$;

(3) 重复第 1 步和第 2 步,直至 $(b-a)/2<\varepsilon$。

最终所得的 x 即方程 $f(x)=0$ 的近似解,它与真实解 x^* 之间的误差 $|x-x^*|<\varepsilon$。

根据以上算法步骤的描述,可以得到如图 3-22 所示的二分法程序流程图。

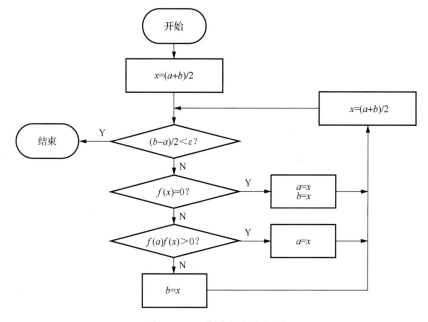

图 3-22 二分法程序流程图

下面利用二分法求解开普勒方程:

$$E - e\sin E = M$$

其中,$0 \leqslant e < 1$,e 为椭圆轨道的离心率,$-\pi < M \leqslant \pi$ 为椭圆轨道上某点的平近点角,e 和 M 均已知;E 为待求的该点的偏近点角。

将开普勒方程改写为

$$f(E) = E - e\sin E - M = 0$$

容易看出,当 $M=0$ 时,$E=0$;$M=\pi$ 时,$E=\pi$;当 $0<M<\pi$ 时,$f(0)=-M<0$,$f(\pi)=\pi-M>0$,$[0,\pi]$ 为有根区间;当 $-\pi<M<0$ 时,$f(0)=-M>0$,$f(-\pi)=-\pi-M<0$,$[-\pi,0]$ 为有根区间。据此编写求解的程序代码,具体如下。

kepler.m

```
function E = kepler(ecc,M,tol)
% E = kepler(ecc,M,tol)
```

```
% 求解开普勒方程。
%
%   ecc 为轨道离心率，0<=ecc<1; M 为平近点角，
%   -pi<M<=pi; tol > 0 为误差限。
%
%   E 为 M 所对应的偏近点角。
%

if M==0
    a = 0;
    b = 0;
elseif M==pi
    a = pi;
    b = pi;
elseif M < 0
    a = -pi;
    b = 0;
else
    a = 0;
    b = pi;
end
sa = sign(a - ecc*sin(a) - M);

E = (a+b)/2;

while (b-a)/2 >= tol
    fx = E - ecc*sin(E) - M;

    if fx==0
        a = E;
        b = E;
    elseif fx*sa>0
        a = E;
    else
        b = E;
    end

    E = (a+b)/2;
end
```

例如，当 $e = 0.7$，$M = \pi/3$ 时，求 E 的值。输入以下代码：

```
>> E = kepler(0.7, pi/3, 1e-5)
```

输出结果为

```
E =
   1.737490903115954
```

此时，$E - e\sin E - M = -3.7\times 10^{-6} \approx 0$。

在 kepler 函数中，有以下几个值得注意的地方。

首先是对迭代中正好求得精确解的情况的处理。当求得精确解时，应该确保退出循环。考虑到循环条件是当前有根区间的半宽度 $(b-a)/2 \geqslant \varepsilon$，因此，一种强行使得循环条件不成立的方法就是让有根区间宽度变为 0。在程序中，这一点是通过令 $a=b=x$ 来做到的。注意：在设置了有根区间后，一定会求一次区间中点 x，因此只能按照上述方式来给 a 和 b 赋值，而不能够把它们设置为其他值，如 $a=b=0$。

其次是求函数值 $f(x)$ 的问题。实际上，如果 f 函数本身比较复杂，那么求 $f(x)$ 所用的运算时间往往比二分法的代码还要长得多。因此，在对运算速度要求很高时，应设法尽量减少求 $f(x)$ 的次数。因此，在循环中，使用了一个变量 fx 来保存 $f(x)$ 的值，以便在后面的程序中进行比较。

类似考虑也出现在对 $f(a)$ 的处理之中。仔细分析二分法的算法就可以发现，每次用中点去替代当前有根区间的端点时，都是替代函数值同号的那个端点。因此相比 $f(a)$ 的具体的值，二分法真正需要的不过是 $f(a)$ 的符号，而二分法的算法保证了在整个迭代过程中 $f(a)$ 的符号保持不变。因此，在进入循环前，程序使用 sign 函数获取了有根区间 a 端点的函数值符号，而在循环内部就不必每次计算 $f(a)$ 的值了。

最后是注意算法直接跳过循环的情况的处理。如果算法的输入参数设置不恰当，例如初始有根区间宽度过小或误差限过大，使得循环条件无法得到满足，那么程序将直接跳过 while 循环。但在这种情况下，函数仍然需要提供一个近似解。为此，在 while 循环之前首先求初始有根区间的中点，然后在进入循环后，对中点进行判断，产生新的有根区间，然后再针对新的有根区间求新的中点，直至循环结束。

【例 3.15】

二分法总的来说是一种有效但速度较慢的求根算法。如果方程函数 $f(x)$ 可导，那么使用牛顿迭代法更快些。给定 $f(x)$、初始解 x_0 和误差限 $\varepsilon>0$，不断执行如下的迭代

$$x_k = x_{k-1} - \frac{f(x_{k-1})}{f'(x_{k-1})}, k=1,2,\cdots$$

直至 $|x_k - x_{k-1}| < \varepsilon$，即求得了方程的近似解 $x = x_k$。

在例 3.14 中，我们针对一个具体的方程，对二分法进行了实现。初始有根区间的确定都包括在函数中了，因此对函数的使用者而言，只需要提供方程的参数和需要的精度即可。在本例题中，我们希望实现一个"一般的"使用牛顿迭代法求解方程的程序，因此方程函数本身也需要作为程序的输出参数，由用户来提供。为此，可以使用"函数句柄"。

MATLAB 中的函数句柄实际上是函数的一个（数值形式的）标识号。它可以和普通的值一样作为参数传递，或者给其他变量赋值。但是 MATLAB 在处理函数句柄时，会将其作为函数看待。例如，若变量 f 的值是一个函数句柄值时，这个变量就可以和一个函数名那样使用，即以 f(x) 的语法调用，并求得相应的函数值。

在 MATLAB 中可以使用 @ 运算符获取函数句柄，通常有以下两种方式：

（1）在某个已经存在的函数名之前加上 @，以获得该函数的句柄。例如，输入以下代码：

```
>> f = @mod;
```

可以获得用于求余函数 mod 的句柄,并将其赋值给变量 f。在 f 的值未被改变之前,f 就可以作为 mod 函数的一个别名来使用。当然在调用时,其输入/输出方式与 mod 函数是相同的。

```
>> f(100,3)
ans =
     1
```

(2)匿名函数。对某些简单的计算功能,需要将其包装为函数形式,但是仅打算在程序运行期间临时使用,而不准备将其保存为 M 文件长期使用。那么,这时可以使用匿名函数。例如,现在希望对一元二次方程 $ax^2+bx+c=0$ 进行求解,可以编写如下程序,实现匿名函数功能:

```
>> quadrt = @(a,b,c) [(-b+sqrt(b^2-4*a*c)) (-b-sqrt(b^2-4*a*c))]...
/ (2*a);
```

这时的 quadrt 就成为一个临时存在工作空间且可以用来求解一元二次方程的函数了。例如,用它来求解 $2x^2+3x-7=0$,输入以下代码:

```
>> quadrt(2,3,-7)
```

得到的结果为

```
ans =
    1.2656   -2.7656
```

可见,匿名函数的定义方式,就是在@之后加上()符号括起来的函数输入参数列表,再加上函数要完成的计算的表达式。函数输出参数的数量由表达式给出的输出数量确定,不必在定义中显式说明。

解决了待求解方程函数的参数传递问题之后,我们再来考虑需要实现的牛顿迭代法的输入/输出接口。尽管现在 $f(x)$ 已经成为输入量了,但是牛顿迭代法需要使用到导函数 $f'(x)$,而在程序中,想根据 $f(x)$ 得到 $f'(x)$ 却不是一项简单的任务。在 MATLAB 中可以考虑使用符号计算来完成,但不管是从程序的速度来考虑,还是从目前已经掌握的 MATLAB 知识来考虑,可以将 $f'(x)$ 的计算工作也交给程序的使用者来完成,即程序的用户不仅需要提供 $f(x)$ 的句柄,还需要提供 $f'(x)$ 的句柄作为输入。

对于初始解 x_0 而言,现在同样没有一种系统性的方法,可以由程序来自动确定初始解,因此,x_0 也是需要由用户提供的输入参数。

根据以上分析结果而编写的程序代码如下。

newtonrt.m

```
function x = newtonrt(f,df,x0,tol)
%  x = newtonrt(f,df,x0,tol)
%  牛顿迭代法求解方程 f(x) = 0。
%
%  f 和 df 分别为方程函数和导函数的句柄; x0 为
%  初始解; tol 为误差限。
%
%  x 为所得的近似解。
%

x = x0;
```

```
delta = tol;

while abs(delta) >= tol
    delta = f(x) / df(x);
    x = x - delta;
end
```

使用牛顿迭代法求解例 3.14 中的开普勒方程 $E - 0.7\sin E = \pi/3$，输入以下代码：

```
>> f = @(E) E - 0.7*sin(E) - pi/3;
>> df = @(E) 1 - 0.7*cos(E);
>> newtonrt(f,df,pi,1e-5)
```

得到的结果为

```
ans =
    1.7375
```

MATLAB 中已经提供了用于求解一元方程根的函数 fzero。尽管如此，为了能够合理、可靠地使用 fzero 或自行实现的如二分法或牛顿迭代法这样的数值算法，读者还需要了解有关数值计算方面的知识。例如，对于牛顿迭代法而言，初始值选取不当将可能导致迭代发散。此时我们所提供的函数将是不可靠的，它或者陷入死循环，或者给出错误的异常结果。用户需要具备数值计算的相关理论知识，才能选择恰当的初始值以保证结果的正确性。

3.2.7 其他流程控制语句

除了上述分支和循环结构，MATLAB 还提供了 break、continue 和 return 等语句，它们也具有改变流程走向的作用。

1. break 语句

break 语句的作用是直接跳离当前所在的循环结构，省略当前循环体内 break 语句之后的剩余语句，而直接执行当前循环结构的 end 语句之后的外层代码。

例如，考虑如下的代码：

```
    for i = 1:n
        for j = 1:m
            do_something1;
            if quit_loop
                break;
            end
            do_something2;
        end
        do_something3;
    end
```

其程序流程图示例如图 3-23 所示。

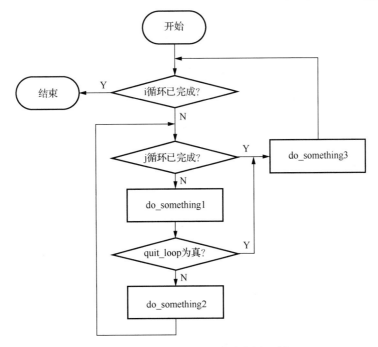

图 3-23 break 语句程序流程图示例

在这个例子中，break 语句所在的循环结构（注意：不是分支结构）是以 j 为循环变量的内层循环。因此，在执行内层循环时，如果 quit_loop 条件变为真，那么程序将执行 break 语句，跳出内存循环，并进入以 i 为循环变量的外层循环，继续 j 循环的 end 语句之后的外层循环体，即 do_something3 的部分。

由于 break 语句会导致程序离开原有的循环体流程，因此它在任何有意义的情况下总是与分支结构一同使用。这一点对于 continue 语句和 return 语句也同样成立。

【例 3.16】

求圆周率π的值一般采用级数法。如果将 arctan$x$ 函数在 $x=0$ 处展开，可得

$$\arctan x = \sum_{n=0}^{\infty} \frac{(-1)^n x^{2n+1}}{2n+1}$$

令 $x=1$，则有

$$\frac{\pi}{4} = \sum_{n=0}^{\infty} \frac{(-1)^n}{2n+1} = 1 - \frac{1}{3} + \frac{1}{5} - \frac{1}{7} + \ldots$$

这就是著名的莱布尼茨级数。对于无穷级数，我们只能求其部分和以得到π的近似值，即计算到某个 N，得到

$$\frac{\pi}{4} \approx L_N = \sum_{n=0}^{N} \frac{(-1)^n}{2n+1}$$

给定误差限 $\varepsilon > 0$，求π的近似值，满足

$$|L_N - L_{N-1}| < \varepsilon$$

尽管所需的项数实际上可以预先求出，从而可以用 for 循环求得所需的结果，但在这

里我们使用 while 循环演示 break 语句的作用。程序代码如下。

leibpi.m

```
function p = leibpi(tol)
% p = leibpi(tol)
% 利用莱布尼茨级数计算 pi 的近似值。
%
%   tol 为判断级数收敛的误差限。
%

s = 0;
n = 0;
while 1
    s = s + (-1)^n/(2*n+1);
    if 1/(2*n+1) < tol
        break;
    end
    n = n+1;
end

p = s*4;
```

利用该函数求得的圆周率为

```
>> leibpi(1e-6)
ans =
   3.141594653585692
```

输出结果准确到了小数点后第 5 位。需要注意的是，莱布尼茨级数的收敛速度很慢，如果要进一步提高精度，运行时间将会很长。

2. continue 语句

continue 语句的作用是省略所在循环中该语句之后的循环体部分，并直接进行下一轮循环。

例如，考虑如下的程序代码。

```
while loop_cond
    do_something1;
    if next_loop
        continue;
    end
    do_something2;
end
```

其程序流程图示例如图 3-24 所示。

在这个例子中，continue 语句所在的循环是 while 循环，如果 next_loop 条件成立，那么程序将执行 continue 部分，跳过循环体中剩余的 do_something2 部分，并直接回到 while 语句处判断是否要进行下一次循环。

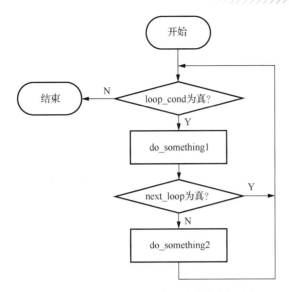

图 3-24 continue 语句程序流程图示例

【例 3.17】

试编写一个程序,实现以下函数功能:输入值是某个正整数 n,输出值为 $1\sim n$ 的所有既非平方数也非立方数的数字之和。

程序代码如下:

npowsum.m

```
function s = npowsum(n)

s = 0;
for i = 1:n
   if round(sqrt(i))^2==i || round(nthroot(i,3))^3==i
      continue;
   end
   
   s = s+i;
end
```

3. return 语句

return 语句将直接省略函数的所有剩余代码,从函数返回到调用者处,并继续执行调用者程序在该函数之后的语句。

例如,可以将例 3.16 中循环内的 break 语句改为 return 语句,那么程序将直接在循环中结束。但是要注意,本例题中的 break 语句是 while 循环的唯一出口,而在 while 循环之后的语句 p=s*4 则是程序结束前的扫尾工作,即把循环中所求得的部分和转换为函数输出需要的圆周率近似值,之后再结束。如果用 return 语句代替 break 语句作为循环的唯一出口,那么 while 循环之后的语句实际上将永远不会被执行,因此需要将扫尾工作放在 return 语句之前完成。例如,可以在 if 结构中、return 语句之前增加 p=s*4 的步骤。

需要注意的是，对实现程序的功能而言，break 语句、continue 语句和 return 语句都并非必需（再极端一点，for 和 switch 也并非必需）。通过改变与这些语句相关联的判断条件，可以实现等价的程序。break 语句、continue 语句和 return 语句最大的优点，是它们可以使一个嵌套层次很深的程序结构变得"扁平化"。例如，考虑如图 3-25 所示的程序流程图。

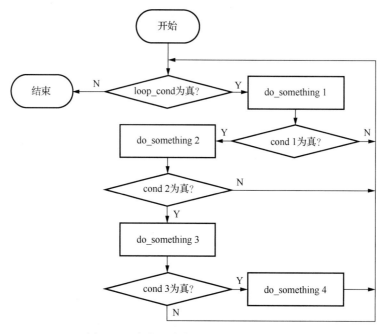

图 3-25　嵌套层次扁平化程序流程图示例

这个程序流程图可以用不包含 break 语句、continue 语句和 return 语句的方式实现，程序代码如下：

```
while loop_cond
    do_something1;
    if cond1
        do_something2;
        if cond2
            do_something3;
            if cond3
                do_something4
            end
        end
    end
end
```

可见，嵌套层次最深可达 4 层。在 MATLAB 编辑器中，这就意味着更多的代码行缩进，从而使得代码在横向上占据的文本空间更多。当嵌套层次很深时，就可能造成阅读困难。使用 break 等语句可以将这个结构变得更为扁平，嵌套层次更浅。程序代码如下：

```
while loop_cond
    do_something1;
    if ~cond1
        continue;
    end

    do_something2;
    if ~cond2
        continue;
    end

    do_something3;
    if ~cond3
        continue;
    end

    do_something4;
end
```

但是，这种代码表观层面的扁平化和清晰化也有相应的代价，因为实际上每条 break 语句、continue 语句或 return 语句都意味着程序中多出现了一条执行条件不是那么直观的分支，而程序编写者很容易在这些分支中遗漏某些操作。例如，在 while 循环中忘记更新可能影响循环条件的变量值，或是在 return 语句前忘记执行必要的函数退出时的扫尾工作等。因此，在使用 break 等语句时，特别是当循环体比较复杂、分支较多时，务必非常清晰明确地梳理出每条执行路径的执行条件与需要完成的操作。

3.3 工作空间与变量的作用域

实际上，一个运行中的 MATLAB 可以有多个工作空间。其命令窗口所使用的工作空间又称为"基础工作空间"。除了命令窗口，每个 MATLAB 函数也都拥有自己私有的"函数工作空间"。

不管是基础工作空间还是函数工作空间，实际上都是由 MATLAB 所管理的内存区域。命令窗口或函数可以在各自拥有的工作空间中创建、修改和删除变量，在一般情况下，当函数执行完毕返回时，它所拥有的函数工作空间将被释放，其中的变量也会一同被销毁；而基础工作空间将在 MATLAB 软件退出时被释放。

不同的工作空间一般是相互隔绝的。从每个工作空间的拥有者而言，它们只知道自己的工作空间的存在，而不知道其他工作空间的存在；或者说在工作空间的拥有者看来，它们所拥有的就是唯一的工作空间。

3.3.1 局部变量

在一般情况下，无论是在命令窗口中所产生的变量还是在函数中产生的变量，它们都是仅存在于各自工作空间中的"局部变量"——对于其他工作空间而言，这些局部变量根本就不存在，哪怕我们对不同工作空间中的某些变量使用了完全相同的变量名，效果也是一样的。程序在使用这些变量时，只会在当前的工作空间中寻找它们，而不会试图在其他的工作空间中搜索同名的变量。

以图 3-26 所示的局部变量示意为例。在基础工作空间和 procdata 函数的函数工作空间中，都存在变量 id。这两个变量虽然名字完全相同，但实际上在内存中对应的是各自独立的两个区域。如果我们目前正在命令窗口中进行操作，并且对变量 id 进行读或写，那么 MATLAB 只会在基础工作空间中寻找和处理变量 id；如果目前 MATLAB 正在执行 procdata 函数，那么在函数代码中所访问的 id，就是 procdata 函数工作空间中的变量了。对这两者中的任何一个进行操作，不会对另一个造成影响。

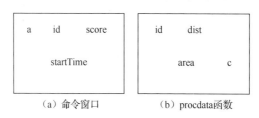

（a）命令窗口　　　（b）procdata函数

图 3-26　局部变量示意图

3.3.2　函数的输入/输出参数

MATLAB 函数的输入参数，对于函数内部的代码而言，其地位相当于局部变量。也就是说，在函数内部对输入参数所进行的操作，并不会影响到函数的调用者所提供的、作为函数输入参数的那些变量。例如，在命令窗口中输入以下代码：

```
function [t,v] = xfunc(x)

t = x / 3;
x = x*6;
v = sqrt(x) * sin(x) / sinh(x);
```

保存为 xfunc.m 之后，在命令窗口输入以下代码，调用该函数：

```
x = pi;
[t,v] = xfunc(x);
```

尽管在命令窗口中为 xfunc 函数提供的输入参数的变量名与该输入参数在函数 xfunc 内部的变量名相同，均为 x，但是函数内部的 x 除了在被调用时由命令窗口中的 x 复制而来，两者再无任何联系了。因此，在函数内部对函数的输入参数进行修改，与在函数内部使用其他的局部变量一样，都是合法的，也不会影响到调用者工作空间中的同名变量，或者是其他工作空间的同名变量。一般情况下，不推荐在函数内部修改输入参数，以免阅读者误以为代码希望或能够修改调用者所提供的输入变量的值。

函数的输出参数也有类似之处。函数内部为输出参数所进行的命名，只不过是不同输出位置的一个代号而已。例如，在函数 xfunc 内部，输出 t 只是表示函数的第一个输出变量，v 表示第二个输出变量。调用者具体放置什么名字的变量在输出的位置上，与这些输出变量在函数内部的命名毫无关系。例如，在上面的代码中，用户同样可以用如下方式进行调用：

```
x = pi;
[v,t] = xfunc(x);
```

但是在这种调用方式之下,命令窗口中的变量 v 对应的是 xfunc 的第一个输出值,因而实际对应着函数内部的输出 t,而命令窗口中的 t 则对应于函数内部的 v。

3.3.3 在工作空间之间共享数据

在默认情况下函数和命令窗口中的变量都是局部变量,相互之间无影响。但是对绝大多数函数而言,必须通过与外界(其他函数或命令窗口)的交互获得完成计算所需的数据。因此,需要数据共享的机制,以穿越不同工作空间之间的壁垒。这样的机制主要有以下几种。

1. 传递参数

通过函数的输入/输出参数来与其他函数或命令窗口交互数据,这也是 MATLAB 推荐的最佳方式。利用函数的输入/输出参数进行数据交互,可以将函数与外界的数据交互清晰、明确、可见地公开在函数接口中,同时被函数的开发者和函数的使用者所了解。此外,由于函数的输入/输出参数类似于局部变量,因此避免了某些变量被"悄悄"改写的情况,保障了程序的正确运行。

2. 嵌套函数

嵌套函数是一个函数内部的函数,它的工作空间不是那么封闭的。在 3.4.2 节将对嵌套函数进行更为详细的介绍。

3. 持久变量

MATLAB 中的持久变量类似于其他编程语言中的静态变量。要使一个变量成为持久变量,需要在使用变量前用 persistent 关键字进行声明。

持久变量将被初始化为空数列[],之后持久变量的值将被保持。也就是说,当变量所在的函数再次被调用时,该变量的值将仍然维持上一次函数调用结束时的值。对于普通的局部变量而言,函数结束时它们将会被销毁,而在函数再次执行时将重新被初始化。

【例 3.18】

以下的函数可以对被调用的次数进行累计,并显示欢迎信息。

welcome.m

```
function welcome()

persistent numGuest;

if isempty(numGuest)
    numGuest = 0;
end

numGuest = numGuest+1;
fprintf('您好! 您是第%d位顾客! \n', numGuest);
```

在命令窗口中调用欢迎信息,输入以下代码:

```
>> welcome
```

显示的信息为

```
您好!您是第 1 位顾客!
```

再次输入以下代码:

```
>> welcome
```

显示的信息为

```
您好!您是第 2 位顾客!
```

4. 全局变量

全局变量拥有自己单独的工作空间,这个工作空间既不是基础工作空间,也不是函数的私有工作空间,而是对需要访问它的所有函数和命令窗口都开放的。

如果要将某个变量作为全局变量来使用,首先必须在函数或命令窗口中,利用 global 关键字将该变量声明为全局变量。如果没有对其进行声明,那么同名变量将仍然是一个局部变量,与该全局变量无关。

【例 3.19】

首先,编写如下两个简单的函数。

incnum.m

```
function incnum()

global value;

value = value+1;
fprintf('incnum: value = %d\n', value);
```

resetnum.m

```
function resetnum()
value = 0;
fprintf('resetnum: value = %d\n', value);
```

之后在命令窗口中输入如下代码:

```
>> global value;
>> value = 10;
>> fprintf('value = %d\n', value);
```

输出结果为

```
value = 10
```

输入如下代码:

```
>> incnum;
```

输出结果为

```
incnum: value = 11
```

输入如下代码:

```
>> resetnum;
```

输出结果为

```
resetnum: value = 0
```

输入如下代码:

```
>> fprintf('value = %d\n', value);
```

输出结果为

```
value = 11
```

在命令窗口和 incnum 函数中，变量 value 都被声明为全局变量，在这两处的 value 变量其实是同一个变量。因此，在命令窗口中 value 被赋值为 10 之后，又在 incnum 函数中被加 1 而变成了 11。但是在 resetnum 函数中的 value 变量并未用 global 关键字进行声明，因此，resetnum 函数中的 value 变量只是一个局部变量，它在函数中被赋值为 0，但之后函数退出，这个变量也随即消失，之前的赋值也不会影响到全局变量 value。这一点可以通过 resetnum 函数执行完毕后，在命令窗口中再次显示全局变量 value 的值为 11 而得到验证。

尽管全局变量提供了一种不同工作空间共享数据的方式，但与其他编程语言一样，MATLAB 并不推荐使用全局变量。因为全局变量构成了不同函数以及命令窗口之间的一种隐性耦合，在一个函数中进行的操作，很可能在函数使用者不知情的情况下，悄悄地改变了另一个函数需要的数据，从而导致数据被破坏和引起冲突，程序也将出现难以排查的错误。

3.4 局部函数与嵌套函数

3.4.1 局部函数

一个函数 M 文件中可包含多个函数。这些函数中的第一个，即 function 定义行最先出现的那个，称为函数 M 文件的主函数。其余的函数称为局部函数或子函数。对 MATLAB R2016a 之后的版本，在脚本 M 文件中也能定义局部函数，而且必须出现在脚本代码之后。

局部函数仅对所在文件内的其他代码可见，对脚本 M 文件或函数 M 文件的调用者而言，局部函数并不存在，因此也不能直接通过局部函数名进行调用。一般而言，如果一个脚本 M 文件或函数 M 文件本身完成了一个完整且不宜分割的任务，那么在这个文件内部，因为代码结构化而组织起来的函数模块就可以作为局部函数来定义。如果部分函数模块在脱离了该文件之后也仍然有复用的可能或必要，那么将这部分代码放置在单独的函数 M 文件中更为恰当。

局部函数和主函数一样，拥有自己独立的私有函数工作空间，局部函数中的变量在没有进行额外声明的情况下，也仍然是局部变量。

当文件中包含局部函数时，可以用两种方法来明确每个函数的代码范围。

（1）可以使用与 function 配对的 end 关键字来表明函数体的结束。主函数和局部函数均以 function 关键字开始的函数定义行作为起始，一直到与之配对的 end 关键字出现时为止。需要注意的是，一旦采用这种方式来表明函数代码范围，文件中包括主函数在内的所有函数都必须统一使用这种方式。

（2）如果没有与 function 配对的 end 关键字，那么从当前函数的定义行开始，到下一个函数的定义行出现之前，都属于当前函数的代码范围。

局部函数的出现顺序没有限制，在一个局部函数的函数体出现之前，完全可以在主函数和其他局部函数中对其进行调用。

【例3.20】

不同单位特别是不同单位制下的单位之间的转换通常是比较麻烦的，请编写一个程序，实现以下函数功能使之能够进行若干常用的长度单位之间的转换。其输入量分别是给定长度在旧单位下的量值 oval、旧单位 ounit 和新单位 nunit，输出量则是该长度在新单位下的量值 nval。单位以字符串形式给出，合法的长度单位字符串见表3-2，长度单位之间的换算关系见表3-3。

这个问题的一个直接的解决思路就是使用嵌套的 switch 语句，对每对 ounit 和 nunit 的组合进行判断并完成换算。但按照这种方式编写的程序将非常冗长，编写过程中也极易发生输入错误。

更恰当的解决思路是选择某个单位作为"标准单位"，首先计算出各个单位到标准单位之间的换算系数，然后以标准单位为桥梁，将待转换的两个单位联系起来。在本例题中，先将 ounit 下的量值转换为标准单位下的量值，再将标准单位下的量值转换为 nunit 下的量值。由于计算各个单位到标准单位之间的换算系数的任务将至少出现两次，即由 ounit 到标准单位，以及由 nunit 到标准单位。因此，计算代码需要在文件内部重复使用，适合通过子函数的方式进行模块化。

程序代码如下。

lunitcvt.m

```
function nval = lunitcvt(oval, ounit, nunit)

nval = oval * cvtcoef(ounit) / cvtcoef(nunit);

function c = cvtcoef(unit)

switch unit
    case {'m', 'meter', '米'}
        c = 1;
    case {'km', 'kilometer', '千米', '公里'}
        c = 1000;
```

表3-2 例3.20中合法的长度单位字符串

单位	合法字符串
米	m, meter, 米
千米	km, kilometer, 千米, 公里
分米	dm, decimeter, 分米
厘米	cm, centimeter, 厘米, 公分
毫米	mm, millimeter, 毫米
微米	um, micrometer, 微米
英尺	ft, foot, 英尺

续表

单位	合法字符串
英寸	in, inch, 英寸
码	yd, yard, 码
英里	mi, mile, 英里
海里	nmi, nautical mile, 海里
尺	尺, 市尺
寸	寸, 市寸
丈	丈
里	里

表 3-3 例 3.20 中长度单位之间的换算关系

1 千米 = 1000 米	1 英尺 = 12 英寸	1 米 = 3 尺
1 米 = 10 分米	1 英寸 = 2.54 厘米	1 尺 = 10 寸
1 米 = 100 厘米	1 码 = 3 英尺	1 丈 = 10 尺
1 米 = 1000 毫米	1 英里 = 1.609 千米	1 里 = 0.5 千米
1 毫米 = 1000 微米	1 海里 = 1.852 千米	—

在命令窗口中输入以下代码：

```
case {'dm', 'decimeter', '分米'}
    c = 0.1;
case {'cm', 'centimeter', '厘米', '公分'}
    c = 0.01;
case {'mm', 'millimeter', '毫米'}
    c = 1e-3;
case {'um', 'micrometer', '微米'}
    c = 1e-6;
case {'ft', 'foot', '英尺'}
    c = 12*2.54e-2;
case {'in', 'inch', '英寸'}
    c = 2.54e-2;
case {'yd', 'yard', '码'}
    c = 36*2.54e-2;
case {'mi', 'mile', '英里'}
    c = 1609;
case {'nmi', 'nautical mile', '海里'}
    c = 1852;
case {'尺', '市尺'}
    c = 1/3;
case {'寸', '市寸'}
    c = 1/30;
case {'丈'}
    c = 10/3;
case {'里'}
```

```
        c = 500;
end
```

例如,要将 6 英尺 10 英寸的单位换算为尺和寸,可以通过如下的代码完成。

```
>> L = lunitcvt(6,'英尺','尺') + lunitcvt(10,'英寸','尺');
>> chi = floor(L);
>> cun = round(lunitcvt(L-chi, '尺', '寸'));
>> fprintf('6 英尺 10 英寸 = %d 尺%d 寸\n', chi, cun);
```

输出结果为

```
6 英尺 10 英寸 = 6 尺 2 寸
```

3.4.2 嵌套函数

嵌套函数是函数体内定义的函数,或者是被另一个函数完全包含的函数。在函数 M 文件中,任何函数都可以包含嵌套函数。

嵌套函数与其他类型函数的一个主要的区别是,嵌套函数在某种程度上与包含它的"父函数"共享函数工作空间:如果在父函数中显式地定义和使用了某个变量,那么嵌套函数中的同名变量就是由嵌套函数与父函数共享的变量。因此,为嵌套函数与父函数提供了一种输入/输出参数以外的数据共享途径。例如,在以下的函数 func1 和 func2 中,变量 x 都是由父函数与所包含的嵌套函数所共享的变量。因此,在父函数和嵌套函数中都可以对 x 进行读取或修改。

```
function func1()
    x = 5;
    nested1;
        function nested1()
            x = x+1;
        end
end

function func2()
    nested2;
        function nested2()
            x = 5;
        end
    x = x+1;
end
```

嵌套函数的使用受到以下约束:

(1) 若要在函数 M 文件中嵌套任何函数,则该文件中的所有函数都必须使用 end 表示函数体的结束。

（2）不能在任何程序流程控制结构内定义嵌套函数，包括 `if` 结构、`switch` 结构、`while` 结构、`for` 结构和 `try` 结构。

（3）必须按函数名直接调用嵌套函数。

（4）嵌套函数及其父函数中的所有变量都必须显式地定义。

嵌套函数与父函数之间的数据共享实际上比上述情况更为复杂。不过，对大多数 MATLAB 程序特别是对本书的所有编程任务而言，并没有不得不使用嵌套函数的情况。特别是从避免函数之间的隐式耦合的角度考虑，对能够使用正常的函数或子函数以及参数传递的方式完成的工作，不推荐使用嵌套函数来完成。因此，关于嵌套函数本书将不再继续展开，感兴趣的读者可以自行查阅 MATLAB 文档了解更多信息。

3.5 函数优先顺序与路径

MATLAB 是一个庞大的软件工具，它不仅有数量众多的内建函数，还有数量庞大的工具箱函数，这些函数几乎无法保证不发生重名的情况。同样地，用户自行编写的函数也很可能与已有的函数名冲突。此外，变量名也可以与已有的函数名重合，因此更加大了命名冲突的可能。为此，当某个标识符与多个变量和函数名相同时，MATLAB 需要有一个明确的机制来解释这个标识符。按优先级别从高到低的顺序，MATLAB 是根据如下规则来解释一个标识符的。

（1）变量。如果在当前工作空间中存在同名变量，MATLAB 将把标识符解释为这个变量。在该变量被从工作空间中清除之前，它实际上屏蔽掉了其他所有的函数。

（2）名称与显式导入的名称相匹配的函数或类。在 MATLAB 中可以使用 import 语句导入包、类或函数，导入之后就可以在直接使用这些导入包、类或函数。导入时可以使用通配符"*"表示某个包中的所有内容，也可以显式地指定需要导入的具体类或函数。那么显式地导入的类或函数的优先级将高于通过通配符导入的同名的类或函数。

（3）当前函数内的嵌套函数。

（4）当前文件内的局部函数。

（5）利用通配符导入的函数或类。

（6）私有函数。所谓私有函数，是指当前运行的文件所在的文件夹中名为 private 的子文件夹中的函数。

（7）对象函数。在 MATLAB 的路径中，有一些以@符号加数据类型名称的方式命名的文件夹，这些文件夹是用来保存对象函数的，即这些函数要求其输入参数具有指定的数据类型。当存在多个同名的对象函数时，MATLAB 将检查用户调用函数时所给的输入参数类型，以确定应该使用哪一个对象函数。

（8）@文件夹中的类构造函数。

（9）加载的 Simulink 模型。

（10）当前文件夹中的函数。

（11）MATLAB 路径中其他位置的函数，按该路径在路径列表中出现的先后顺序，优先选择靠前者。

由于 MATLAB 支持多种形式的可执行文件，除了 M 文件，还包括已经内建在 MATLAB

可执行程序之中的内置函数、由其他编程语言编写后编译得到的可执行模块 MEX 文件、后缀名为.mlx 和.p 的可执行文件等,因此仍然可能发生在同一文件夹中,存在着多个文件名相同但扩展名不同的可执行文件。这些文件的优先顺序如下:

(1) 内置函数。
(2) MEX 函数。
(3) 未加载的 Simulink 模型 SLX 文件。
(4) 未加载的 Simulink 模型 MDL 文件。
(5) 扩展名为.sfx 的 StateFlow 图。
(6) 扩展名为.mlapp,由 MATLAB App 设计工具创建的 App 文件。
(7) 扩展名为.mlx 的程序文件。
(8) 扩展名为.p 的 P 文件。
(9) 扩展名为.m 的 M 文件。

注意:以上规则从 MATLAB R2019b 版本开始生效,之前版本的优先顺序有所不同,请以相应的帮助文档中的介绍为准。

在寻找与标识符相匹配的函数时,MATLAB 总是在当前目录和 MATLAB 路径中列举的目录及这些目录之下特定的子目录中寻找。因此,如果一个函数文件没有保存在这些位置,在调用时就将出现函数未定义的错误。

避免这一问题的一种做法是,可以在拥有足够读写权限的文件夹中建立一个自用的工作文件夹,日常的开发工作都在该文件夹及其子文件夹中进行。在启动 MATLAB 后,就将当前文件夹切换到相应的工作文件夹中,以保证 MATLAB 能够搜索到所编写的函数文件。

另一种做法则是针对自己编写的、需要在多个项目中复用的函数文件,建立一个或多个自己的工具箱文件夹,并且将这些文件夹加入 MATLAB 路径。单击如图 3-27 所示的 MATLAB 窗口工具栏中的"设置路径"按钮,就会弹出如图 3-28 所示的"设置路径"对话框。

在"设置路径"对话框右侧的列表框中,可以浏览当前已被加入 MATLAB 路径的文件夹。当多个同名文件出现在不同的 MATLAB 路径中时,在这个列表框中位居顶上的那个文件夹中的文件将被优先选择。单击对话框左侧的"添加文件夹…"按钮,将弹出一个选择文件夹的对话框,用户选中需要加入路径的文件夹后单击"保存"按钮,就可以将该文件夹加入 MATLAB 路径列表的顶上。不过,此时 MATLAB 不会自动将所加入的文件夹的子文件夹也加入路径。如果用户希望将某个文件夹连同其所有层次的子文件夹都加入路径,那就应该单击"添加并包含子文件夹…"按钮。单击"移至顶端""上移""下移""移至底端"等按钮,可以调整右侧列表框中所选中的文件夹在列表中的位置。单击"删除"按钮可以从路径中删除选中的文件夹。

注意:如果已对路径进行了修改,那么首先需要单击"保存"按钮,才能保留这些修改,或者在单击"关闭"按钮后弹出的询问对话框中选择保存。

图 3-27 工具栏中的"设置路径"按钮

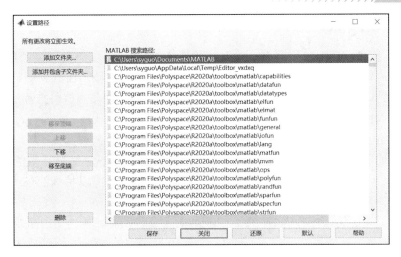

图 3-28 "设置路径"对话框

3.6 注　　释

与其他编程语言一样，适当的注释可以增加程序的可读性，一方面是方便开发者之外的其他人员阅读和理解程序的作用和原理，另一方面也是方便开发者自己在一段时间后重新回顾代码时能够回想起自己当时的想法。不过，给程序增加适当的注释是一件需要经过长期训练才能培养起来的技巧，过多的注释和过少的注释，都不能充分达到注释本来的目的。过少的注释会遗漏关键代码部分，从而增加理解的难度。但是，如果能够通过变量和函数的恰当命名让程序代码本身自然地描述出代码的实现原理和所进行的操作的含义，那么也不必再用多余的注释画蛇添足了。

MATLAB 中最常用的注释符是%。单独的%表示行注释，也就是说，从%开始到这一行的末尾都属于注释内容。而在%之前，仍为有效的代码部分。

如果希望注释连续的几行，那么可以使用块注释符"%{"和"%}"。"%{"表示块注释的开始，而"%}"表示块注释的结束，在两者之间的所有内容都属于注释内容。需要注意的是，块注释符必须单独占据一行。

如果一条语句通过续行符分多行书写，并且希望注释其中一行，那么可以直接在该行的有效代码之前再增加一个续行符，而不应使用注释符。除了单纯的代码说明功能，MATLAB 中的注释符还可以起到更多的作用。

1. 部分代码的激活或失效

在程序开发的过程中，常常会出于调试的目的，希望临时增加部分代码，但在最终版本中使这些代码失效，临时屏蔽部分代码进行测试。这时，就可以通过把相应的代码行变为注释文本或取消注释文本达到使之失效或激活的目的。

当然，如果需要人为逐行地增加或删除注释符实现代码的切换功能，那将是十分低效烦琐的工作。因此，在 MATLAB 的编辑器中，提供了快捷键 Ctrl+R 和 Ctrl+T。前者可以将选中或部分选中的连续多行代码，在每行的行首增加一个注释符；后者则是从行首去掉一个注释符，开发者可以利用这两个快捷键来实现部分代码的快速激活或失效。

2. 撰写函数的帮助文档

紧接着主函数定义行之后的,均以%开头的连续的注释行,将被解释为函数的帮助信息。如果使用 help 命令查看函数的帮助信息,那么这些内容就将显示在命令窗口之中。为自己的函数增加帮助信息,以便将来重复使用这些函数,这是一种非常值得推荐的做法。

读者也可以按照更贴近 MATLAB 提供的函数帮助信息的风格,撰写自己的函数的帮助信息。这些风格主要体现在以下 3 个方面。

(1) 在帮助信息中,本函数以及 MATLAB 能够在路径中搜索到的函数的函数名全部使用大写英文字母,在使用 help 命令显示的时候,这些函数名将以特殊的格式显示。例如,使用加粗的字体。

(2) 帮助信息的第一行称为 H1 行,一般给出函数名以及函数功能的简要描述。当前文件夹子窗口、help 命令和 lookfor 函数都会利用 H1 行的内容显示有关程序的信息。

(3) 在帮助信息的最后部分,以 See also 开头,后面列举与本函数相关的其他函数的函数名(同样全部用大写字母,并且可以被 MATLAB 搜索到)。在显示帮助信息时,这些相关函数将以链接的形式显示,用户可以单击链接查看相关函数的帮助信息。

【例 3.21】

实现一个以任意数 a 为底数的对数函数,并撰写其帮助信息。

相关程序代码如下。

loga.m

```
function y = loga(x,a)
% LOGA   求以任意标量为底的对数。
%   Y = LOGA(X,A)求取以标量 A 为底的 X 的对数。
%
%   X 可以是任意大小的实数组或复数组. A 可以是实数
%   或复数标量。
%
%   See also LOG, LOG2, LOG10, EXP.
%

y = log(x)/log(a);
```

如果想在命令窗口中查看该函数的帮助,输入以下命令:

```
>> help loga
```

显示如下信息:

```
loga   求以任意标量为底的对数。
   Y = loga(X,A)求取以标量 A 为底的 X 的对数。

   X 可以是任意大小的实数组或复数组. A 可以是实数
   或复数标量。

   See also log, log2, log10, exp.
```

对函数文件中的子函数,也同样可以撰写其帮助信息。在命令窗口查看子函数帮助信息时，可使用 help 主函数名>子函数名的方式。例如，要查看主函数 mainfun 中的子函数 subfun1 的帮助信息，可以使用

```
help mainfun>subfun1
```

来实现。

3. 代码分节

如果脚本 M 程序或函数体的代码篇幅较长，那么可以考虑使用代码分节的方式，将它们分为若干代码节，每个代码节完成一个相对完整或目标较为清晰的任务。在 MATLAB 编辑器中，可以单独运行某个代码节，或者在显示代码时折叠或展开特定的代码节，以方便调试和阅读。

代码节以行首的两个连续注释符"%%"开始，直至下一个代码节或程序/函数结束为止。在编辑器中提供了若干与代码节有关的功能，读者可查阅有关帮助，在此不做深入介绍。

3.7 调 试

程序开发者几乎不太可能一次就能写出正确的代码。实际上，当程序的复杂性达到一定程度之后，我们几乎无法断言程序是否正确，而只能依赖大量的测试，尽可能覆盖程序在使用过程中可能遇到的问题。即使如此，复杂的商用软件系统仍然需要靠推出补丁的方式处理使用过程中遭遇的错误。对编程初学者而言，即使是一个简单的函数，也仍有可能在开发过程中出现错误。因此，程序的调试是程序开发者应该训练和培养的一项重要技能，而调试工作所耗费的时间精力，也不亚于程序编写工作量。

调试程序的能力并不容易培养，也没有能够确保成功的教程，需要程序开发者通过不断地思考总结和积累经验，才能逐步摸索和掌握其中的技巧。尽管如此，对 MATLAB 程序的调试，有以下一些推荐的做法。

1. 善用编辑器和命令窗口中的提示信息

语法错误是最容易排查的一类编程错误。对 MATLAB 而言，语法错误的排查实际上已经可以在程序运行之前完成。如果发现了语法错误，在 MATLAB 编辑器中，有关的代码将会用红色波浪线标出，将光标移动这些出错位置，编辑器还会在弹出窗口中具体说明错误类型。注意到这一点，就可以在运行程序调试逻辑之前，将此类简单错误加以更正。

此外，如果在编辑器或命令窗口中输入的程序使用了非法字符，这些字符将会变为红色。例如，在应该使用英文标点时，由于没有切换输入法而使用了中文标点。这类错误最常见。

除了提示语法错误的红色波浪线，在编辑器中有时还会出现橙色波浪线。橙色波浪线表示相应代码语法并没有问题，但是并非最优实现。也就是说，在 MATLAB 中可以有更好的方式实现相应的功能。例如，将 MATLAB 数组作为一个整体进行运算，而不是使用循环对数组中的元素逐个完成相应的运算。不过，有些橙色波浪线所标出的问题，可能实际上是编程错误。例如，已对一个变量进行了赋值，但在之后的程序中再也没有使用过该变量，那么在这条赋值语句处就会出现橙色波浪线。而实际中更可能出现的是由于输入错误，将后续程序中的变量名输错，从而造成前面被赋值的变量看起来好像没有被用到。

当 MATLAB 程序发生错误时，一般会在命令窗口中出现错误信息，其中会明确指出错误发生时程序所执行到的代码位置，包括出错处所在的文件、函数和行数等。虽然出错时的代码位置未必就是真正导致错误的位置，但是这些信息往往提供了一个有用的指示，将调试工作迅速聚焦到某些变量或函数之上，开发者可以由此展开回溯以寻找错误。

2. 对程序的行为有清楚的认识

在编写程序时，一定要尽可能清晰、完整地定义变量的含义与程序的行为方式，一定要对给定输入参数下程序的期望输出值有清楚的认识。如果不知道自己希望得到什么结果，就无从发现程序出现了异常，更无法展开调试。

3. 注意重现错误现场

这一点对于使用了伪随机数发生器的随机算法的调试尤其重要，因为不注意保存错误现场的话，程序在一次运行中发生的错误未必在下一次运行中还会发生。对于这类程序的调试，最好是人为地在测试例中设置伪随机数发生器的种子数的方式，将随机算法的运行"确定化"。如果是程序本身的逻辑造成的错误，那么对于相同的种子数，在程序运行过程中将产生相同的随机数序列，从而能够使得相同的错误得以复现。

此外，无论是带有随机性的程序还是确定性的程序，将所使用的测试用例以某种持久的方式保存下来，是一种值得推荐的做法。一方面可以将测试过程部分地自动化，另一方面可以确保之前曾经出现过的错误现在都不再出现了。

4. 由粗到细，逐步定位错误

调试的过程实际上就是在程序中定位错误代码的过程。如果 MATLAB 出错信息中提供的代码位置并非实际导致错误的位置，那么当程序规模较大时，在整个程序中寻找错误的任务就会变得困难。

这时，可以采取由粗到细逐步寻找的方式。首先，将程序分割成几个部分，这几个部分最好是单线串联的，每部分的作用应该能够通过相对较少的关键变量来体现。调试者对程序运行过程中这些关键变量的期望值应当有清晰准确的把握，能够找到实际输出值与期望值相偏离的部分。做到这一步，实际上就是开始将错误定位到更小的程序范围了。其次，进一步细化，直至找到错误为止。

5. 输出中间结果，必要时暂停程序执行

调试过程中需要对关键变量的中间结果与最终结果进行输出和跟踪，通过开发者观察输出内容并判断其是否正确以定位错误。如果由于循环等原因造成此类输出过多，有时还需要在中途暂停程序执行，以免体现异常状态的输出内容被错过。

MATLAB 编辑器提供了断点设置、单步或逐函数的运行模式，以及通过数据提示或工作空间浏览等方式观察变量的值等功能。其中，断点又可以分为普通断点、条件断点和错误断点。普通断点即调试过程中程序会暂停执行的断点，条件断点即调试过程中满足一定条件（不是程序代码中的条件）才暂停执行的断点，错误断点即遭遇错误、警告或 NaN 和 Inf 等异常值时暂停程序执行的断点。使用编辑器所提供的断点功能的优点在于可以方便地设置或取消断点，在代码中不会留下痕迹，而且 MATLAB 提供了集成的报告功能等。

不过，当需要观察比较复杂或规模较大的数据时，上述功能未必能完全满足程序开发者的需求。更为灵活的方式是直接在代码中插入调试代码，可以通过自行定义的格式显示复杂数据，或者使用图形等方式使规模较大的数据可视化。利用 input 函数则可以让程序等待用户输入后才继续执行，例如，可以使用

```
input('press any key...','s');
```

的方式让程序等待用户敲击键盘上的任意键再继续执行。如果开发者希望将中间信息写入文件之后再进行观察，也同样可以实现。这种方式的优点是灵活性高，缺点则是需要的工作量较大，调试代码的激活或取消需要人工操作才能完成，并且会在代码中留下痕迹。不过，这仍然是一种常见的调试手段。

练 习

3-1 某商场举办促销活动，根据顾客购买商品的总金额 P 给予相应的折扣，促销折扣计算方法见表 3-4。此外，每次购物的折扣最高为 1500 元封顶。

表 3-4 促销折扣计算方法

购物总金额	计算方法
$P < 200$ 元	0 折扣
200 元 $\leqslant P < 500$ 元	5% 折扣
500 元 $\leqslant P < 1000$ 元	8% 折扣
1000 元 $\leqslant P < 2000$ 元	10% 折扣
$P \geqslant 2000$ 元	15% 折扣

请编写一个 MATLAB 程序，用于实现函数 discount 功能，输入值为购物总金额 P，输出值依次为折扣金额 d 和实付金额 C。所有金额均四舍五入保留两位小数。请自行使用不同的输入值测试函数。

3-2 我国的个人所得税的计算方法如下：个人的月工资收入扣除三险一金后，即到手工资 S。然后，按表 3-5 中的税率计算个人所得税。

请编写一个 MATLAB 程序，用于实现函数 incometax 功能，输入值为到手工资 S，输出值为应缴纳的个人所得税 T。所有金额均四舍五入保留两位小数。

表 3-5 个人所得税税率

所得范围	税率
> 0 元且 $\leqslant 5000$ 元的部分	0%
> 5000 元且 $\leqslant 8000$ 元的部分	3%
> 8000 元且 $\leqslant 17000$ 元的部分	10%
> 17000 元且 $\leqslant 30000$ 元的部分	20%
> 30000 元且 $\leqslant 40000$ 元的部分	25%
> 40000 元且 $\leqslant 60000$ 元的部分	30%
> 60000 元且 $\leqslant 85000$ 元的部分	35%
> 85000 元的部分	45%

3-3 某一直管道内的流体因摩擦而遭受阻力损失。阻力损失Δp_f（MPa）的计算公式为

$$\Delta p_f = \lambda \frac{\rho v^2}{2} \cdot \frac{L}{100d}$$

式中，λ为无量纲的摩擦系数，ρ和v分别为直管道内流动介质的密度（kg/m³）和流速（m/s），L和d分别为直管道的长度（m）和内径（mm）。

λ与直管道内流体的雷诺数 Re 有关。雷诺数的计算公式为$\text{Re} = dv\rho/\mu$，μ为介质的黏度（Pa·s）。

摩擦系数和雷诺数之间的关系较为复杂。对于光滑管道，当$\text{Re} \leq 2100$时，流体的流动处于层流状态，此时摩擦系数与雷诺数的关系为$\lambda = 64/\text{Re}$；当$\text{Re} > 2100$时，流体处于湍流状态，此时摩擦系数与雷诺数的关系为

$$\lambda = \begin{cases} 0.3164\text{Re}^{-0.25} & 2100 < \text{Re} < 10^5 \\ 0.0032 + 0.221\text{Re}^{-0.237} & 10^5 \leq \text{Re} < 10^8 \end{cases}$$

请编写一个 MATLAB 程序，用于实现函数 `pressloss2` 功能，输入量为直管道的内径，以及管内流体的密度、流速和黏度；输出量为单位长度（1m）的阻力损失。

如果直管道内的流体为水，那么其密度为$1.0 \times 10^3 \text{kg/m}^3$，黏度为$0.8937 \times 10^{-3}$Pa·s。当流速为 1m/s 时，请计算长度为 10m、内径为 0.025m 的直管道的阻力损失。

3-4 一个连锁药店推出了会员卡，购买药品可打 98 折。每个月的 8 号和 18 号为会员日，会员享受的折扣为 88 折。此外，在会员的生日当天，其所享受的折扣为 8 折。如果会员生日是闰年 2 月 29 日，那么其在平年的 2 月 28 日享受生日折扣。

请编写一个 MATLAB 程序，用于实现函数 `phardiscount` 功能，输入量为两个数列，第一个数列的元素依次为购买药品时的年、月、日，第二个数列的元素依次为会员生日的年、月、日；输出量为该会员所享受的折扣。

3-5 编写一个 MATLAB 程序，用于实现函数 `grd2scr` 功能，该函数用于把评分等级转换为百分制分数。函数输入量依次为所采用的评分等级制以及评分等级，输出量为相应的百分制分数。该函数支持的等级制分为二、三、四、五等，分别用 2~5 的数值表示。评分等级与对应的百分制分数见表 3-6。发生不合法输入时，函数值返回 NaN。

表 3-6 评分等级与对应的百分制分数

等级制	评分等级	百分制分数
二等级制	"合格"或"P"	80
	"不合格"或"F"	50
三等级制	"优"或"E"	90
	"合格"或"P"	75
	"不合格"或"F"	50
四等级制	"优秀"或"A"	95
	"良好"或"B"	85
	"及格"或"C"	70
	"不及格"或"D"	50
五等级制	"优秀"或"A"	95
	"良好"或"B"	85
	"中等"或"C"	75
	"及格"或"D"	65
	"不及格"或"E"	50

3-6 将气体 1 和气体 2 两种气体混合。假设气体的压力、温度、质量流量、摩尔质量、气体常数和比定压热容分别为 p_i（MPa）、T_i（K）、q_i（kg/s）、M_i（g/mol）、R_i（kJ/kg·K）和 c_i（kJ/kg·K），$i = 1,2$；混合后的气体压力为 p（MPa）。那么混合气体的温度 T（K）和单位时间熵增 ΔS（kJ/K·s）的计算公式分别如下：

$$T = \frac{q_1 c_1 T_1 + q_2 c_2 T_2}{q_1 c_1 + q_2 c_2}$$

$$\Delta S = q_1 \left(c_1 \ln \frac{T}{T_1} - R_1 \ln \frac{p_1'}{p_1} \right) + q_2 \left(c_2 \ln \frac{T}{T_2} - R_2 \ln \frac{p_2'}{p_2} \right)$$

式中，

$$p_1' = p \left[\frac{q_1}{M_1} \bigg/ \left(\frac{q_1}{M_1} + \frac{q_2}{M_2} \right) \right], \quad p_2' = p - p_1'$$

分别为气体 1 和气体 2 在混合气体中的分压。

假设在当前的应用中仅需考虑几种气体，这些气体的摩尔质量、气体常数和比定压热容等基本热力性质见表 3-7。请编写一个 MATLAB 程序，用于实现函数 gasmix 功能，其输入量依次为混合气体的压力，以及气体 1 和气体 2 的代码、压力、温度、质量流量，输出量为混合气体的温度和单位时间熵增。

3-7 一个收费停车场的收费规则如下：

（1）若停车时间不超过 30 分，则免费。

（2）若停车时间在 2 小时内，则收费 5 元。

表 3-7 若干气体的基本热力性质

气体名称	代码	摩尔质量 M /（g/mol）	气体常数 R /（kJ/kg·K）	比定压热容 c /（kJ/kg·K）
氢气	H2	2.016	4.1243	14.03
氧气	O2	32.000	0.2598	0.917
氮气	N2	28.016	0.2968	1.039
空气	air	28.965	0.2871	1.005
一氧化碳	CO	28.011	0.2968	1.041
二氧化碳	CO2	44.011	0.1889	0.844
水蒸气	H2O	18.016	0.4615	1.863
甲烷	CH4	16.043	0.5183	2.227

（3）对停车时间超过 2 小时的部分，按每小时 5 元收取停车费；不到 1 小时按 1 小时计。

（4）每日停车费上限为 50 元，在每天的 23:59:59 时结清，从 00:00:00 开始按照新入场重新开始计费。

（5）若入场时间和出场时间不在同一个月，则显示报警信息，同时不计算停车费。

请编写一个 MATLAB 程序，用于实现函数 parkfee 功能，输入量依次为车辆的入场时间和出场时间，两者均为数列，数列元素依次为年、月、日、时、分、秒；输出量为应收取的停车费。对于上述第（5）种情况，函数值返回 NaN。

3-8 例 3.15 中的牛顿迭代法需要使用方程函数的导函数，因此其使用范围受到一定的局限，计算也显得烦琐。另外一种类似牛顿迭代法但无需求取导函数的方法称为割线法，其基本的思路是利用方程函数 $f(x)$ 曲线上两点之间的连线，即以 $f(x)$ 曲线的割线近似函数曲线的切线，从而避免导函数的使用。割线法的迭代公式为

$$x_k = x_{k-1} - f(x_{k-1})\frac{x_{k-1} - x_{k-2}}{f(x_{k-1}) - f(x_{k-2})}, k = 1, 2, \ldots$$

迭代停止的条件同样是

$$|x_k - x_{k-1}| < \varepsilon$$

式中，$\varepsilon > 0$，其值为给定的误差限。不过，启动割线法需要两个初始值 x_{-1} 和 x_0。

请编写一个 MATLAB 程序，用于实现函数 `secroot` 功能，可启动割线法求解用户给定的方程。请自行设计函数的输入/输出接口，并利用该函数求解方程

$$f(x) = 2x^5 + x^4 - 3x^3 - 9x^2 + 13x + 30 = 0$$

求解时，可取 $x_{-1} = 0$，然后在 x_{-1} 附近再确定一个 x_0 以启动割线法。

3-9 割圆法是一种古老的求取圆周率π值的方法。步骤如下：考虑一个单位圆（半径为 1 的圆）的内接正六边形。显然该六边形的边长与单位圆的半径相等，因此六边形的周长为 6。以六边形的周长作为单位圆周长的近似值，可得圆周率的近似值：6/2 = 3。之后将六边形边数增加一倍，获取单位圆的内接正十二边形，又可以计算出该十二边形的周长并得到圆周率新的近似值，如此反复，继续获取单位圆的内接正二十四边形、正四十八边形……随着边数的增长，所得圆周率的近似值也越接近精确值。

请推导出边数倍增时所得的圆周率近似值与边数之间的递推关系，并利用该递推关系求取圆周率近似值。当边数倍增前后两个圆周率近似值之差的绝对值小于给定误差限值时，计算结束。

3-10 用割圆法计算圆周率近似值，计算困难且效率低下。在微积分出现后，计算圆周率近似值的主要思路是利用特定函数级数展开。例如，在例 3.16 中使用了莱布尼茨级数。不过莱布尼茨级数的收敛速度很慢，因此，人们提出了更多收敛更快的级数，如欧拉提出的级数之一：

$$\pi = 20\arctan\frac{1}{7} + 8\arctan\frac{3}{79}$$

$$= 20\sum_{n=0}^{\infty}\frac{(-1)^n}{7^{2n+1}(2n+1)} + 8\sum_{n=0}^{\infty}\left(\frac{3}{79}\right)^{2n+1}\frac{(-1)^n}{2n+1}$$

$$\approx 20\sum_{n=0}^{N}\frac{(-1)^n}{7^{2n+1}(2n+1)} + 8\sum_{n=0}^{N}\left(\frac{3}{79}\right)^{2n+1}\frac{(-1)^n}{2n+1}$$

请利用上述级数计算圆周率的近似值，在相邻两个近似值之差的绝对值小于给定误差限值时结束迭代，比较上述级数与莱布尼茨级数收敛速度的快慢。

3-11 给定自然数 n，存在多个连续的奇数 $2k+1, 2k+3, \cdots, 2(k+m)+1, m>0$，使得 n 的立方等于这些奇数之和，即 $n^3 = \sum_{i=0}^{m}[2(k+i)+1]$。请编写一个 MATLAB 程序以实现函数 `nicochester`，其输入量为 n，无输出量，并且函数能够显示所有满足要求的连续奇数序列。例如，当 $n = 2$ 时，$2^3 = 8 = 3+5$，则函数需要在命令窗口中显示文本"3+5"。如果有多个满足要求的序列，那么每个序列用一行来显示。

3-12 请编写一个 MATLAB 程序，用于实现函数 `sqrfour` 功能，其输入量为自然数 n，

输出量为一个数列，数列的长度为 4，其中的元素分别对应 4 个非负整数 v_1、v_2、v_3、v_4，它们的平方和等于 n，即 $n = \sum_{i=1}^{4} v_i^2$。

3-13 给定 3 个正数 a、b、c，请编写一个 MATLAB 程序，用于实现函数 `chktriangle` 功能，其输入量依次为 a、b 和 c，无输出量。该函数应能判断是否能够以输入量为边长值构成三角形，并进一步判断是一般三角形、等腰（但不等边）三角形还是等边三角形，判断的结果显示在命令窗口中。

3-14 编写一个 MATLAB 程序，用于实现函数 `taildigit3` 功能，输入量依次为正整数 x 和 y，输出量为 x^y 的最后 3 位数。

3-15 向量的"范数"是向量"长度"的一种度量。p-范数是一类常用的向量范数：

$$\|x\|_p = \sqrt[p]{\sum_{i=1}^{n}|x_i|^p}, 1 \leq p \leq \infty$$

当 $p = \infty$ 时，有

$$\|x\|_\infty = \max_{1 \leq i \leq n}|x_i|$$

请编写一个 MATLAB 程序，用于实现函数 `pnorm` 功能，输入量依次为数列 x 和标量 p，输出量为向量 x 的 p-范数。

3-16 编写一个 MATLAB 程序，用于实现函数 `whatday` 功能，输入量为 1900 年 1 月 1 日之后某一天的年、月、日；输出量为 0~6 的整数，分别代表周日、周一……周六。已知 1900 年 1 月 1 日是星期一。

3-17 在多项式除法中，将被除式 $p(x) = p_n x^n + \cdots + p_1 x + p_0$ 除以除式 $q(x) = q_m x^m + \cdots + q_1 x + q_0$，所得的商式为 $u(x) = u_s x^s + \cdots + u_1 x + u_0, s \leq n$，余式为 $v(x) = v_t x^t + \cdots + v_1 x + v_0, t < m$，且 $p(x) = u(x)q(x) + v(x)$。

请编写一个 MATLAB 程序，用于实现函数 `polydiv` 功能，输入依次为被除式和除式的系数数列，输出为商式和余式的系数数列。多项式 $f(x) = a_n x^n + \cdots + a_1 x + a_0$ 的系数数列为 $(a_0, a_1, \cdots, a_n)$。

3-18 编写一个 MATLAB 程序，用于实现函数 `ftcontour` 功能，输入量为两个等长度的复数数列 u 和 v，无输出。函数根据输入的数列，按如下方式产生平面曲线的 x 坐标和 y 坐标并绘制该平面曲线：

$$x(t) = \text{Re}\left[\sum_{k=1}^{n} u(k) e^{j2(k-1)\pi t}\right], y(t) = \text{Re}\left[\sum_{k=1}^{n} v(k) e^{j2(k-1)\pi t}\right], 0 \leq t \leq 1$$

请利用所上述函数绘制如下数列所确定的足够光滑的平面曲线：
$u = (0, -810 - 379i, -139 + 92i, 8 + 15i, -83 - 17i, -30 + 37i, -27 - 43i, 4 - 5i, -5, 8 + i)$
$v = (0, 224 - 554i, 72 + 109i, 173 - 37i, 15 + 13i, -78 - 46i, 42 - 33i, 8 + 31i, -3 + 8i, 15 - 12i)$

3-19 考虑迭代式 $x_{k+1} = \mu x_k (1 - x_k)$，请分别绘制当 $\mu = 3.2, 3.55$ 和 3.7 时的 x 序列，对应的 x_0 均取值 0.3，并且进行 100 次迭代。

3-20 插值方法是通过一系列离散的给定点重构出函数的方法，其中拉格朗日插值法是一种常用的插值方法。其原理是给定若干观测点 $(x_i, f(x_i)), i = 0, \cdots, n$，用一个多项式函数

$P(x)$ 近似被插值函数 $f(x)$：

$$P(x) = f(x_0)\frac{(x-x_1)\cdots(x-x_n)}{(x_0-x_1)\cdots(x_0-x_n)} + \cdots$$
$$+ f(x_i)\frac{(x-x_0)\cdots(x-x_{i-1})(x-x_{i+1})\cdots(x-x_n)}{(x_i-x_0)\cdots(x_i-x_{i-1})(x_i-x_{i+1})\cdots(x_i-x_n)} + \cdots$$
$$+ f(x_n)\frac{(x-x_0)\cdots(x-x_{n-1})}{(x_n-x_0)\cdots(x_n-x_{n-1})}$$

请编写一个 MATLAB 程序，用于实现函数 lgrginterp 功能，输入量为 3 个数列 **x**、**y** 和 **xe**，其中 **x** 和 **y** 的长度相等，元素分别为观测点的自变量值 x_i 和因变量值 $f(x_i)$，**xe** 是需要求取相应插值多项式函数值的自变量点构成的数列。输出量为与 **xe** 等长度的数列 **ye**，其元素分别为 **xe** 中元素对应的插值多项式函数值。请用该函数绘制观测点序列{(0,15), (1,12), (2,8), (3,13), (4,9)}的插值多项式函数的光滑曲线。

3-21 变步长梯形求积公式可以用于定积分的数值求解。设待求的定积分为

$$I = \int_a^b f(x)\,\mathrm{d}x$$

那么变步长梯形求积的步骤如下：

（1）求 $T_1 = \frac{b-a}{2}[f(a)+f(b)]$。

（2）对 $k=1,2,3,\cdots$，求 $T_k = \frac{1}{2}T_{k-1} + h_k\sum_{i=1}^{m_{k-1}}f[a+(2i-1)h_k]$，其中 $m_k = 2^{k-1}$，$h_k = (b-a)/m_k$；直到对给定的误差限值 $\varepsilon > 0$ 时，才有 $|T_k - T_{k-1}| < \varepsilon$。待求的定积分为 $I \approx T_k$。

请编写一个 MATLAB 程序，用于实现函数 vstrapint 功能，输入量为待求积函数 $f(x)$ 的句柄、求积区间起止点 a 和 b、误差限值 ε；输出量为利用变步长梯形求积法求得的定积分近似值。请自行将所得到函数用在若干被积函数上以验证其效果。

3-22 改进欧拉法是一种数值求解常微分方程初值问题的方法。给定常微分方程初值问题

$$\begin{cases} y'(x) = f(x,y) \\ y(x_0) = y_0 \end{cases}$$

利用如下的迭代公式可以求得函数 $y(x)$ 在一系列离散点 x_i 处的近似值 $\{y_i\}$，即常微分方程的数值近似解：

$$\begin{cases} \hat{y}_{i+1} = y_i + hf(x_i, y_i) \\ y_{i+1} = y_i + \frac{h}{2}[f(x_i, y_i) + f(x_{i+1}, \hat{y}_{i+1})] \end{cases}$$

式中，h 为求解步长，$x_i = x_0 + ih$，$i = 0,\cdots,n-1$，n 为求解步数。

请编写一个 MATLAB 程序，用于实现函数 odeeuler 功能，输入量为常微分方程中的函数 $f(x,y)$ 的句柄、初始值 x_0 和 y_0、求解步长 h、求解步数 n；输出量为由 y_i 构成的数列（包括 y_0 在内）。请利用所得到的函数值求解如下的常微分方程初值问题在 $x \in [0,1]$ 区间上的近似解，并自行对比不同的步长（及相应的求解步数）所得到的解：

$$\begin{cases} y'(x) = xy^2 \\ y(0) = 1 \end{cases}$$

3-23 比改进欧拉法求解精度更高的另一种数值方法,即龙格-库塔法。一种常用的四阶龙格-库塔迭代格式如下:

$$\begin{cases} k_1 = f(x_i, y_i) \\ k_2 = f\left(x_i + \frac{1}{2}h, y_i + \frac{1}{2}hk_1\right) \\ k_3 = f\left(x_i + \frac{1}{2}h, y_i + \frac{1}{2}hk_2\right) \\ k_4 = f(x_i + h, y_i + hk_3) \\ y_{i+1} = y_i + \frac{h}{6}(k_1 + 2k_2 + 2k_3 + k_4) \end{cases}, i = 0, \cdots, n-1$$

请编写一个 MATLAB 程序,用于实现函数 oderk4 功能,输入量和输出量与习题 3-22 相同。利用所得到的函数求解习题 3-22 中的常微分方程初值问题并对比所得到的解。

3-24 假设在平面上有一个长为 a、宽为 b 的矩形盒子。在 $t=0$ 的时刻,该盒子内某一点(x_0,y_0)有一个小球以 θ 弧度(朝向)、速度 v 运动。小球与盒子边框发生弹性碰撞。

请编写一个 MATLAB 程序,用于实现函数 cldball 功能,输入量为上述参数 a、b、x_0、y_0、θ、v 以及用户给定的时间 T,输出量为 T 时刻小球的位置点坐标 x 和 y。

第 4 章　MATLAB 中的矩阵与数组

教学目标
（1）能够选择合适的方式生成矩阵和数组。
（2）能够获取矩阵和数组的基本信息，如维数、大小等。
（3）能够理解不同的 MATLAB 数据类型之间的区别。
（4）能够利用数组和矩阵实现矢量化运算。
（5）能够恰当使用不同类型的数组下标来实现矢量化运算。
（6）能够通过元胞数组、结构体数组和表等数据类型实现对异质数据的组织与处理。

教学内容
（1）生成矩阵和数组。
（2）获取数组的基本信息。
（3）数组的常见处理。
（4）MATLAB 中的数据类型与相关操作。
（5）数组运算。
（6）矩阵运算。
（7）数组的多维下标、一维下标与逻辑数组下标。
（8）异质数据容器。

4.1　矩阵与数组的生成和基本操作

所有的 MATLAB 变量实际上都是多维数组，在本书中就简称数组。MATLAB 软件最强有力的一点就在于其大多数运算和函数操作都是直接将数组作为一个整体来对待的，而不需要通过循环的方式对数组的元素逐个进行处理。

矩阵则是多维数组的一个特例，即二维数组。MATLAB 数组的最小维数就是二维。在之前的章节中所使用的单个值（标量）只不过是 1×1 矩阵，而前面所介绍的数列是 1×n 矩阵，从本章开始，我们将称之为行矢量。

矩阵的两个维度的定义如图 4-1（a）所示。垂直方向（沿着列的方向）是矩阵的第 1 个维度，水平方向（沿着行的方向）是矩阵的第 2 个维度。数组某个维度上元素的个数称为该维度的大小，因此，矩阵的第 1 个维度和第 2 个维度的大小实际上就分别给出了矩阵的行数（高）和列数（宽）。

更高维数的数组可以看成若干大小相同（数组各个维度的大小均相同）的低一维数组在较低维度正交的方向上"堆叠"而成。以图 4-1（b）所示的三维数组为例，它可以看成若干大小相同的矩阵，在与矩阵平面正交的"深度"或"厚度"方向上堆叠而成，第 3 个维度的大小即三维数组的"层数"。

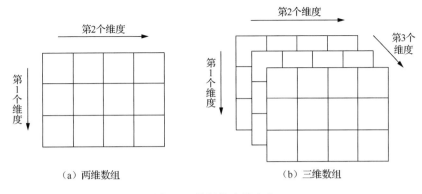

图 4-1 数组维度的定义

4.1.1 基本矩阵的生成

常用的基本矩阵的生成方法有以下 3 种。

1. 在命令窗口中手动输入

矢量只是一种特殊的矩阵,因此手动输入矢量的[ ]符号同样也可以用来输入矩阵。矩阵元素逐行输入,对同一行的相邻元素,用空格或逗号分隔,对相邻的两行元素则用分号或换行符分隔。在输入矩阵元素的过程中,换行符不会触发 MATLAB 执行所输入的内容,直到表示矩阵输入内容结束的"]"符号输入之后,换行符才会触发 MATLAB 执行指令的功能。

【例 4.1】

在 MATLAB 中输入矩阵 A、矩阵 D、行矢量 b 和列矢量 c。

(1) 矩阵 A 如下。

$$A = \begin{bmatrix} 1 & 2 & 3 & 4 \\ 4 & 3 & 2 & 1 \\ 1 & 4 & 2 & 3 \end{bmatrix}$$

输入如下内容:

```
>> A = [1 2 3 4; 4 3 2 1; 1 4 2 3]
```

输出结果为

```
A =
     1     2     3     4
     4     3     2     1
     1     4     2     3
```

(2) 行矢量 $b = (1, 3, 7, 12, 17, 23)$。

输入如下内容:

```
>> b = [1, 3, 7, 12, 17, 23]
```

输出结果为

```
b =
     1     3     7    12    17    23
```

（3）列矢量 $c = (1,2,3,5,8)^T$。

输入如下内容：

```
>> c = [1;2;3;5;8]
```

输出结果为

```
c =
    1
    2
    3
    5
    8
```

（4）矩阵 **D** 如下。

$$D = \begin{bmatrix} 1 & 1 & 1 \\ 1 & 2 & 4 \\ 1 & 3 & 9 \\ 1 & 4 & 16 \\ 1 & 5 & 25 \end{bmatrix}$$

输入如下内容：

```
>> D = [1 1 1
1 2 4
1 3 9
1 4 16
1 5 25]
```

输出结果为

```
D =
    1    1    1
    1    2    4
    1    3    9
    1    4   16
    1    5   25
```

在[]符号中可以输入的不仅是单个元素的值，也可以是子矩阵。这时[]符号实际上起到了矩阵拼接的作用。与单个元素的输入类似，对水平方向拼接的相邻子矩阵，用空格或逗号分隔；对垂直方向拼接的相邻子矩阵，用分号或换行符分隔。矩阵的拼接对参与的子矩阵的大小有要求，即两个进行拼接的子矩阵在拼接方向上的投影应该大小相同：如果两个子矩阵是水平方向上的拼接，那么这两个子矩阵沿水平方向的投影大小应该相同，即两个子矩阵应该具有相同的高度；如果两个矩阵是垂直方向上的拼接，那么要求这两个子矩阵的宽度相同。如果是两个三维数组在第3个维度或深度方向上拼接，那么要求它们沿深度方向的投影，即三维数组每层矩阵的大小应该相同。不过，使用[]符号只能进行矩阵拼接，不能对任意维数的数组进行拼接。

在利用[]符号进行矩阵拼接时，拼接的优先级顺序如下：首先构造由[]符号包括起来的子矩阵，其次是对子矩阵进行水平方向的拼接，最后进行垂直方向的拼接。

【例4.2】

在命令窗口输入以下内容。

```
>> a = [[1:3; 3:5] [2 4; 6 10]; 1:4 9]
```
得到的矩阵为

```
a =
    1    2    3    2    4
    3    4    5    6   10
    1    2    3    4    9
```

注意：在本例题中，没有要求各水平分块中的子矩阵的数量相同，自然也不要求每个相应的子矩阵也具有相同宽度，只要求对子矩阵进行垂直方向的拼接时，各水平分块中的子矩阵的总宽度相等。

2. 利用函数生成常见矩阵

手动输入一般适用于输入很少的元素或分块的情况，也仅适用于矩阵的输入。如果希望生成规模更大、维数更高的数组，可以使用 MATLAB 提供的一系列可以生成矩阵的函数。

（1）zeros 函数。zeros 函数用于生成所有元素值都为 0 的全 0 数组。将需要生成的数组的各个维度的大小依次作为 zeros 的输入量，即可得到相应大小的数组。例如，zeros(3,4,2)可以生成一个 3×4×2（3 行 4 列 2 层）的三维全 0 数组；zeros(5,10)可以生成一个 5×10（5 行 10 列）的全 0 矩阵。需要注意的是，zeros(n)将生成一个 $n×n$ 的方阵，而不是一个长度为 n 的矢量。

也可以将需要生成的数组的各个维度大小依次组成一个行矢量作为 zeros 的输入量，例如，zeros([3 4 2])的效果与 zeros(3,4,2)是一样的。

zeros 函数常常在程序中起着预先开辟存储空间的作用。

（2）ones 函数。ones 函数的使用方法与 zeros 函数相似，只不过它生成的数组元素全部为 1。

（3）eye 函数。eye 函数用于生成单位矩阵，即主对角线元素全为 1、其余元素全为 0 的矩阵。

eye 函数的用法与 zeros 函数和 ones 函数相似，但是不支持三维及以上的数组，因此最多只能提供两个维度的大小。例如，eye(3)生成一个 3×3 的单位矩阵，而 eye(4,6)生成一个 4×6 大小的单位矩阵。

（4）Inf 函数和 NaN 函数。Inf 函数和 NaN 函数的用法与 zeros 函数基本相似，所生成的数组元素均被分别设为 Inf（无穷大）和 NaN（非数）。如果使用不带参数的 Inf 函数和 NaN 函数，函数将生成值为 Inf 和 NaN 的标量。

Inf 和 NaN 是在 IEEE 754 浮点数标准中定义的两个特殊的浮点数值。无穷大和非数常常会出现在与浮点数相关的算术运算和函数运算中。例如，用正数除以 0 时，结果就是 Inf，用负数除以 0 则会得到-Inf；如果是 0/0 或 0×∞或∞-∞这样的不定型，就将给出 NaN 的结果。Inf 和 NaN 可以看作类似普通的浮点数参与算术运算或关系运算，只不过运算规则略有不同。例如，NaN 与任何实数进行的算术运算，结果仍为 NaN，而 NaN 与任何实数进行的关系运算，结果都为逻辑 0。但是 Inf 和 NaN，以及导致结果为 Inf 和 NaN 的运算本身不会造成任何程序执行的错误，尽管有时 MATLAB 会给出警告信息，或者在调试模式下，可以选择在出现这些特殊浮点数值时暂停程序的运行。

（5）true 函数和 false 函数。true 函数和 false 函数的用法与 zeros 函数基本相似,所生成的数组元素均被分别设为逻辑 1 和逻辑 0。不带参数时分别生成相应的逻辑标量。需要注意的是,true 函数和 false 函数生成的数组的数据类型为逻辑型,而本书前面所介绍的函数均为双精度浮点数类型。有关 MATLAB 中的数据类型将在第 4.2 节中介绍。

(6) repmat 函数。如果一个数组可以视为某个子数组重复"铺"成的,那么可以使用 repmat 函数。

repmat 函数的用法如下:
$$repmat(A,m,n)$$
或
$$repmat(A,[m\ n\ p\ ...])$$

其中,A 表示进行重复的子数组,m 和 n 分别表示 A 在垂直和水平方向上的重复拷贝次数。如果还需要在更高维度上进行重复,那么需要将各个维度上的重复拷贝次数组织成一个行矢量。

【例 4.3】

生成一个 2 层的三维数组,每层矩阵均为

$$A = \begin{bmatrix} 1 & 2 & 1 & 2 \\ 1 & 2 & 1 & 2 \\ 1 & 2 & 1 & 2 \end{bmatrix}$$

可见,所需要的三维数组是由子矩阵[1 2]铺成的,在列方向上的重复次数为 3 次,行方向上的重复次数为 2 次,在第 3 维度上的重复次数为 2 次。因此,可以通过如下的方式调用 repmat 函数。

输入如下内容:

```
>> repmat(1:2,[3,2,2])
```

输出结果为

```
ans(:,:,1) =
    1    2    1    2
    1    2    1    2
    1    2    1    2
ans(:,:,2) =
    1    2    1    2
    1    2    1    2
    1    2    1    2
```

3. 生成特殊矩阵

MATLAB 提供了一系列函数,用于生成某些特殊矩阵,这些函数的简要介绍如下。

1) magic 函数

magic(n)用于生成 n 阶幻方阵,n 值不小于 3。幻方阵在试验设计、密码学、艺术等领域有着广泛的应用。

【例 4.4】

产生一个 3 阶幻方阵。

输入如下内容:
```
>> magic(3)
```
输出结果为
```
ans =
    8    1    6
    3    5    7
    4    9    2
```

2) pascal（帕斯卡）函数

pascal(n)用于生成 n 阶帕斯卡方阵，即从杨辉三角形中截取出来的方阵部分。帕斯卡方阵为对称正定阵，且其逆矩阵元素也为整数。

3) vander（范德蒙）函数

vander(x)根据矢量 x 生成相应的范德蒙矩阵。

例如，矢量 $\boldsymbol{x}=(x_1,x_2,\cdots,x_n)^T$ 的范德蒙矩阵为

$$V(\boldsymbol{x})=\begin{bmatrix} x_1^{n-1} & x_1^{n-2} & \cdots & x_1^0 \\ x_2^{n-1} & x_2^{n-2} & \cdots & x_2^0 \\ \vdots & \vdots & & \vdots \\ x_n^{n-1} & x_n^{n-2} & \cdots & x_n^0 \end{bmatrix}$$

范德蒙矩阵与插值多项式问题有关，范德蒙矩阵的行列式即范德蒙行列式，它为插值多项式的存在性和唯一性分析提供了计算方法。

4) toeplitz（托普利茨）函数

toeplitz(x)根据矢量 x 生成相应的托普利茨矩阵。托普利茨矩阵是指各条对角线上的元素值均相等的矩阵。

例如，矢量 $\boldsymbol{x}=(x_1,x_2,\cdots,x_n)^T$ 的托普利茨矩阵为

$$T(\boldsymbol{x})=\begin{bmatrix} x_1 & x_2 & x_3 & \cdots & x_n \\ x_2 & x_1 & x_2 & \cdots & x_{n-1} \\ x_3 & x_2 & x_1 & \cdots & x_{n-2} \\ \vdots & \vdots & \vdots & & \vdots \\ x_n & x_{n-1} & x_{n-2} & \cdots & x_1 \end{bmatrix}$$

此外，也有非对称的托普利茨矩阵 toeplitz(x,y)，其中 x 和 y 分别是长度为 m 和 n 的矢量。

例如，当 $m>n$ 时的托普利茨矩阵为

$$T(\boldsymbol{x})=\begin{bmatrix} x_1 & y_2 & y_3 & \cdots & y_n \\ x_2 & x_1 & y_2 & \cdots & y_{n-1} \\ x_3 & x_2 & x_1 & \cdots & y_{n-2} \\ \vdots & \vdots & \vdots & & \vdots \\ x_n & x_{n-1} & x_{n-2} & \cdots & x_1 \\ \vdots & \vdots & \vdots & & \vdots \\ x_m & x_{m-1} & x_{m-2} & \cdots & x_{m+n-1} \end{bmatrix}$$

当 x_1 与 y_1 不相等时，函数将在命令窗口显示报警信息。

托普利茨矩阵常出现在与某些微分与积分方程的数值求解、样条函数插值、时间序列分析、信号与图像处理、马尔科夫链以及排队论有关的问题中。

5）hilb（希尔伯特）函数与 invhilb 函数

hilb(n)用于生成 n 阶希尔伯特矩阵。希尔伯特矩阵是一种典型的病态矩阵，例如，当一个线性方程组的系数矩阵为病态矩阵时，该方程组的系数或常数项的微小变化都将带来解的明显变化。

n 阶希尔伯特矩阵为

$$H = \begin{bmatrix} 1 & 1/2 & 1/3 & \cdots & 1/n \\ 1/2 & 1/3 & 1/4 & \cdots & 1/(n+1) \\ 1/3 & 1/4 & 1/5 & \cdots & 1/(n+2) \\ \vdots & \vdots & \vdots & & \vdots \\ 1/n & 1/(n+1) & 1/(n+2) & \cdots & 1/(2n-1) \end{bmatrix}$$

invhilb(n)用于生成 n 阶希尔伯特矩阵的逆矩阵。由于希尔伯特矩阵的病态性，它的求逆对于所用的数值算法是一种考验，也可以把它作为对求逆等相关的矩阵算法稳定性与可靠性的测试。

6）hadamard（哈达玛）函数

hadamard(n)用于生成 n 阶哈达玛矩阵。哈达玛矩阵是元素值仅取 1 或–1 的正交矩阵。hadamard 函数只处理 2 的整数次幂的情况，并且 n>2。哈达玛矩阵在组合数学、信号处理与数值分析等方面应用较多。

7）hankel（汉克尔）函数

hankel(x)根据矢量 x 生成相应的汉克尔矩阵，例如，

$$K = \begin{bmatrix} x_1 & x_2 & x_3 & \cdots & x_n \\ x_2 & x_3 & \cdots & x_n & 0 \\ x_3 & \cdots & x_n & 0 & 0 \\ \vdots & \vdots & \vdots & \vdots & \vdots \\ x_n & 0 & \cdots & 0 & 0 \end{bmatrix}$$

汉克尔矩阵与托普利茨矩阵类似，都具有等值的（斜）对角线。汉克尔矩阵同样具有非对称的形式，可通过 hankel(x,y)构造。若矢量 y 的长度 n> 矢量 x 的长度 m，则对应的汉克尔矩阵为

$$K = \begin{bmatrix} x_1 & x_2 & x_3 & \cdots & x_m & \cdots & y_{n-m+1} \\ x_2 & x_3 & \cdots & x_m & y_2 & \cdots & y_{n-m+2} \\ x_3 & \cdots & x_m & y_2 & \cdots & \cdots & y_{n-m+3} \\ \vdots & \vdots & \vdots & \vdots & & & \vdots \\ x_m & y_2 & \cdots & \cdots & \cdots & \cdots & y_n \end{bmatrix}$$

8）compan（伴随）函数

compan(u)用于生成以矢量 u 的元素值为系数的多项式的伴随矩阵，该矩阵的特征值与多项式的零点相同。

9）gallery 函数、rosser 函数和 wilkinson 函数

这 3 个函数可产生若干特殊的测试矩阵，用于对求矩阵特征值等问题的数值算法进行测试。

4.1.2 获取数组的基本信息

在实际应用中，程序开发者常常需要了解数组的大小等信息。MATLAB 中提供了若干函数以获取这些基本信息。

（1）ndims 函数。ndims(A) 返回数组 A 的维数，并且该值总是不小于 2。

（2）size 函数。sz=size(A) 将把数组 A 各个维度的大小组织成一个行矢量 sz 返回。也可以使用多个输出量分别返回数组各维度的大小。例如，当 A 为矩阵时，使用

    [m,n] = size(A)

可以得到 A 的高度 m 和宽度 n；当 A 为三维数组时，使用

    [m,n,p] = size(A)

可以分别得到 A 的高度、宽度和层数。需要注意的是，使用这种方法调用 size 函数时，并不要求输出值一定与 A 的维数相等。如果输出值大于 A 的维数，那么对应超出的维度输出值总为 1；当输出值小于 A 的维数时，最后一个输出值所对应的维度及更高维度的大小都将被折算到最后一个输出值之中。

【例 4.5】

生成一个大小为 3×4×2 的全 0 三维数组，然后获取其两个维度的大小：

输入如下内容：

```
>> A = zeros(3,4,2);
>> [m,n] = size(A)
```

输出结果为

```
m =
     3
n =
     8
```

可见，第 1 个返回值给出了三维数组的第 1 个维度的大小，但是第 2 个返回值给出的是剩下的两个维度的大小之积，即第 2 维度和第 3 维度的大小之积。

如果希望直接获取特定维度的大小，可以在 size 的输入参数中指定维度。例如，size(A,1) 将直接返回 A 的行数，size(A,2) 则返回 A 的列数。

（3）length 函数。length(A) 函数可以作用在任意维数的数组 A 上，此时 length 将返回数组各维度大小中的最大者。当数组 A 是矢量时，length 函数返回矢量的长度值。

（4）numel 函数。尽管利用 size(A) 函数所返回的数组 A 各维度的大小，可以计算出数组中元素的个数，但是使用 numel(A) 函数可以更便捷地获取这一信息，而且其语义更为清晰，便于理解代码。

（5）isempty 函数。isempty 函数同样可以作用于任意数组而非仅仅作用于数列即行矢量。当数组的元素个数为 0 时，isempty 函数返回逻辑值 1。

（6）isscalar 函数。当 A 为标量时，isscalar(A) 函数返回逻辑值 1。

（7）isrow 和 iscolumn 函数。当 A 为行矢量/列矢量时，isrow(A)/iscolumn(A) 函数返回逻辑值 1。

注意：标量既可作为行矢量，也可作为列矢量。

（8）isvector 函数。当 A 为矢量时，isvector(A) 返回逻辑值 1。此时，标量也被视为矢量。

（9）ismatrix 函数。当 A 为矩阵，即 A 的维数为 2 时，ismatrix(A) 返回逻辑值 1。此时，标量和矢量也被视为矩阵。

注意：如果数组 A 的第 3 维度以及更高维度的大小都是 1 的话，A 也会被视为一个矩阵。

4.1.3 数组的常见处理

1. cat 函数

cat 函数用于数组的拼接。cat(dim,A1,A2,...) 可将任意多个数组 A1, A2,…，在第 dim 个维度上进行拼接，拼接的条件是，这些数组沿第 dim 个维度所得到的投影的大小必须相同。

【例 4.6】

执行以下的语句，将行矢量[1 2 3]和[4 5 6]在第 3 个维度上进行拼接，得到一个 1×3×2 大小的三维数组。

输入如下内容：

```
>> A = cat(3,1:3,4:6)
```

输出结果为

```
A(:,:,1) =
    1    2    3
A(:,:,2) =
    4    5    6
```

执行以下的语句，将 A 与矩阵 B 在第 2 个维度即水平方向上进行拼接。

输入如下内容：

```
>> B = [1:3;4:6]
```

输出结果为

```
B =
    1    2    3
    4    5    6
```

输入如下内容：

```
>> cat(2,A,B)
```

输出结果为

```
Error using cat
CAT arguments dimensions are not consistent.
```

此时拼接将会发生错误。因为 A 沿第 2 个维度得到的投影是一个 1 行 2 列的数组，而矩阵 B 沿第 2 个维度得到的投影是一个 2 行 1 列的矢量，投影的大小不一致，从而导致了错误。

2. flipud 函数、fliplr 函数和 flipdim 函数

这 3 个函数分别沿着第 1 个维度（垂直方向）、第 2 个维度（水平方向）和任意指定的

维度，将数组元素的顺序颠倒排列。

输入如下内容：

```
>> fliplr([1:3;3:5])
```

得到的结果为

```
ans =
    3    2    1
    5    4    3
```

3. `rot90` 函数

使用函数 `rot90(A,K)`，可以将矩阵 A 逆时针旋转 K 个 90°。当省略参数 K 时，默认旋转 90°。输入如下内容：

```
>> rot90(1:3)
```

得到的结果为

```
ans =
    3
    2
    1
```

而输入如下内容：

```
>> rot90(1:3,2)
```

得到的结果为

```
ans =
    3    2    1
```

4. `diag` 函数

当 v 为矢量时，函数 `diag(v,K)` 以 v 中的元素作为第 K 条对角线构造对角矩阵。当省略 K 时，默认为第 0 条对角线，即主对角线。矩阵的对角线序号的定义如图 4-2 所示。

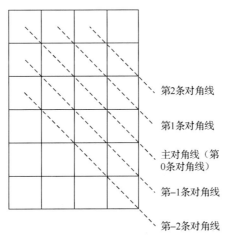

图 4-2 矩阵的对角线序号的定义

当 X 为矩阵时，使用函数 diag(X,K)，可以将 X 的第 K 条对角线元素提取出来，把它们组成一个列矢量后返回。K 值默认为 0。

【例 4.7】

生成 4 阶幻方阵，并且把除了主对角线下方第一条对角线的所有元素清零。

输入如下内容：

```
>> A = magic(4)
```

得到的结果为

```
A =
    16     2     3    13
     5    11    10     8
     9     7     6    12
     4    14    15     1
```

输入如下内容：

```
>> B = diag(diag(A,-1),-1)
```

得到的结果为

```
B =
     0     0     0     0
     5     0     0     0
     0     7     0     0
     0     0    15     0
```

5. blkdiag 函数

使用函数 blkdiag(A,B,...)，可以矩阵 A,B,... 构造分块对角矩阵，例如，

$$\begin{bmatrix} A & 0 & \cdots & 0 \\ 0 & B & \cdots & 0 \\ \cdots & \cdots & \cdots & \cdots \end{bmatrix}$$

输入如下内容：

```
>> blkdiag(1:2,[3;5],8)
```

得出的分块对角矩阵为

```
ans =
     1     2     0     0
     0     0     3     0
     0     0     5     0
     0     0     0     8
```

6. tril 函数和 triu 函数

使用函数 tril(X,K) 和 triu(X,K)，分别构造矩阵 X 以第 K 条对角线为准的下三角矩阵和上三角矩阵，即保留矩阵 X 中第 K 条对角线及其下方/上方的部分，而将其余元素清 0。K 值默认为 0。

输入如下内容:
```
>> tril([1:3;2:4],1)
```
得到的下三角矩阵为
```
ans =
    1    2    0
    2    3    4
```

7. circshift 函数

使用函数 circshift(A,ssz)，可以将数组 A 各维度上的元素进行循环移位，ssz 是矢量，分别给出了数组 A 每个维度上的移位量。移位量为正，表示沿着该维度的正方向移位，例如，对第 1 个维度而言，往下为正方向；对第 2 个维度而言，往右为正方向。循环移位指当数组元素被"移出"某个维度的某一端时，这些元素将从该维度的另一端被再次加入。

例如，对数组 A 进行如下操作。
```
>> A = cat(3,[1:3;2:4],[4:6;5:7])
```
得到的结果为
```
A(:,:,1) =
    1    2    3
    2    3    4
A(:,:,2) =
    4    5    6
    5    6    7
```
执行如下语句:
```
>> circshift(A,[0,-1,1])
```
将对数组 A 的第 2 个维度进行位移量为-1 的移位，即在水平方向上将数组 A 的元素由右至左循环移位；然后对数组 A 的第 3 个维度进行位移量为 1 的移位，即在深度方向上将数组 A 的各层由第 1 层往更深层方向的循环移位，移位得到的结果为
```
ans(:,:,1) =
    5    6    4
    6    7    5
ans(:,:,2) =
    2    3    1
    3    4    2
```
可见，经过移位后，数组 A 各层的第 1 列变为最后一列，数组 A 的两层也颠倒了次序。

4.1.4 访问数组中的单个元素

利用数组的多维下标，可以访问数组中的单个元素。数组的多维下标是指在数组后用()符号包括起来的列表，其中依次指定了要访问的元素的各个维度的下标，不同维度的下标之间用逗号相隔。例如，对三维数组 A，使用 A(3,5,2) 即可访问数组中第 3 行、第 5 列、第 2 层位置上的元素。

【例4.8】

高斯消元法是一种经典的、对线性方程组直接求解的方法。高斯消元法的方法步骤如下。对给定的线性方程组

$$Ax = b$$

$$A = A^{(1)} = \begin{bmatrix} a_{11}^{(1)} & a_{12}^{(1)} & \cdots & a_{1n}^{(1)} \\ a_{21}^{(1)} & a_{22}^{(1)} & \cdots & a_{2n}^{(1)} \\ \cdots & \cdots & \cdots & \cdots \\ a_{n1}^{(1)} & a_{n2}^{(1)} & \cdots & a_{nn}^{(1)} \end{bmatrix}, \quad b = b^{(1)} = \begin{bmatrix} b_1^{(1)} \\ b_2^{(1)} \\ \cdots \\ b_n^{(1)} \end{bmatrix}$$

首先进行消元。假设在进行第 i 步消元($i=1,2,\cdots,n-1$)时,若 $a_{ii}^{(i)} \neq 0$,利用高斯消元法就能够把第 i 个未知数从第 j 个方程($j=i+1,\cdots,n$)中消去。也就是通过如下操作将系数矩阵 A 中第 i 列第 j 行的系数全部清 0:

$$a_{jk}^{(i+1)} = a_{jk}^{(i)} - \frac{a_{ji}^{(i)}}{a_{ii}^{(i)}} a_{ik}^{(i)}, \quad b_j^{(i+1)} = b_j^{(i)} - \frac{a_{ji}^{(i)}}{a_{ii}^{(i)}} b_i^{(i)}, \quad i \leq k \leq n, i+1 \leq j \leq n$$

经过 $n-1$ 步消元之后,得到方程组的系数矩阵和常矢量,即

$$A^{(n)} = \begin{bmatrix} a_{11}^{(1)} & a_{12}^{(1)} & \cdots & a_{1n}^{(1)} \\ 0 & a_{22}^{(2)} & \cdots & a_{2n}^{(2)} \\ \cdots & \cdots & \cdots & \cdots \\ 0 & 0 & \cdots & a_{nn}^{(n)} \end{bmatrix}, \quad b^{(n)} = \begin{bmatrix} b_1^{(1)} \\ b_2^{(2)} \\ \cdots \\ b_n^{(n)} \end{bmatrix}$$

当 $a_{nn}^{(n)} \neq 0$ 时,可通过回代过程求得未知数的值,即

$$x_n = \frac{b_n^{(n)}}{a_{nn}^{(n)}}, \quad x_i = \frac{1}{a_{ii}^{(i)}} \left(b_i^{(i)} - \sum_{j=i+1}^{n} a_{ij}^{(i)} x_j \right), \quad i = n-1, n-2, \cdots, 1$$

根据上述步骤,可以直接编写使用高斯消元法求解线性方程组的程序。函数的输入量为系数矩阵 A 与常矢量 b,输出量为线性方程组解的矢量 x。

leqsgauss.m

```
function x = leqsgauss(A,b)
% LEQSGAUSS - 顺序高斯消元法求解线性方程组 Ax=b。
%
%    x = LEQSGAUSS(A,b)利用顺序高斯消元法求解线性方程组 Ax=b。
%
%    如果方程组不能通过高斯消元法求解,即在消元过程中出现主元为 0
%    的情况,那么函数将返回空矩阵[]。
%

% 输出赋初值[],这个值也是高斯消元法无法求解时的异常返回值。
x = [];

n = length(b);

% 消元过程
```

```
for i = 1:n-1
    if A(i,i)==0 % 当前主元为 0 时表示高斯消元法无法求解。
        return;
    end
    
    for j = i+1:n
        m = A(j,i)/A(i,i); % 消元时需要使用的常数因子。
        A(j,i) = 0; % 消元后,主元以下的同列元素均为 0。
        
        for k = i+1:n
            A(j,k) = A(j,k) - m*A(i,k);
        end
        b(j) = b(j) - m*b(i);
    end
end

if A(n,n)==0
    return;
end

% 回代过程
% 回代过程不会发生除以 0 的情况,因此可以将 x 初始化为相应长度的矢量。
x = zeros(n,1);

x(n) = b(n)/A(n,n);
for i = n-1:-1:1
    s = 0;
    for j = i+1:n
        s = s+x(j)*A(i,j);
    end
    x(i) = (b(i)-s)/A(i,i);
end
```

利用该程序求解方程组

$$\begin{cases} 8x_1 + x_2 + 6x_3 = 1 \\ 3x_1 + 5x_2 + 7x_3 = 2 \\ 4x_1 + 9x_2 + 2x_3 = 3 \end{cases}$$

输入如下内容:

```
>> A = [8 1 6; 3 5 7; 4 9 2];
>> b = [1;2;3];
>> x = leqsgauss(A,b)
```

得到的结果为

```
x =
    0.0500
```

```
0.3000
0.0500
```

可以验证上述结果是正确的。

注意：在 MATLAB 中求解线性方程组有更为简便的方法，例 4.8 主要是为了巩固数组下标的概念。

4.2 数 据 类 型

MATLAB 的数据类型在之前的章节中并未被过多涉及，因为在前面的内容中，主要是让读者熟悉 MATLAB 中变量的操作，而 MATLAB 中的变量实际上都是数组类型。但是对每个具体的数组元素而言，它们又具有不同的数据类型。本节将对 MATLAB 中的数据类型进行较为全面的介绍。

4.2.1 MATLAB 中的数据类型概述

在 MATLAB R2020a 中有如图 4-3 所示的基础数据类型。

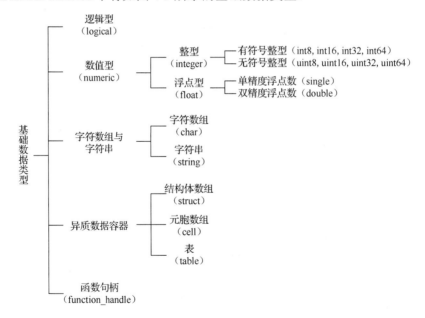

图 4-3 MATLAB 中的基础数据类型

除了函数句柄类型，其余数据类型均可扩展到任意大小的多维数组。对于具有不同数据类型的数组，每个元素占用的存储空间的大小可能有所不同，能够支持的操作也有所不同。

1. 逻辑型数据

逻辑型数据用于逻辑运算和流程控制中的控制条件，此外，逻辑型数组还可以作为数组下标来使用。逻辑型数据只有两个可能的值：逻辑真（true 或 1）和逻辑假（false 或 0）。每个逻辑型数据使用 1 个字节存储。

2. 数值型数据

1) 浮点型

浮点型数据又分为单精度浮点数（single）和双精度浮点数（double），前者占 32 位（4 个字节），后者占 64 位（8 个字节）。single 型数据能够提供 6～7 位十进制有效位数，而 double 型数据能够提供 15～16 位十进制有效位数。此外，浮点型数据还提供了 Inf 和 NaN 这样的特殊值。浮点数对数学运算的支持能力最强，同时也可以作为数组下标。由于 MATLAB 的关注重点是科学计算，因此 MATLAB 变量的默认数据类型为 double 型。

2) 整型

整型又分为有符号整型和无符号整型，其类型名称根据符号类型+位数来命名，例如，int8 表示 8 位有符号整型，占 1 个字节，取值范围为 –128～127；uint16 表示 16 位无符号整型，占 2 个字节，取值范围为 0～65535。整型数据能够支持数学运算，也能够作为数组下标。

但是整型数据对数学运算的支持力度不如浮点型数据，特别需要注意运算结果是否超出相应整型数据能够表示的范围的情况。例如，如果要将两个 uint8 类型的整数 127 和 129 相加，可输入如下语句：

```
>> uint8(127) + uint8(129)
```

那么得到的结果为

```
ans =
  255
```

而正确的结果应该是 256，但是这个值超出了 uint8 类型的表示范围（0～255）。MATLAB 对这种溢出情况的处理，是用可表示范围的最大值（上溢出）或最小值（下溢出）对结果进行截断，因此上述表达式的计算结果为 255。

利用 intmax 函数和 intmin 函数，可以获得不同整型的、可表示范围的最大值和最小值。

3. 字符数组与字符串

到目前为止，我们所接触的 MATLAB 字符串，实际上都是字符数组，即元素为 char 类型的行矢量。例如，s='Hello!'实际上构造了一个长度为 6 的字符行矢量 s，但是对于字符数组，MATLAB 在显示和操作上都进行了与数值类型不同的处理，包括显示时按字符串的形式而不是按数值数组的形式，以及专门针对字符串的操作函数等。如果需要将多个长度不完全相等的字符串组织在一个数组中，那么需要使用 cell 数组，而不能通过使用[]符号将它们组织起来。

为了进一步方便对 MATLAB 中字符串的处理，从 MATLAB R2016b 版开始引入了字符串（string）类型，这时每个字符串都被作为一个字符串类型的"标量"来对待。因此，即使是不等长度的字符串也可以被组织在一个字符串矩阵或数组中，而不需要使用元胞数组。从 R2017a 版开始，在 MATLAB 中可以使用""符号来构造字符串变量。例如，s = "Hello!"可以生成一个"string 类型的标量"，该标量的值为"Hello!"，而不是一个由字符'H'、'e'、'l'、'l'、'o'和'!'所组成的 char 类型行矢量。

不过，本书不会深入介绍 string 类型。实际上，在更早的 MATLAB 版本中对字符串（字符数组）提供支持的操作函数大都支持 string 类型了。

4. 异质数据容器

结构体数组（struct）、元胞数组（cell）和表（table）等数据类型都可以存放异质数据，即数据类型和大小不同的数据。

结构体数组的每个元素都是一个结构体数据，一个结构体包含若干字段，每个字段都可以存放任意类型和大小的 MATLAB 数组，包括其他的异质数据容器。

元胞数组与普通数组类似，通过数组下标来访问其元素。但是，元胞数组的每个元素都可以是任意类型和大小的 MATLAB 数组。

表可以视为由多个长度相等的列矢量组合而成的数据结构，每个列矢量可以通过其名称而非下标进行访问，不同列的数据类型可以不相同。

关于异质数据容器，在 4.6 节将有更加详细的介绍。

5. 函数句柄

函数句柄的作用除了可以作为已有函数的别名使用，或构造匿名函数，或将函数作为普通参数进行传递，在进行 MATLAB 的 GUI 程序开发时，它还将作为窗口事件的回调函数使用。

与前面介绍的数据类型不同，函数句柄只能作为标量，而不能使用 [ ] 符号将多个函数句柄组织到一个矩阵或数组中。如果一定要将多个函数句柄组织起来，那么需要使用异质数据容器。但是，即便如此，在使用函数句柄进行调用和运算时，也只能逐个处理，不能将保存了函数句柄的元胞数组作为一个整体来执行。

4.2.2　与数据类型有关的常用操作

1. 确定数组的数据类型

1）class

class(A) 用于将变量 A 的数据类型以字符数组的形式返回。例如，当 A 为双精度浮点数的数组时，class(A) 将返回 'double'。

2）isa

isa(A,CLASSNAME) 用于判断变量 A 是否具有字符串 CLASSNAME 所指定的数据类型。例如，当 A 为逻辑型数组时，isa(A,'logical') 将返回逻辑真，而 isa(A,'numeric') 将返回逻辑假。

注意：CLASSNAME 可以指定为大类的数据类型，例如，数值型数据为 'numeric'，整型数据为 'integer'，浮点型数据为 'float'。

3）is...

使用 "is+数据类型名称" 的 is...函数，可以判断输入变量是否具有指定的数据类型。例如，当 A 为无符号 8 位整型数据时，isnumeric(A) 将返回逻辑真，而 isfloat(A) 将返回逻辑假。

2. 生成具有特定数据类型的数组

zeros 函数、ones 函数和 eye 函数都可以利用最后一个输入参数，通过提供数据类型名称的字符数组指定所生成数组的数据类型。它们支持的数据类型包括所有的数值型及逻辑型。不过，在一些较早的 MATLAB 版本中，这些函数仅支持数值型数据，不支持逻辑型数据。若要生成逻辑型的全 0 或全 1 数组，则需要使用 false 或 true 函数。

例如，zeros(5,'uint32') 用于生成一个 5×5 的无符号 32 位整型的全 0 矩阵，而 ones(2,3,5,'single') 用于生成一个 2×3×5 的单精度浮点数的全 1 三维数组。

Inf 函数和 NaN 函数也可以使用类似方式指定所生成数组的数据类型，但是由于 Inf 和 NaN 是在浮点数标准中定义的特殊值，因此只能指定浮点型的数据类型，即 single 或 double。

3. 数据类型转换函数

对于数值型和逻辑型数组，可以直接使用以数据类型名称为名的函数，以得到具有该类型的、尽可能保持元素值不变的新数组。由于新旧数据类型能够表示的值的范围不同，因此，如果旧类型的值超出了新类型的表示范围，那就按上溢出或下溢出的处理方式，把它们设置为相应的新类型的值。

【例 4.9】

首先生成一个 3 阶幻方阵，并查看其数据类型。
先输入如下内容：

```
>> A = magic(3)
```

输出结果为

```
A =
     8     1     6
     3     5     7
     4     9     2
```

再输入如下内容：

```
>> class(A)
```

得到的结果为

```
ans =
double
```

之后，将该数组的数据类型转换为 8 位无符号整型，输入如下内容：

```
>> A = uint8(A)
```

得到的结果为

```
A =
     8     1     6
     3     5     7
     4     9     2
```

再输入如下内容：

```
>> class(A)
```

得到的结果为

```
ans =
uint8
```

最后将该数组的数据类型转换为逻辑型,输入如下内容:

```
>> A = logical(A)
```

得到的结果为

```
A =
   1   1   1
   1   1   1
   1   1   1
```

再输入如下内容:

```
>> class(A)
```

得到的结果为

```
ans =
logical
```

在将数值型数据转换为逻辑型数据时,按照非 0 即逻辑真的方式进行转换,因此,得到的结果是逻辑型的全 1 数组。

4.3 数组运算

MATLAB 中的算术运算又可分为数组运算与矩阵运算。矩阵运算作用于矩阵之上,按照线性代数中规定的运算规则进行。数组运算则是一种逐元素的运算,即在数组之上进行数组运算,相当于对参与运算的数组中的每组相同位置上的元素执行相同的运算。由于矩阵的加减法也是逐元素进行的,因此,对加减法(不区分矩阵加减法和数组加减法),使用的运算符也是相同的,但是,对乘除法、乘方和转置等运算,数组运算的运算符相比于矩阵运算的运算符,在前面多了一个句点号,因此有时也称为点运算。实际上,数组运算的运算符在 2.7.2 节中已经介绍过了,只不过当时是应用在行矢量(数列)上,而现在可以自然地将这些运算符应用于任意维数的数组上。MATLAB 中的数组运算符见表 4-1。

表 4-1　MATLAB 中的数组运算符

运算名称	MATLAB 表达式	运算定义
加法	C = A+B	$c(i,j,\cdots) = a(i,j,\cdots) + b(i,j,\cdots)$
一元加法	C = +A	$c(i,j,\cdots) = a(i,j,\cdots)$
减法	C = A-B	$c(i,j,\cdots) = a(i,j,\cdots) - b(i,j,\cdots)$
一元减法	C = -A	$c(i,j,\cdots) = -a(i,j,\cdots)$
数组乘法	C = A.*B	$c(i,j,\cdots) = a(i,j,\cdots)b(i,j,\cdots)$
数组乘方	C = A.^B	$c(i,j,\cdots) = a(i,j,\cdots)^{b(i,j,\cdots)}$
数组右除	C = A./B	$c(i,j,\cdots) = a(i,j,\cdots)/b(i,j,\cdots)$
数组左除	C = A.\B	$c(i,j,\cdots) = b(i,j,\cdots)/a(i,j,\cdots)$
数组转置	C = A.'	$c(i,j) = a(j,i)$

同样地,大多数初等数学函数也能应用于任意维数的数组,其作用方式也相当于对每个数组元素进行相应的函数变换。

在数组运算中,一个重要的概念就是数组大小的兼容性:参与二元数组运算如数组乘法或数组加法的两个数组,其大小必须是"兼容"的。如果两个数组在每个维度上大小相等或其中一个维度大小等于1,那么它们的大小就是兼容的。例如,标量与任意数组的大小总是兼容的,因为标量可以视为各个维度的大小均等于1;任意长度的行矢量和列矢量的大小是兼容的;一个4×3的矩阵和一个1×3×3的三维数组也是兼容的,因为可以将低维数组的高维度大小视为1,即可以把4×3的矩阵看作4×3×1的三维数组。

大小兼容的两个数组可以由MATLAB通过repmat的平铺方式,隐式地调整为相同大小。兼容大小数组的隐式扩充如图4-4所示。例如,当数组A是长度为3的行矢量,而数组B是长度为2的列矢量,那么A的第1维度大小为1,B的第1维度大小为2,因此将A在第1个维度上复制2次;A的第2维度大小为3,B的第2维度为1,就把B在第2个维度上复制3次,从而使得两者都成为2×3的矩阵,如图4-4(a)所示。如果A仍然是长度为3的行矢量,而B是2×1×3(2行1列3层)的三维数组,那么将A在第3个维度上复制3次,最后得到2×3×3的三维数组,如图4-4(b)所示。

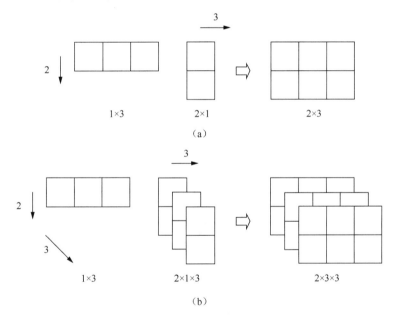

图4-4 兼容大小数组的隐式扩充

【例4.10】

请计算二元函数

$$g(x,y) = \frac{1}{\pi}\exp\left[-\frac{1}{2}\left(x^2 + 4y^2\right)\right]$$

在 $x_i = -1.5 + 0.5(i-1), i = 1,\cdots,7$ 和 $y_j = -1.5 + 0.5(j-1), j = 1,\cdots,7$ 时的函数值,并把得到的函数值排列为如下所示的矩阵:

$$\boldsymbol{G} = \begin{bmatrix} g(x_1,y_1) & g(x_2,y_1) & \cdots & g(x_7,y_1) \\ g(x_1,y_2) & g(x_2,y_2) & \cdots & g(x_7,y_2) \\ \vdots & \vdots & & \vdots \\ g(x_1,y_7) & g(x_2,y_7) & \cdots & g(x_7,y_7) \end{bmatrix}$$

由于 MATLAB 中的 exp 函数可以应用于数组上,因此可以将 G 矩阵写成

$$G = \frac{1}{\pi}\exp\left(-\frac{1}{2}\begin{bmatrix} x_1^2+4y_1^2 & x_2^2+4y_1^2 & \cdots & x_7^2+4y_1^2 \\ x_1^2+4y_2^2 & x_2^2+4y_2^2 & \cdots & x_7^2+4y_2^2 \\ \vdots & \vdots & & \vdots \\ x_1^2+4y_7^2 & x_2^2+4y_7^2 & \cdots & x_7^2+4y_7^2 \end{bmatrix}\right)$$

进一步将指数部分的矩阵分解为

$$\begin{bmatrix} x_1^2 & x_2^2 & \cdots & x_7^2 \\ x_1^2 & x_2^2 & \cdots & x_7^2 \\ \vdots & \vdots & & \vdots \\ x_1^2 & x_2^2 & \cdots & x_7^2 \end{bmatrix} + 4\begin{bmatrix} y_1^2 & y_1^2 & \cdots & y_1^2 \\ y_2^2 & y_2^2 & \cdots & y_2^2 \\ \vdots & \vdots & & \vdots \\ y_7^2 & y_7^2 & \cdots & y_7^2 \end{bmatrix}$$

可见,指数部分的矩阵可以视为行矢量 $(x_1^2, x_2^2, \cdots, x_7^2)$ 在垂直方向上的复制结果和列矢量 $(y_1^2, y_2^2, \cdots, y_7^2)^\mathrm{T}$ 在水平方向上复制结果相加得到。而 $(x_1^2, x_2^2, \cdots, x_7^2)$ 和 $(y_1^2, y_2^2, \cdots, y_7^2)^\mathrm{T}$ 又可以分别通过 $(x_1, x_2, \cdots, x_7)$ 和 $(y_1, y_2, \cdots, y_7)^\mathrm{T}$ 的点乘方运算获得。因此,通过如下 MATLAB 表达式即可完成所需的计算:

```
>> G = (1/pi) * ...
exp(-(1/2)*((-1.5:0.5:1.5).^2 + 4*((-1.5:0.5:1.5).').^2))
```

计算结果为

```
G =
    0.0011    0.0021    0.0031    0.0035    0.0031    0.0021    0.0011
    0.0140    0.0261    0.0380    0.0431    0.0380    0.0261    0.0140
    0.0627    0.1171    0.1704    0.1931    0.1704    0.1171    0.0627
    0.1033    0.1931    0.2809    0.3183    0.2809    0.1931    0.1033
    0.0627    0.1171    0.1704    0.1931    0.1704    0.1171    0.0627
    0.0140    0.0261    0.0380    0.0431    0.0380    0.0261    0.0140
    0.0011    0.0021    0.0031    0.0035    0.0031    0.0021    0.0011
```

在此需要注意,通过冒号运算符得到的等差数列是行矢量。因此,对于 y 矢量,需要利用数组转置符号".'"将其转换为列矢量。

【例 4.11】

一个连锁商店的 3 家门店在某一周中各自销售的 4 种商品的数量如下矩阵 A 所示,其中每行元素代表一种商品,每列元素代表一家门店。

$$A = \begin{bmatrix} 222 & 129 & 153 \\ 136 & 137 & 225 \\ 240 & 193 & 188 \\ 152 & 171 & 183 \end{bmatrix}$$

由于这一周中各家门店都在开展促销活动,每种商品在 3 家门店都分别赠送了 20 件、30 件和 10 件,因此,在计算销售额时,需要将这些赠送部分去除,以得到"有效销售数量"。为了得到这一有效销售数量矩阵,可以使用如下的 MATLAB 表达式。

```
>> A = [222 129 153
136 137 225
```

```
240 193 188
152 171 183];
>> A - [20 30 10]
```
计算结果为

```
ans =
   202    99   143
   116   107   215
   220   163   178
   132   141   173
```

对兼容大小的数组进行隐式扩充是 MATLAB R2016b 中增加的功能，在其更早版本中，若使用例 4.10 和例 4.11 的代码，则会出现数组大小不匹配的错误。因此，需要使用 repmat 函数进行手动显式扩充之后再执行数组运算。不过，在数组运算中，标量总能够与任意大小的数组进行运算这一功能在较早的 MATLAB 版本中仍然可以使用。

数据分析函数虽然也可以用于一般数组，但是使用方法有所不同。

以 max 函数为例，当 A 为数组时，max(A) 不是用于求取 A 中所有元素的最大值，而是沿着数组 A 的第一个大小不等于 1 的维度，求取该维度元素中的最大值，所求得的最大值将被组成一个沿该维度的低一维投影大小的数组。例如，当 A 为矩阵且行数大于 1 时，max(A) 将返回一个长度与 A 的列数相等的行矢量，其中的元素为 A 中各列的最大值。

输入如下内容：

```
>> A= [1 2;3 1];
>> max(A)
```

得到的结果为

```
ans =
     3     2
```

如果 A 是一个 1×3×3 的三维数组，max(A) 将沿着第一个大小不等于 1 的维度，即沿着行的方向，求出各层中各行元素的最大值，并得到一个 1×1×3 的三维数组。

[M,I] = max(A) 将沿着第一个大小不等于 1 的维度求得该维度上元素最大值，同时，也求得最大值元素的下标值，所有这些下标值组成与 M 大小相同的数组 I。若再沿着该维度的同一个投影位置的数组元素中有多个元素求得最大值，则选取第一个最大值元素的下标值。

例如，在命令窗口中输入如下内容：

```
>> A = [1 2;3 4;3 2]
```

得到的结果为

```
A =
     1     2
     3     4
     3     2
```

再输入如下内容：

```
>> [M,I] = max(A)
```

得到的结果为

```
M =
     3     4
```

```
I =
     2     2
```

max 函数将沿着第一个大小不等于 1 的维度即列的方向求各列的最大值及最大值元素的下标，其中第一列有两个元素求得最大值，但只有第一个最大值元素的下标 2 将通过 I 返回。

当 dim 是一个正整数时，使用 max(A,[],dim) 可以求取第 dim 个维度上 A 中各元素的最大值，并把它们组成与数组 A 沿第 dim 个维度的投影大小相同的数组。如果 dim 是记录了多个维度的矢量，那么使用 max(A,[],dim) 计算 dim 中指定的所有维度上的元素最大值，并把它们组成与 A 在剩余维度上的投影大小相同的数组。例如，当 A 是 3×4×5 的三维数组时，使用 max(A,[],[1 2]) 求取数组"每层"矩阵中的最大值，并把它们组成 1×1×5 的三维数组；而使用 max(A,[],[2 3]) 可以求取 A 的每行所有列和所有层元素中的最大值，并把它们组成一个 3×1×1 的数组，即一个列矢量。

使用 max(A,[],'all') 可以求得整个数组 A 中的最大值。

使用 C = max(A,B) 求取两个数组 A 和 B 中的较大值。数组 A 和 B 应该具有兼容的大小，返回的数组 C 等于 A、B 经过兼容扩充后的大小，C 中的元素等于数组 A、B 相应位置上元素的较大值。

min、sum、mean 等函数作用在一般数组上时，在默认情况下也是沿着第一个大小不等于 1 的维度，分别计算数组元素的最小值、总和、均值等。除 cumsum 和 cumprod 函数得到的结果仍然是同样大小的数组以外，其余函数得到的是沿投影方向的低一维数组。使用这些函数，也同样可以指定一个或多个投影维度进行相应的操作，还可以使用 'all' 对整个数组进行操作。具体用法请参考 MATLAB 的帮助文档。需要注意的是，这些函数的具体用法在不同 MATLAB 版本中有所不同，请以对应版本的帮助文档的说明为准。

使用 [B,I]=sort(A,dim) 在指定的维度 dim 上对数组 A 的元素进行排序，不过，这个排序是相互独立的。例如，当 A 为矩阵时，sort(A,2) 将对矩阵 A 的每行元素进行升序排列，排序结果是相同大小的矩阵 B，并且 I 也是相同大小的矩阵，其中记录了每行元素在排序之后的新的列下标。例如，输入如下内容：

```
>> [B,I] = sort([7 8; 10 9],2)
```

得到的结果为

```
B =
     7     8
     9    10
I =
     1     2
     2     1
```

Sortrows 也是排序函数。与 sort 函数不同，sortrows 函数只能用于矩阵，并且它将矩阵的每行元素作为一个整体进行位置的调换。

使用 [B,I] = sortrows(A)，可以根据矩阵 A 的第一列元素由小到大的顺序，对 A 中各行进行排序，排序结果为矩阵 B，原来各行在矩阵 B 中的行序号以矢量 I 返回。使用 sortrows 函数也可以指定其他列作为排序的依据，甚至可以指定多个列作为排序的依据。使用 sortrows(A,col) 根据矢量 col 中指定的列对 A 进行排序：首先根据 col(1) 指定的列对 A 的各行元素进行升序排列，如果在该列中有多个元素的值相等，那么对这些元素所在的行，将根据col(2)指定的列中的元素进行升序排列，以此类推。例如，输入如下内容：

```
>> A = [7 9; 10 8; 6 8]
```

得到的结果为

```
A =
     7     9
    10     8
     6     8
```

再输入如下内容：

```
>> sortrows(A,[2 1])
```

得到的结果为

```
ans =
     6     8
    10     8
     7     9
```

使用sortrows(A,col,dir)，可通过dir指定升序或降序排列，dir可以是字符数组'ascend'或'descend'，这时对col中指定的所有列，都按相同的顺序进行排序。dir可以是与col长度相等的元胞数组，分别指定col中每列的排列顺序。

4.4 矩阵运算

4.4.1 矩阵的算术运算

矩阵的加减法与数组的加减法规则相同，不再赘述。

1. 矩阵乘法

对两个矩阵 A 与 B 进行乘法 AB 时，需要满足的条件是 A 的列数等于 B 的行数，即

$$A_{m \times p} B_{p \times n} = C_{m \times n}$$

式中，矩阵 C 的元素为

$$c_{ij} = \sum_{k=1}^{p} a_{ik} b_{kj}, 1 \leqslant i \leqslant m, 1 \leqslant j \leqslant n$$

此外，标量可以和任意大小的矩阵相乘，即

$$\alpha C = C\alpha = \left[\alpha c_{ij} \right]$$

【例4.12】

（1）设每单位白糖的价格为1.6元，那么5单位白糖的总价是多少？

输入如下内容：

```
>> Q = 5;
>> P = 1.6;
>> Q*P
```

得到的结果为

```
ans =
    8
```

（2）设每单位面粉的价格为 3.5 元，每单位鸡蛋的价格为 1.3 元，每单位黄油的价格为 4 元。现在制作 1 单位蛋糕需要 0.2 单位的白糖、0.1 单位的面粉、1 单位的鸡蛋、0.2 单位的黄油，那么，每单位蛋糕的成本是多少？

输入如下内容：

```
>> Q = [0.2 0.1 1 0.2];
>> P = [1.6;3.5;1.3;4];
>> Q*P
```

得到的结果为

```
ans =
   2.7700
```

现在除了制作蛋糕，还需要制作其他几种糕点，其配方见表 4-2。那么，各种糕点（包括蛋糕）的单位成本是多少？

表 4-2　例 4.12 中糕点的配方

糕点种类	每单位糕点所需的原料			
	白糖	面粉	鸡蛋	黄油
曲奇饼	0.5	0.3	5	1
手抓饼	0	0.1	1	0.1
面包	0.2	0.2	2	0.2

输入如下内容：

```
>> Q = [0.2 0.1 1 0.2
0.5 0.3 5 1
0 0.1 1 0.1
0.2 0.2 2 0.2];
>> P = [1.6;3.5;1.3;4];
>> Q*P
```

得到的结果为

```
ans =
    2.7700
   12.3500
    2.0500
    4.4200
```

（3）假设糕点店在 3 个不同地区开设了门店，各地区的原料价格有所不同，如表 4-3 所示。

表 4-3　例 4.12 中不同地区的原料价格

地区	每单位原料的价格			
	白糖	面粉	鸡蛋	黄油
A	1.6	3.5	1.3	4
B	1.8	3.6	1.5	3.6
C	1.3	3.2	1.3	5

那么各地区中各种糕点的单位成本是多少？

输入如下内容：

```
>> Q = [0.2 0.1 1 0.2
0.5 0.3 5 1
0 0.1 1 0.1
0.2 0.2 2 0.2];
>> P = [1.6 1.8 1.3
3.5 3.6 3.2
1.3 1.5 1.3
4 3.6 5];
>> Q*P
```

得到的结果为

```
ans =
    2.7700    2.9400    2.8800
   12.3500   13.0800   13.1100
    2.0500    2.2200    2.1200
    4.4200    4.8000    4.5000
```

在得到的结果中，每行元素对应一种糕点，每列元素对应一个地区。

【例 4.13】

在一次考试中，学生甲的语、数、英成绩分别为 87、98、82，学生乙的语、数、英成绩分别为 93、95、88，学生丙的语、数、英成绩分别为 84、100、95。在排名时采用加权平均分计算总评成绩，语、数、英 3 科的权重分别为 0.4、0.35 和 0.25。甲、乙、丙 3 名学生各自的加权平均分分别是多少？

输入如下内容：

```
>> S = [87 98 82
93 95 88
84 100 95];
>> w = [.4; .35; .25];
>> S*w
```

得到的结果为

```
ans =
   89.6000
   92.4500
   92.3500
```

MATLAB 软件允许开发者将数组和矩阵作为一个整体进行运算，这种方式也称为"矢量化运算"。之所以允许矢量化运算，不仅因为对熟悉线性代数的研究者及熟悉此种方式的开发者而言，矢量化运算可以使得代码更加简洁易懂，而且还因为计算效率上的差别。特别是对较早的 MATLAB 版本而言，计算效率的差别尤为突出。

【例 4.14】

在本例题中，我们采用两种方式完成矩阵的乘法运算：一种是根据矩阵乘法的定义，通过传统的循环和单个元素完成计算；另一种则直接使用 MATLAB 的矩阵乘法运算完成计算。

之后，在两个 1000×1000 矩阵上对比这两种方式的运算时间。程序代码如下。

mulperf.m

```
A = rand(1000);
B = rand(1000);

profile on;
loop_mul(A,B);
mat_mul(A,B);
profile viewer;

function C = loop_mul(A,B)

[m,p] = size(A);
n = size(B,2);

C = zeros(m,n);
for i = 1:m
   for j = 1:n
      s = 0;
      for k = 1:p
         s = s + A(i,k)*B(k,j);
      end
      C(i,j) = s;
   end
end
end

function C = mat_mul(A,B)

C = A*B;

end
```

上述程序中的 `profile` 命令用于控制 MATLAB 探查器。该探查器可以用于跟踪 MATLAB 函数、子函数乃至具体的每行代码的执行时间，为 MATLAB 程序的性能诊断提供依据，帮助开发者发现程序中最费时的瓶颈部分，从而有针对性地对程序加以优化和改进。`profile on` 表示开启探查器并开始进行计时，`profile viewer` 表示结束探查器计时，并在探查器窗口中显示探查结果。

上述程序的运行可能较为费时，如果运行时间过长，可将矩阵大小适当缩小后再重新运行。运行结束后，MATLAB 将弹出如图 4-5 所示的探查器窗口并显示结果。可见，采用循环和单个元素依次处理的方式，不仅使程序更加复杂、可读性变差，而且在运行时间上比 MATLAB 矩阵运算高了 3 个数量级。

MATLAB 中的矩阵与数组 第4章

图 4-5 弹出探查器窗口并显示探查结果

之所以循环的方式与矢量化运算的方式在性能上有如此明显的差异，主要原因在于 MATLAB 中的运算，最终的执行实际上都是通过函数调用来完成的。因此，在代码中，矩阵乘法也许仅仅是一个运算符，但是在实际运行时，则调用了用于实现矩阵乘法的 MATLAB 内建函数。而对标量而言，一次乘法仅仅是编译后的一条指令，MATLAB 中的一次标量乘法绝大部分的运行时间却消耗在了调用函数上，如参数传递、程序现场的保护和恢复等，实际执行乘法指令的时间反而极少。

从例 4.14 可知，在一些常见的应用场合，矢量化运算的效率明显更高；恰当的矢量化运算的代码可读性也更好。MATLAB 在经过长期的应用后，已经形成了一套较为成熟的矢量化运算技巧，这些技巧对已经入门的 MATLAB 开发者而言是易读易懂的。因此，在两种方式之间进行选择时，首先考虑程序的可读性：如果只需要使用较为"常规"的矢量化运算技巧，就采用矢量化运算方式；如果矢量化运算方式过于晦涩，难以理解，就采用循环的方式。之后在程序的使用过程中，再利用探查器等工具寻找性能瓶颈。如果瓶颈出现在循环过程，那么考虑其矢量化或改进算法本身。

在默认情况下，探查器记录的时间是从探查开始到结束的"操作系统挂钟时间"，也就是操作系统所记录的开始时刻与结束时刻之差，其中包括代码实际的运行时间，同时也包括如程序中设置的暂停或等待用户交互的时间。通过 `profile` 命令中的 `timer` 选项，可以改变记录时间。默认设置为 `profile -timer 'performance'`；而在 MATLAB R2014b 及更早的版本中，探查器的默认设置为 `profile -timer 'cpu'`，即代码实际占用 CPU 运行的时间，在暂停或等待用户交互时，大量 CPU 运行时间会被分配给操作系统中的其他任务，实际被 MATLAB 程序占用的时间很短。更多 `profile` 命令的使用方式请自行查阅 MATLAB 的帮助文档。

还有一种更加便于编程的计时工具就是 MATLAB 的 `tic` 函数和 `toc` 函数。运行 `tic` 函数，开始计时，在需要的情况下也可以返回开始计时的操作系统挂钟时间；运行 `toc` 函数，结束计时，并返回从开始计时到结束为止所经过的时间。因此，开发者可以在程序中更加方便地利用这两个函数获取感兴趣的程序段的运行时间，并进行相应的统计或处理。通过 `tic` 函数和 `toc` 函数获得的运行时间同样是操作系统挂钟时间。

2. 矩阵除法

当 A 为方阵时,矩阵左除 $A\backslash B$ 相当于 $A^{-1}B$,矩阵右除 B/A 相当于 BA^{-1}。左除和右除之间存在着转置的关系:$A/B = (B^H \backslash A^H)^H$。$A^H$ 表示 A 的共轭转置,当 A 的元素均为实数时,就是普通的转置矩阵。

当 A 为一般的矩阵时,矩阵除法相当于用 A 的伪逆矩阵 X 来代替上述逆矩阵 A^{-1}。A 的伪逆矩阵 X 是一个大小与 A^H 相同的矩阵,满足 $AXA = A$,$XAX = X$,并且 AX 和 XA 都是厄米特阵,即与自身的共轭转置矩阵相同的矩阵。

MATLAB 在进行矩阵除法时并未使用矩阵求逆,而是直接利用 QR 分解等矩阵数值算法。

矩阵除法最常见的用途是求线性方程组的解。由于方程组 $Ax = b$ 的解为 $x = A^{-1}b$,因此用矩阵除法表示,可以写为 $x = A\backslash b$。

【例 4.15】

求以下线性方程组的解

$$\begin{cases} -2x_1 + x_2 & = -2 \\ x_1 - 2x_2 + x_3 & = 0 \\ x_2 - 2x_3 & = -3 \end{cases}$$

输入以下内容:

```
>> A = [-2 1 0; 1 -2 1; 0 1 -2];
>> b = [-2;0;-3];
>> x = A\b
```

得到的结果为

```
x =
  2.2500
  2.5000
  2.7500
```

除了求普通线性方程组的解,矩阵除法还能够求超定线性方程组的最小二乘解。超定线性方程组是指方程数量大于未知数的数量的方程组,即

$$Ax = b$$

$$A = \begin{bmatrix} a_{11} & a_{12} & \cdots & a_{1n} \\ a_{21} & a_{22} & \cdots & a_{2n} \\ \vdots & \vdots & & \vdots \\ a_{m1} & a_{m2} & \cdots & a_{mn} \end{bmatrix}, \quad x = \begin{bmatrix} x_1 \\ x_2 \\ \vdots \\ x_n \end{bmatrix}, \quad b = \begin{bmatrix} b_1 \\ b_2 \\ \vdots \\ b_m \end{bmatrix}, \quad m > n$$

超定线性方程组一般不存在使各个方程的等式严格成立的解,因此只能求出使各个方程近似成立的解,即

$$\begin{cases} a_{11}x_1 + a_{12}x_2 + \cdots + a_{1n}x_n \approx b_1 \\ a_{21}x_1 + a_{22}x_2 + \cdots + a_{2n}x_n \approx b_2 \\ \vdots \quad \vdots \quad \vdots \quad \vdots \\ a_{m1}x_1 + a_{m2}x_2 + \cdots + a_{mn}x_n \approx b_m \end{cases}$$

超定线性方程组的最小二乘解是指，使上述所有方程等号两侧的误差平方和最小的解，即

$$\left(x_1^*, x_2^*, \cdots, x_n^*\right) = \underset{(x_1, x_2, \cdots, x_n)}{\arg\min} \sum_{i=1}^{m}\left(b_i - \sum_{j=1}^{n} a_{ij} x_j\right)^2$$

可以证明，超定线性方程组的最小二乘解为

$$\boldsymbol{x}^* = \left(\boldsymbol{A}^\mathrm{T} \boldsymbol{A}\right)^{-1} \boldsymbol{A}^\mathrm{T} \boldsymbol{b}$$

容易验证，矩阵$(\boldsymbol{A}^\mathrm{T}\boldsymbol{A})^{-1}\boldsymbol{A}^\mathrm{T}$ 是 $\boldsymbol{A}$ 的一个伪逆矩阵（称为摩尔-彭罗斯逆矩阵），因此该最小二乘解同样可以表示为 $\boldsymbol{A}\backslash\boldsymbol{b}$。

【例 4.16】

求如下方程组的最小二乘解

$$\begin{cases} x_1 + x_2 = 2 \\ 2x_1 + 3x_2 = 5.5 \\ 3x_1 + 6x_2 = 8.5 \\ 4x_1 + 10x_2 = 15 \\ 5x_1 + 15x_2 = 17 \end{cases}$$

输入如下内容：

```
>> A = [1 1; 2 3; 3 6; 4 10; 5 15];
>> b = [2; 5.5; 8.5; 15; 17];
>> A\b
```

得到的结果为

```
ans =
    2.0478
    0.5062
```

【例 4.17】

一名工程师需要测量三个标号为#1、#2、#3 长方体工件的厚度。他利用游标卡尺测得#1 工件的厚度为 10.03mm，#2 工件的厚度为 18.05mm，#3 工件的厚度为 20.48mm，#1 工件与#2 工件的厚度之和为 28.06mm，#1 工件与#3 工件的厚度之和为 30.50mm，#2 工件与#3 工件的厚度之和为 38.51mm，#1 工件、#2 工件与#3 工件的厚度之和为 48.48mm。如果#1 工件、#2 工件、#3 工件的厚度分别为 x_1、x_2 和 x_3，那么可以得到如下的线性方程组：

$$\begin{cases} x_1 = 10.03 \\ x_2 = 18.05 \\ x_3 = 20.48 \\ x_1 + x_2 = 28.06 \\ x_1 + x_3 = 30.50 \\ x_2 + x_3 = 38.51 \\ x_1 + x_2 + x_3 = 48.48 \end{cases}$$

输入如下内容：

```
>> A = [1 0 0
0 1 0
```

```
  0 0 1
  1 1 0
  1 0 1
  0 1 1
  1 1 1];
>> b = [10.03;18.05;20.48;28.06;30.50;38.51;48.48];
>> A\b
```

得到其最小二乘解:

```
ans =
   10.0175
   18.0325
   20.4675
```

这个解给出了最小二乘意义下各个工件厚度的最佳估计值,也是工件厚度的极大似然估计值。

3. 矩阵乘方

当 A 为方阵、b 为标量时,A^b 和 b^A 都是合法的矩阵乘方运算。

当 $b = 0$ 时,$A^b = I$;$b = -1$ 时,A^b 为 A 的逆矩阵;当 b 为正整数时,A^b 表示 b 个 A 连乘;当 b 为其他数值时,A^b 的计算需要使用特征矢量和特征值。例如,若 A 可以被对角化

$$A = T \begin{bmatrix} \lambda_1 & & & \\ & \lambda_2 & & \\ & & \cdots & \\ & & & \lambda_n \end{bmatrix} T^{-1}$$

可得

$$A^b = T \begin{bmatrix} \lambda_1^b & & & \\ & \lambda_2^b & & \\ & & \cdots & \\ & & & \lambda_n^b \end{bmatrix} T^{-1}$$

对 b^A 的计算,则利用级数展开以及 A 的特征分解。例如,当 $b = e$ 时,e^A 可以展开为如下的矩阵级数:

$$e^A = I + \frac{1}{1!}A + \frac{1}{2!}A^2 + \cdots = T \begin{bmatrix} \sum_{k=0}^{\infty} \frac{1}{k!}\lambda_1^k & & & \\ & \sum_{k=0}^{\infty} \frac{1}{k!}\lambda_2^k & & \\ & & \cdots & \\ & & & \sum_{k=0}^{\infty} \frac{1}{k!}\lambda_n^k \end{bmatrix} T^{-1}$$

其他底数的指数函数均可转换为以 e 为底数的指数函数。

在 MATLAB 中，A^b 和 b^A 分别通过 A^b 和 b^A 表达式求得。当参与乘方运算的两个操作数均为矩阵时，MATLAB 将会报错。

4. 矩阵的共轭转置

矩阵转置运算符 "'" 与数组转置运算符 ".'" 的区别在于前者执行的是矩阵的共轭转置，即当矩阵中的元素为复数时，在进行了位置的转置后，还要将矩阵中的元素的虚部符号变成相反的；而数组转置仅改变矩阵中元素的位置，不改变元素的值。当矩阵中的元素均为实数时，两者等价。

4.4.2 常用的矩阵运算函数

下面对若干常用的矩阵运算函数进行简要介绍。

1. 矩阵的分析

1) norm 函数

norm(x,p) 可以用于求矢量或矩阵 x 的范数。其中 p 的默认值为 2，此时的范数即欧氏范数。

在本书中，norm 函数主要用于求矢量的范数。可以认为，矢量的范数给出了矢量"长度"的一种度量。例如，矢量 $\boldsymbol{x} = (x_1, x_2, \cdots, x_n)$ 的 p-范数定义为

$$\|\boldsymbol{x}\|_p = \sqrt[p]{|x_1|^p + |x_2|^p + \cdots + |x_n|^p}$$

当 $p = 2$ 时，$\|\boldsymbol{x}\|_2$ 给出了 n 维欧氏空间中矢量的长度；$p = \infty$ 时，$\|\boldsymbol{x}\|_\infty = \max\limits_{1 \leq i \leq n} |x_i|$；$p = -\infty$ 时，$\|\boldsymbol{x}\|_{-\infty} = \min\limits_{1 \leq i \leq n} |x_i|$。

【例 4.18】

幂运算法则是一种求矩阵主特征值的近似值的简单便捷的方法。若 $\lambda_1, \lambda_2, \cdots, \lambda_n$ 是 n 阶方阵 $\boldsymbol{A}$ 的 n 个特征值，并且 $|\lambda_1| > |\lambda_2| \geq \cdots \geq |\lambda_n|$，那么就称 λ_1 为 $\boldsymbol{A}$ 的主特征值。

幂运算法则的步骤如下：从某个初始的列矢量 $\boldsymbol{x}_0 \neq \boldsymbol{0}$ 开始，迭代求出 $\boldsymbol{x}_k = \boldsymbol{A}\boldsymbol{x}_{k-1} / \|\boldsymbol{A}\boldsymbol{x}_{k-1}\|$，$k = 1, 2, \cdots$，直到对某个给定的 $\varepsilon > 0$，使 $\|\boldsymbol{x}_k - \boldsymbol{x}_{k-1}\| < \varepsilon$。所需的主特征值由瑞利商给出，即

$$\lambda = \frac{(\boldsymbol{A}\boldsymbol{x}_k)^\mathrm{T} \boldsymbol{x}_k}{\boldsymbol{x}_k^\mathrm{T} \boldsymbol{x}_k}$$

根据算法描述可以直接实现如下函数。

poweig.m

```
function [lambda,x] = poweig(A,err)
% POWEIG - 利用幂运算法则求矩阵的主特征值与主特征矢量。
%
% [LAMBDA,X] = POWEIG(A,ERR)利用幂法求取方阵 A 的主特征值 LAMBDA,
% 以及一个单位长度的主特征矢量 X。ERR 为迭代时的误差限。
%
% See also EIG, EIGS
```

```
%
n = size(A,1);
x = zeros(n,1);
x(1) = 1;

while 1
    nx = A*x;
    nx = nx / norm(nx);
    if norm(nx-x) < err
        x = nx;
        lambda = ((A*x)'*x) / (x'*x);
        return;
    end
    x = nx;
end
```

利用该函数求 3 阶幻方阵的主特征值与主特征矢量，输入如下内容：

```
>> [v,x] = poweig(magic(3), 1e-6)
```

得到的结果为

```
v =
   15.0000
x =
    0.5774
    0.5774
    0.5774
```

由于 3 阶幻方阵的每行元素之和均为 15，因此可以直接看出所得到的特征值与特征矢量的正确性。

幂运算法则虽然简单，但是在很多重要问题中均有应用。例如，网页搜索引擎的基本原理就是构建出网页之间相互链接和跳转的矩阵之后，利用幂运算法则求该矩阵的主特征矢量，以完成排序。

2）rank 函数

rank(A) 用于返回矩阵运算法则的秩。

rank(A,tol) 返回矩阵 A 的值大于 tol 的奇异值的个数，tol 默认为一个由 MATLAB 自动确定的小数，但其值不为 0。因此，rank(A) 实际上返回矩阵 A 的秩的估计值。

3）det 函数

det(A) 用于返回矩阵 A 的行列式的值。

4）trace 函数

trace(A) 用于返回矩阵 A 的迹，即矩阵 A 的对角线元素之和。

5）orth 函数

Q = orth(A) 用于对矩阵 A 进行正交化处理，所返回的矩阵 Q 是一个正交矩阵。

6）null 函数

Z = null(A) 用于返回矩阵 A 的零子空间的一个正交基。Z 为矩阵 A 的零子空间，意味着矩阵 A 张成的线性空间在 Z 上的投影接近 0，基本可以忽略。

2. 线性方程组相关

1）inv 函数

inv(A)用于求方阵 A 的逆矩阵。当方阵 A 接近于一个奇异阵时，inv(A)将给出警告信息。

2）pinv 函数

pinv(A)用于求矩阵 A 的伪逆矩阵。

3）cond 函数

cond(A,p)用于计算基于范数的矩阵 A 的条件数，p 值默认为 2。

矩阵的条件数等于该矩阵的范数与其逆矩阵的范数的乘积。当矩阵的条件数很大时，方程组 **Ax** = **b** 称为一个病态方程组。在这个病态方程组中，当 **A** 或 **b** 中的元素发生微小改变时，**x** 将发生显著的改变。

【例 4.19】

生成一个 5 阶的希尔伯特矩阵，并求其条件数。

输入如下内容：

```
>> A = hilb(5);
>> cond(A)
```

得到的结果为

```
ans =
   4.766072502433796e+05
```

所得结果是一个数值较大的条件数。以 **A** 作为系数矩阵，生成一个准确的解为$(1,1,1,1,1)^T$的线性方程组。

输入如下内容：

```
>> b = A*ones(5,1)
```

得到的结果为

```
b =
   2.283333333333333
   1.450000000000000
   1.092857142857143
   0.884523809523809
   0.745634920634921
```

假设 **b** 中的元素值被四舍五入到小数点后第 5 位，输入如下内容：

```
>> b = round(b*1e5)/1e5
```

得到的结果为

```
b =
   2.283330000000000
   1.450000000000000
   1.092860000000000
   0.884520000000000
   0.745630000000000
```

再输入如下内容:
```
>> A\b
```
此时,方程组的解将变为
```
ans =
   1.005150000000029
   0.906599999999449
   1.392300000002376
   0.419999999996417
   1.278900000001751
```
可见,这时的解已经明显偏离了原来所设计的准确解。

4) lu 函数

[L,U]=lu(A)用于对矩阵 A 进行三角分解,得到单位上三角矩阵 U,以及通过调整各行顺序得到一个单位下三角矩阵 L。

例如,对 3 阶幻方阵进行三角分解,输入如下内容:
```
>> [L,U] = lu(magic(3))
```
得到的结果为
```
L =
   1.0000        0        0
   0.3750   0.5441   1.0000
   0.5000   1.0000        0
U =
   8.0000   1.0000   6.0000
        0   8.5000  -1.0000
        0        0   5.2941
```
将 L 的第 2 行和第 3 行对调,即可得到一个单位下三角矩阵。

将一般的线性方程组进行三角分解的主要目的是简化方程组的求解过程。例如,假设 L 为单位下三角矩阵,U 为单位上三角阵,那么在将矩阵 A 分解为 L 和 U 之后,方程组 $Ax = b$ 也可以同样分解为两个三角方程组 $Ly = b$ 和 $Ux = y$。正如在例 4.8 的回代过程中所得到的结果那样,对三角方程组可以分两种情况直接进行求解:对下三角方程,可由上至下依次求解各个方程;对上三角方程,则由下至上依次求解。

5) chol 函数

L=chol(A)用于对一个对称正定矩阵 A 进行三角分解(Cholesky 分解),得到一个单位下三角矩阵 L。

6) ldl 函数

[L,D]=ldl(A)用于把厄米特阵 A 分解为一个分块矩阵 D,以及一个经过行调整后可以转化为单位下三角矩阵 L,并且分块矩阵 D 的对角线上的分块矩阵大小为 1×1 或 2×2。

7) qr 函数

[Q,R] = qr(A)用于把 m×n 的矩阵 A 分解成 m×n 的上三角矩阵 R 和酉矩阵 Q。如果一个矩阵的共轭转置矩阵同时也是本身的逆矩阵,那么这个矩阵就称为酉矩阵。

这种分解方法在矩阵求逆的算法中有着重要的应用。

3. 特征值与奇异值相关

1）eig 函数

E=eig(A)用于方阵 A 的特征值以一个矢量 E 的形式返回。

[V,D]=eig(A)用于返回方阵 A 的对角矩阵 D，以及相应的特征矢量构成的矩阵 V。D 对角线上第 i 个元素即第 i 个特征值，它所对应的特征矢量就是 V 的第 i 个列矢量。

E=eig(A,B)以矢量 E 返回方阵 A 相对于 B 的广义特征值。

[V,D]=eig(A,B)用于返回 A 相对于 B 的广义特征值构成的对角矩阵 D，以及相应的广义特征矢量构成的矩阵 V。

2）svd 函数

[U,S,V]=svd(A)用于对矩阵（不一定是方阵）进行奇异值分解。

任意 $m×n$ 的矩阵 $\boldsymbol{A}$ 都可以被分解为 $\boldsymbol{USV}^{\mathrm{H}}$ 的形式。其中，$\boldsymbol{S}$ 为对角矩阵，$\boldsymbol{U}$ 和 $\boldsymbol{V}$ 为酉矩阵。$\boldsymbol{S}$ 对角线上的元素称为 $\boldsymbol{A}$ 的奇异值，实际上就是矩阵 $\boldsymbol{A}^{\mathrm{T}}\boldsymbol{A}$ 的特征值的平方根。奇异值均为非负实数，并且它接近 0 的程度可以用来衡量矩阵 $\boldsymbol{A}$ 接近一个奇异阵（不可逆阵）的程度。

S=svd(A)用于把矩阵 A 的所有奇异值组成一个矢量 S 并返回。

3）gsvd 函数

[U,V,X,C,S]=gsvd(A,B)用于广义奇异值的分解，其中 U 和 V 为酉矩阵，X 一般为方阵，C 和 S 为对角矩阵。

以上函数只是部分在本书或本科学习期间可能会使用到的矩阵运算函数，更多的矩阵运算函数可通过 help matfun 进行了解。

4.5 数 组 下 标

在 MATLAB 中，将数组作为一个整体参与运算，能够以相对少的代码完成 C/C++或 Java 等编程语言中需要单重循环甚至多重循环才能完成的任务。到目前为止，这种做法都应用于完整的数组上，即无条件地应用于数组的所有元素上。但是在大量应用中，需要的运算只是作用于数组的部分元素上，或者根据某个给定的条件对数组元素进行筛选，再作用于筛选之后的元素上。如果只能按 4.1.4 节中的数组下标来访问单个数组元素，那么 MATLAB 将退化成与普通的编程语言一样的操作，即通过循环来完成这些运算。实际上，MATLAB 作为一种典型的"矢量化运算"的编程语言，它同样可以通过数组下标同时指定多个数组元素，并将它们作为一个整体完成运算。

4.5.1 多维下标

多维下标在 MATLAB 的帮助文档中被简单地称为"下标"。数组的多维下标的使用方式与 4.1.4 节中介绍的方式相同，即通过逗号将待索引的数组元素各个维度的下标区隔开来。每个维度的下标都不必限定为单个标量，而可以用一个矢量指定待索引的元素。根据矢量数据类型的不同，多维下标又可以分为数值型矢量多维下标和逻辑型矢量多维下标。

1. 数值型矢量多维下标

当多维下标为一个数值型矢量时,其中的每个元素都是合法下标值,即不小于 1 的整数,它们指定了待索引数组元素在该维度上的下标。而最终被索引的数组元素是各个维度下标值所确定的"交叉位置"上的元素。

数值型矢量多维下标示意如图 4-6 所示,图中以 5×5 的矩阵 A 为例,使用 A([1 4], [3 2]) 索引数组元素。第 1 个维度的下标矢量为[1 4],表示被索引数组元素的第 1 行对应 A 的第 1 行,被索引的第 2 行对应 A 的第 4 行。第 2 个维度的下标矢量为[3 2],表示被索引的第 1 列对应 A 的第 3 列,被索引的第 2 列则对应 A 的第 2 列。最终,通过上述下标被同时索引的 A 中的元素就是落在 A 的第 1 行和第 4 行、第 3 列和第 2 列位置上的 4 个元素。这些元素被组成一个 2×2 的矩阵。

在下标矢量中可以指定重复的下标值,这些被指定的下标值将被重复读取。例如,输入如下内容:

```
>> A([2 4 5], [3 1 3])
```

可以把图 4-6 中矩阵 A 第 3 列的被索引元素重复读取一次,并分别作为通过下标操作返回的结果矩阵的第 1 列和第 3 列,得到的结果为

```
ans =
    7    23     7
   19    10    19
   25    11    25
```

下标矢量也可以通过冒号运算符来产生。例如,输入如下内容:

```
>> A(2:4,1:2:5)
```

将读取图 4-6 中矩阵 A 的奇数列的第 2~4 行的元素,得到的结果为

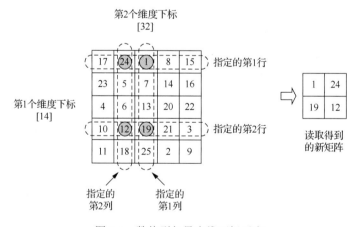

图 4-6 数值型矢量多维下标示意

```
ans =
   23     7    16
    4    13    22
   10    19     3
```

为了能方便地产生下标矢量,可以在下标中使用 end 关键字。此时的 end 表示所在维度的最后一个元素的下标,也等于该维度的大小,即对数组 X 的第 i 个维度而言,出现在

该维度下标中的 end 相当于 size(X,i)。例如，输入如下内容：

```
>> A([2 end],2:end)
```

将读取图 4-6 中矩阵 A 的第 2 行和最后一行、第 2 列至最后一列的元素，得到的结果为

```
ans =
    5    7   14   16
   18   25    2    9
```

在实际应用中，常常会碰到需要索引某个维度的所有元素的情况。例如，需要抽取矩阵的某整行或整列。这时，可以直接使用单个冒号代替 1:end。例如，输入如下内容：

```
>> A([1 4],:)
```

将读取图 4-6 中矩阵 A 的第 1 行和第 4 行的整行元素，得到的结果如下：

```
ans =
   17   24    1    8   15
   10   12   19   21    3
```

在利用下标指定被索引的数组元素后，可以对这些数组元素进行读或写。但是，这两种操作又有所区别。

1）读操作

如果对数组元素进行读操作，并用它对其他数组赋值或参与运算，那么被索引的元素将按前述的方式被组成一个新数组以完成之后的操作。这时各维度的下标矢量元素都应该是在 1 到该维度大小的范围内取值的下标值。如果超出这个范围，将会发生错误。例如，输入如下内容：

```
>> C = A([1 2], 6)
```

试图读取图 4-6 中矩阵 A 的第 6 列的元素，但矩阵 A 仅有 5 列，因此会发生下标超限的错误提示：

```
Index exceeds matrix dimensions.
```

2）写操作

这里介绍两种写操作。第一种写操作的方式：利用某个标量对被索引的元素赋值，这时所有被索引的元素都将被置为该标量。

例如，将一个 3×3 的全 0 矩阵右下角的 2×2 子矩阵的元素都置为 1。输入如下内容：

```
>> Z = zeros(3);
>> Z(2:3,2:3) = 1
```

得到的结果为

```
Z =
    0    0    0
    0    1    1
    0    1    1
```

与读操作不同，在对被索引的元素进行写操作时，下标可以超出当前数组的大小范围。这时 MATLAB 将自动把数组扩充到刚好能容纳超出范围的下标值，新增的数组元素用 0 填充，然后再执行写操作。例如，可以对 3×3 的全 1 矩阵的第 4 行第 5 列元素赋值 9，输入如下内容：

```
>> Z = ones(3);
>> Z(4,5) = 9
```

得到的结果为

```
Z =
    1    1    1    0    0
    1    1    1    0    0
    1    1    1    0    0
    0    0    0    0    9
```

可见,数组首先被扩充为 4 行 5 列,恰好使被索引的下标值合法,新增的元素值为 0。之后,再对 Z(4,5)赋值 9。

第二种写操作的方式:利用一个数组对被索引的元素进行一一赋值,要求用于赋值的数组大小与被索引元素所构成的数组大小必须相同。注意:如果下标值范围超出了被赋值数组的大小范围,MATLAB 将先自动进行数组扩充,然后再进行赋值。例如,输入如下语句,将把 3×3 的全 0 矩阵扩充为 3×4 的矩阵,然后再对扩充后的矩阵的右下角 2×2 的子矩阵赋值 [1 2; 3 4]:

```
>> Z = zeros(3);
>> Z(2:3,3:4) = [1 2; 3 4]
```

得到的结果为

```
Z =
    0    0    0    0
    0    0    1    2
    0    0    3    4
```

如果将上述第二条赋值语句改为

```
>> Z(2:3,3:4) = [1 2 3 4]
```

那么赋值将会出错,提示信息如下:

```
Subscripted assignment dimension mismatch.
```

因为此时被索引和赋值的 Z 中的元素构成一个 2×2 的矩阵,而用来对它进行赋值的矩阵是 1×4 的矩阵。

在这两种赋值方式中,被索引的元素同样可以重复出现,但是最终的值将由最后一次赋值决定。例如输入下面的语句:

```
>> Z = zeros(3);
>> Z(1:2,[1 3 1]) = [1:3;4:6]
```

得到的结果为

```
Z =
    3    0    2
    6    0    5
    0    0    0
```

Z 的第 1 列元素被重复选中,因此,在使用后面的赋值矩阵对这些被索引的元素赋值时,第 1 列的前两个元素首先被赋值矩阵的第 1 列[1;4]赋值,之后又被赋值矩阵的第 3 列[3;6]赋值,而后面这次赋值将前面的值覆盖了。在此也可以看到,赋值数组的大小应该与被索引元素按下标构成的数组大小相同,而不是与"不重复的被索引元素的个数"相同。

还可以利用空矩阵[]对被索引元素进行赋值。这种操作实际上是"删除"被索引的元素。例如,输入如下内容:

```
>> A = magic(5);
>> A([2 3],:) = []
```

将把5阶幻方阵的第2行和第3行整行元素删除，得到的结果为

```
A =
    17    24     1     8    15
    10    12    19    21     3
    11    18    25     2     9
```

删除操作是有限制条件的，即删除之后数组中剩余的元素必须能够构成一个同维数但较小一些的数组。这个限制条件也意味着，除了一个维度，其余维度的所有元素都应该全部删除。例如，可以删除矩阵的某些整行或某些整列元素，但不能仅仅删除某几行某几列的元素，因为这样操作会使剩余的元素不能构成矩阵。

为了确保删除的合法性，MATLAB采用了一种简单的方式供用户进行判断：在多维下标中，最多只能有一个维度的下标不是选择所有元素的"："运算符，否则，就会判错。注意：此时，"："和1:end也并非等价，例如以5阶幻方阵A为例，输入如下语句：

```
>> A = magic(5);
>> A([2 3],1:end) = []
```

结果出错，提示信息如下：

```
Subscripted assignment dimension mismatch.
```

【例4.20】

例4.8中使用循环和单个元素的处理方式，实现了高斯消元法解线性方程组。现在我们将这个实现改用数组下标的形式来完成。

注意：在每次进行高斯消元时，方程组中某个方程的未知数系数所进行的行变换与该方程中的常量所进行的行变换是一样的。因此，可以将方程组的系数矩阵 A 和常数矢量 b 结合成一个"增广矩阵" G。

$$G = [A\ b]$$

然后再按照高斯消元法，在这个增广矩阵上进行行变换。程序代码如下。

vleqsgauss.m

```
function x = vleqsgauss(A,b)
% VLEQSGAUSS - 顺序高斯消元法求解线性方程组Ax = b。
%
%    x = VLEQSGAUSS(A,b)利用顺序高斯消元法求解线性方程组Ax = b。
%
%    如果方程组不能通过高斯消元法求解，即在消元过程中出现主元为0
%    的情况，那么函数将返回空矩阵[]。
%

% 输出赋初值[]，这个值也是高斯消元法无法求解时的异常返回值。
x = [];

n = length(b);
G = [A b];
```

```
% 消元过程
for i = 1:n-1
    if G(i,i)==0 % 当前主元为 0 时表示高斯消元法无法求解。
        return;
    end
    
    for j = i+1:n
        G(j,i+1:end) = G(j,i+1:end) - (G(j,i)/G(i,i))*G(i,i+1:end);
        G(j,i) = 0;
    end
end

if A(n,n)==0
    return;
end

% 回代过程
for i = n:-1:2
    % 求 x(i)
    G(i,n+1) = G(i,n+1)/G(i,i);
    % 从 b(k),k=1,...,i-1,中减去 a(k,i)*x(i)
    G(1:i-1,n+1) = G(1:i-1,n+1) - G(1:i-1,i)*G(i,n+1);
    % 并非必要,只是为了明确表明系数矩阵会变为单位阵
    G(1:i-1,i) = 0;
G(i,i) = 1;
end
G(1,n+1) = G(1,n+1)/G(1,1);
G(1,1) = 1;
x = G(:,end);
```

将上述程序得到的函数应用于一个系数矩阵为 3 阶幻方阵、常数矢量为 $(1,2,3)^T$ 的方程组上,输入如下内容:

```
>> vleqsgauss(magic(3),(1:3)')
```

得到的结果为

```
ans =
    0.0500
    0.3000
    0.0500
```

利用矩阵除法,求解相同的方程组,输入如下内容:

```
>> magic(3)\(1:3)'
```

得到的结果为

```
ans =
    0.0500
```

```
    0.3000
    0.0500
```

可见，两种结果一致。

2. 逻辑型矢量多维下标

数组的每个维度的下标也可以使用逻辑型矢量表示，逻辑型矢量下标中为逻辑真的元素对应被索引的数组元素。例如，要索引矩阵 A 中的第 2 行和第 3 行中第 1 列和第 3 列的元素，可以使用 A([false true true], [true false true])。

逻辑型矢量多维下标的长度可以小于所在维度的大小，这时不足的部分被默认为逻辑假。如果要对被索引的数组元素进行写操作，那么逻辑型矢量多维下标的长度也可以大于所在维度的大小。如果在超出维度大小的那一部分中含有逻辑真的元素，那么 MATLAB 将自动扩充被索引的数组元素，使得这些被索引的数组元素为合法元素。例如，输入如下内容：

```
>> A = magic(3);
>> A(logical([0 0 0 1]), logical([0 0 1 0])) = -1
```

这时逻辑型矢量多维下标指定的元素为第 4 行第 3 列，因此 MATLAB 将自动把矩阵 A 扩充为 3×4 的矩阵，然后进行赋值，得到的结果为

```
A =
     8     1     6
     3     5     7
     4     9     2
     0     0    -1
```

尽管第 2 维度的逻辑型矢量多维下标的长度为 4，但是超出维度大小的那一部分中并没有逻辑真的元素，因此 MATLAB 不会自动扩充第 2 维度的大小。当然，在多维下标中，不同维度也可以使用不同数据类型的下标，例如，输入如下内容：

```
>> A(:, logical([0 1 0])) = []
```

可以将矩阵 A 的第 2 列删除，其中第 1 维度使用的就是数值型矢量多维下标。

在读取被索引的数组元素时，如果逻辑型矢量多维下标的长度超出了其所在维度的大小，并且超出维度大小的那一部分中含有逻辑真的元素，那么将出现下标超限的错误提示。

逻辑型矢量多维下标一般来自关系运算和逻辑运算，而不是手动指定。

4.5.2 一维下标

在 MATLAB 的帮助文档中，一维下标被称为"线性索引"。实际上，对任意维数的 MATLAB 数组，都可以使用一维下标索引其中的一个或多个元素。因为不论是从逻辑上还是从 MATLAB 数组的实现上，数组元素都是排在一个连续的一维内存区中的。数组中的元素在这个一维内存区中的存放方式不止一种，不过，在 MATLAB 中采取的方式是，先遍历较低的维度，将这些维度上的元素依次放入一维内存区，之后再遍历更高的维度。由于 MATLAB 数组的第 1 维度是沿着列的方向，因此，对一个矩阵而言，矩阵元素在一维内存区中是按从左到右各列依次首尾相接而成；对一个三维数组而言，数组元素在一维内存区中的排列方式，是先将第 1 层矩阵的各列首尾相接，之后再以同样的方式放置第 2 层矩阵以及更高层的矩阵。图 4-7 所示为一个 3×4 的矩阵的元素在一维内存区中的排列方式。

对 MATLAB 数组的一维下标，同样可以使用数值型矢量或逻辑型矢量。例如，对 3 阶幻方阵进行如下操作。

输入如下内容：

```
>> A = magic(3)
```

得到的结果为

```
A =
    8    1    6
    3    5    7
    4    9    2
```

其对角线上的 3 个元素的一维下标分别是 1、5、9，因此利用如下语句：

```
>> A([1 5 9])
```

或

```
>> A(logical([1 0 0 0 1 0 0 0 1]))
```

都能读取这些对角线上的元素，得到的结果为

```
ans =
    8    5    2
```

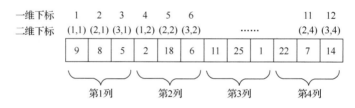

图 4-7　一个 3×4 的矩阵的元素在一维内存区中的排列方式

但是与多维下标不同，使用一维下标时，不可能保证被索引的数组元素能够按照原有的相对位置排列成同样维数的数组，因此这些被索引的数组元素将统一被组成矢量，如在上面的示例中所看到的那样。类似地，可以将被索引的数组元素用空矩阵 [] 进行赋值，以删除这些元素。由于不能保证剩下的元素还能够按原有的相对位置排列成同样维数的数组，因此这些剩下的元素也同样被组成矢量。例如，输入以下内容，将删除 3 阶幻方阵的对角线元素。

```
>> A([1 5 9]) = []
```

得到的结果为

```
A =
    3    4    1    9    6    7
```

剩余的元素将保持它们原有的一维下标的先后次序被组成矢量。但是，即使是矢量，也有行矢量或列矢量的区分。如果被索引的数组为矢量，那么由下标提取得到的矢量将与被索引矢量具有相同的朝向；如果被索引的数组为一般的矩阵或数组，那么由下标提取得到的矢量将与下标具有相同的朝向。也就是说，如果一维下标由一个行矢量所提供，那么提取出的

元素就也会被组成一个行矢量。

一个特例是,当使用单个冒号运算符":"作为一维下标索引任意数组的所有元素时,总是返回一个列矢量,其中元素的排列次序就是原数组中元素在一维内存区中的排列次序。例如,对行矢量 A 进行如下操作:

```
>> A = 1:3
```

得到的结果为

```
A =
     1     2     3
```

如果使用":"作为一维下标,输入如下内容:

```
>> A(:)
```

得到的结果为

```
ans =
     1
     2
     3
```

此时的结果将是一个列矢量。

在使用一维下标索引数组元素时,如果要对这些元素进行赋值操作,那么赋值数组应该为标量,或者是与下标长度相等的矢量。

注意:这时并不会区分矢量的朝向,只要求矢量的长度一致即可。此外,赋值操作并不会改变被赋值数组的结构,而只改变被索引的数组元素的值。例如,输入以下语句,把 3 阶幻方阵 A 的对角线上的元素置为 0。

```
>> A = magic(3);
>> A([1 5 9]) = 0
```

得到的结果为

```
A =
     0     1     6
     3     0     7
     4     9     0
```

而输入如下内容:

```
>> A(:) = 0
```

其作用是,将数组 A 的所有元素清零。

得到的结果为

```
A =
     0     0     0
     0     0     0
     0     0     0
```

它不同于

```
>> A = 0
```

后者是用一个新的、1×1 的全 0 矩阵作为变量 A 的新值。

得到的结果为

```
A =
     0
```

【例 4.21】

图 4-8 所示的几何形状变化过程如下：把一个正三角形的每条边三等分后，将中间的分段用一个朝正三角形外部突出的小三角形替代。于是，经过一次变化后，得到一个正六角星形。之后不断对每次所得图形的每条边按相同的方式进行变化，经过若干次后，会得到怎样的图形？

为了更清晰方便地描述几何形状的变化过程，将每次得到的多边形的顶点沿逆时针方向排列，并用复数描述顶点的坐标。某条边的变化过程如图 4-9 所示，设这条边的起点对应的复数为 p_k，终点对应的复数为 p_{k+1}。变化几次之后，这条边变成了 4 条新多边形的边，在 p_k 和 p_{k+1} 之间增加了 3 个顶点，即 q_1、q_2 和 q_3。如果将顶点 p_k 到 q_1 的向量用复数 v 来表示，那么所增加的 3 个顶点由下式给出：

$$\begin{cases} q_1 = p_k + v \\ q_2 = q_1 + \exp\left(-\mathrm{j}\dfrac{\pi}{3}\right)v \\ q_3 = p_k + 2v = p_{k+1} - v \end{cases}$$

式中，$v = (p_{k+1} - p_k)/3$。

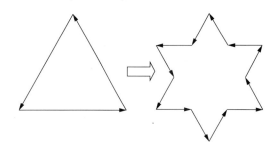

图 4-8　例 4.21 中几何形状的变化过程

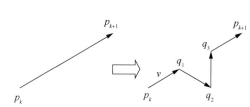

图 4-9　例 4.21 中某条边的变化过程

程序代码如下。

koch.m

```
function koch(n)
% KOCH - 绘制经过 n 轮变形得到的 Koch 雪花。
%
%   KOCH(N)绘制从正三角形开始，经过 N 轮变形得到
% 的 Koch 雪花，并在一个新的图形窗口中绘制所得到的
% 结果。
%

% 生成最初的正三角形的三个顶点。
p = [0 1 exp(complex(0,pi/3))]; % p 为行矢量

% 连续进行 n 轮变形
for i = 1:n
    % p(k+1)构成的行矢量。注意 p(N+1) = z(1)。
```

```
        pp = [p(2:end) p(1)];

        v = (pp - p)/3;

        q1 = p+v;
        q2 = q1 + v*exp(complex(0,-pi/3));
        q3 = p+2*v;

        pm = [p; q1; q2; q3];

        p = pm(:).';
end

plot([p p(1)]);
axis equal;
```

下面详细说明上述程序代码中矢量化处理的思路：

程序将每次变形后所得的多边形顶点的复数表示式存放在一个行矢量 p 中。那么多边形的每条边的起点就分别为 p(1),p(2),⋯,p(end)，而终点则是 p(2),p(3),⋯,p(1)，可见起点组成矢量是 p，而终点则是 pp=[p(2:end) p(1)]。

得到每条边的起点和终点的矢量之后，对每条边进行变形时的复数 v 即可简单地通过 (pp-p)/3 而求得。类似地，可以通过复数数组的运算，简单地获得新加入的多边形顶点 q1、q2 和 q3。

将新顶点插入原顶点之间的处理过程，就利用了数组元素的一维内存区的排列方式。这个插入处理实际上是通过 pm = [p; q1; q2; q3] 来完成的。我们将原顶点的矢量 p 和新顶点的矢量 q1、q2、q3 依次在垂直方向上进行拼接，得到矩阵 pm。注意：MATLAB 矩阵的元素在一维内存区中的存放是通过逐列首尾相接的方式完成的，因此在第 1 个原顶点 p(1) 之后，就是第 1 个新插入的顶点 q1(1)，之后是第 2 个和第 3 个新插入的顶点 q2(1) 和 q3(1)。至此，原多边形第 1 条边中需要插入的顶点就都已经就绪了，接下来的元素则是 pm 的第 2 列第 1 个元素，即 p(2)，它同时也是原多边形第 1 条边的终点和第 2 条边的起点。由此可见，在 pm 的一维内存区中存放的就是按次序排列好的新多边形的顶点。

之后利用 pm(:) 将新多边形的顶点强制转换为列矢量，再通过数组转置运算符 .' 就得到了新顶点的行矢量，从而能够继续下一轮循环。

注意：这里必须使用数组转置，因为顶点的坐标是用复数表示的，所以顶点矢量也是复数数组。如果使用矩阵共轭转置，将破坏数组的值。

输入以下内容：

```
>> koch(5);
```

正三角形经过 5 次变形后得到的图形如图 4-10 所示。这个图形是一种著名的分形图形，称为科赫雪花。

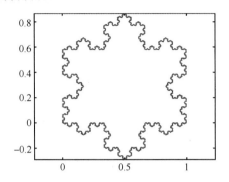

图4-10 正三角形经过5次变形后得到的图形

实际上，通过观察可发现一维下标和多维下标之间的一一对应关系。例如，对一个 $m×n$ 的矩阵，其多维下标 (i,j) 对应的一维下标为 $(j–1)n + i$；对 $m×n×p$ 的三维数组，其多维下标 (i,j,k) 对应的一维下标为 $(k–1)mn + (j–1)n + i$。更高维数数组的一维与多维下标的转换以此类推。在实际应用中，可能出现某些计算中使用一维下标较为方便而另一些计算中使用多维下标较为方便的情况，因此 MATLAB 提供了两种下标之间的转换函数，以满足不同的应用需求。

sub2ind 函数用于将多维下标转换为一维下标。J = sub2ind(sz,I1,I2,...,In) 将对大小为 sz 的数组进行下标转换，而 I1,I2,…,In 则是需要进行转换的、由各个维度的下标构成的大小相同的数组，这些数组相同位置上的元素共同构成了一个多维下标。也就是说，I1,I2,…,In 所确定的下标其实是 (I1(1),I2(1),...,In(1)),(I1(2),I2(2),...,In(2)),…sub2ind 所返回的就是这些多维下标对应的一维下标 J。

而 ind2sub 的作用则相反。[I1,I2,...,In] = ind2sub(sz,ind) 将大小为 sz 的数组中的一维下标 ind 转换为多维下标，多维下标在各个维度的分量分别组成数组 I1,I2,…,In 并返回。

例如，输入下面的代码，其结果是先把5阶幻方阵的对角线上的元素设为0，再将反对角线上的元素由上至下分别设为–1至–5

```
>> A = magic(5);
>> A(sub2ind(size(A),1:5,1:5)) = 0;
>> A(sub2ind(size(A),1:5,5:-1:1)) = -1:-1:-5
```

得到的结果为

```
A =
     0    24     1     8    -1
    23     0     7    -2    16
     4     6    -3    20    22
    10    -4    19     0     3
    -5    18    25     2     0
```

还一个与数组元素的一维内存区排列方式有关的函数是 reshape。B = reshape(A,sz) 将 A 变形成大小为 sz 的数组 B，即 size(B) 和矢量 sz 相等，且 A 和 B 中的元素的一维内存区排列方式相同。这也隐含地要求 sz 中所给定的 B 的各维度大小的总乘积必须等于 numel(A)。

例如，选择一个2×3的矩阵 A，输入如下内容，

```
>> A = [1:3;4:6]
```

得到的结果为

```
A =
     1     2     3
     4     5     6
```

再输入如下内容：

```
>> B = reshape(A,3,2)
```

得到的结果为

```
B =
     1     5
     4     3
     2     6
```

由此，2×3 的矩阵变形为 3×2 的矩阵。

4.5.3 逻辑数组下标

除了使用矢量作为下标，MATLAB 还支持使用与被索引数组相同大小的逻辑型数组作为下标，在下标值为逻辑真的位置对应被索引数组中的被索引元素。类似一维下标，采用这种方式指定的被索引元素是无法保证能够拼接成一个相同维数的较小数组的。因此，这些元素将作为一个矢量被读取，并且它们在矢量中的先后顺序与在原数组中的一维下标的顺序相同。

逻辑数组下标总是通过数组的关系运算、逻辑运算和某些测试函数产生的，因此，逻辑数组下标所指定的数组元素就是满足这些关系和逻辑条件的元素。如果需要对满足一定条件的数组元素进行筛选和处理，那么利用 MATLAB 的逻辑数组下标以及数组运算，就可以十分简洁地完成筛选和处理，而不必使用循环遍历元素在循环内部进行判断。

【例 4.22】

以下指令从伪随机数发生器的默认种子数开始，生成 10000 个正态分布的随机数，然后将其中绝对值大于 3 的数删除。

```
>> rng('default');
>> v = randn(10000,1);
>> v(abs(v)>3) = [];
```

删除之后，剩余的随机数个数为

```
>> length(v)
ans =
        9971
```

【例 4.23】

绘制[0,1]区间上的分段线性函数的曲线。

$$f(x)=\begin{cases} \dfrac{1}{3}x, & x\in\left[0,\dfrac{3}{8}\right] \\ 3x-1, & x\in\left(\dfrac{3}{8},\dfrac{5}{8}\right] \\ \dfrac{1}{3}x+\dfrac{2}{3}, & x\in\left(\dfrac{5}{8},1\right] \end{cases}$$

输入如下内容:

```
>> x = 0:0.005:1;
>> y = 3*x-1;
>> y(x<=3/8) = x(x<=3/8)/3;
>> y(x>5/8) = x(x>5/8)/3 + 2/3;
>> plot(x,y);
```

得到的曲线如图 4-11 所示。

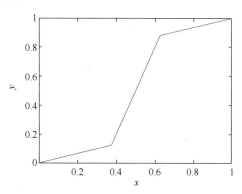

图 4-11 例 4.23 分段线性函数的曲线

可见，使用逻辑数组下标不仅可以使代码更加简洁，在很多常见的情况下能够避免使用循环和判断结构，而且由于其直接在下标中体现了判断条件，因此代码的含义更为直观，可读性更好。

与逻辑数组下标密切相关的一个函数是 find 函数。find 函数可以用于寻找数值型或逻辑型数组中非 0 元素的下标并返回，当它被用于寻找通过关系或逻辑运算得到的逻辑数组下标时，就可以实现逻辑数组下标与多维/一维下标之间的转换。

I=find(X) 用于获取数组 X 中非 0 元素的一维下标，然后把它们按照由小到大的顺序排列为矢量并返回。I = find(X,K) 或 I = find(X,K,'first') 用于返回一维下标中最小的 K 个；I = find(X,K,'last') 用于返回最大的 K 个。

[I,J] = find(X,...) 用于获取矩阵 X 中非 0 元素的二维下标，然后把这些二维下标的第 1 维度和第 2 维度的下标值分别组成矢量 I 和 J 并返回。仍然根据一维下标值，由小到大排列顺序。需要注意的是，对于更高维度的数组 X，find 函数会将第 3 维度以及更高维度都折算到第 2 维度中，再确定下标值。

[I,J,V] = find(X,...) 除了用于获取矩阵 X 中非 0 元素的二维下标，还用于把这些元素的值组成矢量 V 并返回。

4.6 异质数据容器

MATLAB 中的异质数据容器包括元胞数组、结构体数组和表等类型。它们的共同特点在于它们的元素可以为任何类型的数组，甚至是别的异质数据容器，从而形成一种深层的嵌套结构，并且为不同类型数据的组织和存储提供了一种灵活的方式。

4.6.1 元胞数组

元胞数组是一种可以包含任意类型、任意大小数组的数组。

1. 生成元胞数组

利用{}符号可以手动生成元胞数组。例如，输入如下命令：

```
>> C = {[1 2; 3 4], 'name'
Inf {'short' 'loooooooong'}}
```

生成一个2×2的元胞数组：

```
C =
    [2x2 double]    'name'
    [       Inf]    {1x2 cell}
```

其中，第1行第1列的元素是一个2×2的矩阵，第1行第2列是一个字符数组，第2行第1列是一个标量，而第2行第2列则是由两个长度不等的字符数组构成的元胞行矢量。

可见，在使用{}符号生成元胞数组时的做法与使用[]符号生成普通数组的做法类似：同一行的相邻元素之间用逗号或空格隔开，相邻两行元素用换行符或分号隔开。

使用{}符号可以生成一个空的元胞数组，而使用{[]}符号则生成一个1×1的元胞标量，其中的元素为一个空矩阵。

如果要生成更大、更高维数的元胞数组，可以使用cell函数。cell函数的使用方式类似zeros函数，例如，使用cell(5)，将生成一个5×5的元胞数组；使用cell([3 5 7])，将生成一个3×5×7的三维元胞数组。用cell函数生成元胞数组时，元胞数组内的元素都将被初始化为空矩阵。

2. 访问元胞数组的元素

可以通过两种形式访问元胞数组的元素，一种是使用普通数组的()符号进行访问，另一种是使用{}符号进行访问。

使用{}符号可以提取下标指定位置上的元胞数组元素的"内容"，如图4-12所示。

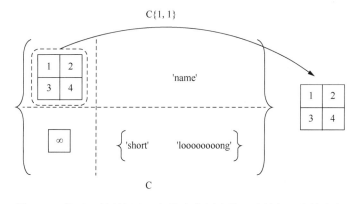

图4-12 使用{}符号提取下标指定位置上的元胞数组元素的内容

以图 4-12 中的元胞数组为例，C{1,1}用于提取第 1 行第 1 列处的 2×2 双精度浮点数矩阵，输入如下内容：

```
>> a = C{1,1}
```

得到的结果为

```
a =
     1     2
     3     4
```

再输入如下内容：

```
>> class(a)
```

得到的结果为

```
ans =
double
```

若希望得到第 2 行第 2 列的元胞行矢量中的第 2 个字符数组，则需要使用如下语句：

```
>> s = C{2,2}{2}
```

得到的结果为

```
s =
loooooooong
```

如果要把第 1 行第 1 列的元胞数组的第 2 行第 1 列元素改为 10，应使用如下语句：

```
>> C{1,1}(2,1) = 10;
>> C{1,1}
```

得到的结果为

```
ans =
     1     2
    10     4
```

使用()符号相当于把元胞数组视为普通的数组进行操作。通过()符号读取的数组元素或子数组，实际上仍然是与原数组相同类型的数组。例如，对双精度浮点数的数组A使用A(1,2)或A(5:end)等方式访问其元素时，得到的结果仍然是一个双精度浮点数的数组。因此，对元胞数组来说，使用()符号访问其中的元素时，将仍然得到一个元胞数组：如果下标指定的是单个元素，那么读取的就是以该下标指定位置的元素"内容"为元素的一个元胞标量；如果下标指定的是多个元素，那么读取的就是以这多个元素的"内容"为元素的一个适当形式的元胞数组，如图 4-13 所示。

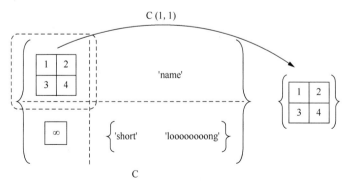

图 4-13　利用()提取元胞数组中的给定元素

例如，对前面的元胞数组 C，使用 C(1,:) 可以得到一个元胞行矢量，即 C 的第 1 行所构成的元胞行矢量。

输入如下内容：

```
>> v = C(1,:)
```

得到的结果为

```
v =
    [2x2 double]    'name'
```

再输入如下内容：

```
>> v{1}
```

得到的结果为

```
ans =
     1     2
    10     4
```

使用 C(2,1) 可以得到一个元胞标量，其值为双精度浮点数标量 Inf。

输入如下内容：

```
>> v = C(2,1)
```

得到的结果为

```
v =
    [Inf]
```

再输入如下内容：

```
>> class(v)
```

得到的结果为

```
ans =
cell
```

在 {} 符号中也可以指定多个下标，例如，可以使用 C{1:2} 指定 C 中第 1 列的两个元素中的内容。但是这两个元素中的内容并不是作为一个整体返回，而是分别作为两个单独的输出量返回。若用函数作为类比，C{1:2} 实际上有两个输出量。如果使用 v = C{1:2}，那么 v 只会接受 C{1:2} 所返回的第 1 个输出量，即 C{1}，而 C{2} 将被丢弃。如果希望两个输出量都能保留，那么需要使用类似 [v,w] = C{1:2} 的方式，此时 w = C{2}。

类似普通数组，通过 () 符号索引的元胞数组的元素也可以按照相同的规则，以合适大小的数组进行赋值。但是需要强调的是，在对数组元素进行赋值时，被索引的数组和被赋予的值必须具有相同的或可隐式转换的兼容的数据类型。因此，对元胞数组而言，对它的某些元素（而非元素的内容）进行赋值，要求被赋予的值也是元胞类型：或者是元胞标量，或者是合适大小的元胞数组。

例如，输入以下代码，将生成一个长度为 5 的元胞行矢量，并将其中每个元素的内容分别赋值为双精度浮点数标量 1~5：

```
>> v = cell(1,5);
>> v(:) = {1;2;3;4;5}
```

得到的结果为

```
v =
    [1]    [2]    [3]    [4]    [5]
```

在这里,对 v 这个元胞行矢量进行赋值的,是一个长度同样为 5 的元胞列矢量,这个列矢量中每个元素的值依次为双精度浮点数标量 1~5,而不是一个由 1~5 组成的双精度浮点数矢量。如果使用如下方式来赋值:

```
>> v(:) = {1:5}
```

那么结果将是 v 中每个元素的内容都被设置为 1:5 这个双精度浮点数行矢量,因为{1:5}并不会生成长度为 5 的元胞矢量,而是一个元胞标量,该元胞标量的内容是双精度浮点数矢量 1:5。

若通过{}符号对多于 1 个的元素的内容进行赋值,则会导致错误,因为{}符号索引的多个元素内容并不是作为一个整体返回,而是以多个分散的值返回的。例如,输入如下内容:

```
>> C{1:2} = 20
```

并不会将元胞数组 C 的第 1 列的两个元素内容设置为双精度浮点数标量 20,而会出现如下错误提示:

```
The right hand side of this assignment has too few values to satisfy
 the left hand side.
```

赋值号左侧是两个值,而右侧只能提供一个值。正确的做法应该是输入如下内容:

```
>> C(1:2) = {20}
```

得到的结果为

```
C =
    [20]    []
    [20]    []
```

3. 元胞数组的常用处理

1)元胞数组的拼接

元胞数组的拼接可以通过 cat 函数完成。对元胞矩阵,同样可以使用[]符号完成拼接,拼接的规则与普通数组相同。例如,输入下列代码,就可把一个长度为 3 的元胞行矢量与一个长度为 2 的元胞行矢量在水平方向进行拼接。

```
>> a = cell(1,3);
>> b = cell(1,2);
>> c = [a b]
```

得到一个长度为 5 的元胞行矢量:

```
c =
    []    []    []    []    []
```

注意:如果错将[]用作{},例如

```
>> c = {a b}
```

那么结果将是一个长度为 2 的元胞行矢量,其中的两个元素的内容又分别是{}中的两个元胞矢量:

```
c =
    {1x3 cell}    {1x2 cell}
```

如果希望在上述的元胞矢量 a 末尾增加一个元素,其内容为标量 0,那么应该使用以下语句:

```
>> a = [a {0}]
```
得到的结果为
```
a =
    []    []    []    [0]
```
因此，在[]中进行拼接的矩阵都必须是元胞矩阵。

2）元胞数组的显示

除了使用普通的 disp 函数或不以分号结束的语句形式显示元胞数组，MATLAB 还提供了 celldisp 函数和 cellplot 函数，以专门显示元胞数组的内容。

celldisp(C)用于显示 C 的每个元素的内容，这种显示是递归的。也就是说，如果 C 的某个元素的内容又是一个元胞数组，那么 celldisp 函数将把这些"子元胞数组"的每个元素的内容也同样显示出来。例如，对元胞数组执行以下程序：

```
>> C = {[1 2;3 4] 'name'
{'type' 'price'} struct('f1',{1,1},'f2',{2,2})};
```
使用 celldisp 函数显示其内容：
```
>> celldisp(C)
```
得到的结果为
```
C{1,1} =
    1    2
    3    4
C{2,1}{1} =
type
C{2,1}{2} =
price
C{1,2} =
name
C{2,2} =
1x2 struct array with fields:
    f1
    f2
```

cellplot(C)则使用图形的方式显示 C 的内容。

3）元胞数组与普通数组的转换

A = cell2mat(C)可以用于把元胞数组 C 转换为基础数据类型的普通数组 A。这时，C 中各个元素的内容可以被视为分块的子数组，而转换过程相当于按照 C 中这些分块的排列方式把它们进行拼接。因此，需要满足数组拼接的大小要求，否则，结果将不确定。例如，输入如下元胞数组：

```
>> C = {[1 2;3 4] [5;6]; [7 8] 9}
>> cell2mat(C)
```
进行转换后的结果为
```
ans =
    1    2    5
    3    4    6
    7    8    9
```

C = mat2cell(A,D1,D2,D3,...) 是 cell2mat 的逆操作，它根据各维度指定的分块大小 D1, D2, …，将基础数据类型的普通数组 A 分块成子数组，并以这些子数组作为元素内容构成元胞数组 C。D1, D2, …，均为矢量，依次给出了各个分块在第 1 维度、第 2 维度……的大小。因此，每个矢量中的元素之和应等于数组 A 相应维度的大小。例如，对 D1 矢量来说，其元素之和应等于 size(A,1)。输入以下代码，可以把一个 7 阶幻方阵的第 1 维度分为 2、3、2 大小的分块，第 2 维度分为 3、1、3 大小的分块，并将这些分块以元胞数组的形式组织起来。

```
>> A = magic(7);
>> C = mat2cell(A,[2 3 2],[3 1 3])
```

输出结果：

```
C =
    [2x3 double]    [2x1 double]    [2x3 double]
    [3x3 double]    [3x1 double]    [3x3 double]
    [2x3 double]    [2x1 double]    [2x3 double]
```

num2cell 用于把数值型数组转换为元胞数组。例如，C=num2cell(A) 将数值型数组 A 转换为相同大小的元胞数组 C，C 中的每个元素的内容等于 A 中相应元素。例如，将如下数值型数组 A 转换为元胞数组。

```
>> A=[1 2;3 4];
>> num2cell(A)
```

得到的结果为

```
ans =
    [1]    [2]
    [3]    [4]
```

C = num2cell(A,[D1,D2,...]) 用于沿着 A 的 D1, D2, …，等维度提取 A 的子数组，然后将它们组成沿这些维度进行投影后的大小的元胞数组。考虑如下的三维数组 A：

```
>> A = cat(3, zeros(3), magic(3), ones(3));
```

如果输入下列语句：

```
>> C = num2cell(A,3)
```

那么 num2cell 函数就会把 A 中每行每列的所有 3 层上的元素组成一个 1×1×3 的子数组，然后以这些子数组构成一个沿第 3 维度进行投影后的元胞数组，即行数和列数与 A 相同的一个元胞矩阵：

```
C =
    [1x1x3 double]    [1x1x3 double]    [1x1x3 double]
    [1x1x3 double]    [1x1x3 double]    [1x1x3 double]
    [1x1x3 double]    [1x1x3 double]    [1x1x3 double]
```

输入如下内容：

```
>> C{1,1}
```

得到的结果为

```
ans(:,:,1) =
    0
ans(:,:,2) =
    8
ans(:,:,3) =
    1
```

如果输入如下内容：

```
>> C = num2cell(A,[1 3])
```

那么 num2cell 函数就会把 A 中每列的所有 3 行和 3 层的元素组成一个 3×1×3 的子数组，相当于沿列的方向将 A 分成若干子数组，然后将这些子数组构成一个列数与 A 相同的元胞矢量：

```
C =
    [3x1x3 double]    [3x1x3 double]    [3x1x3 double]
```

4) cellfun

cellfun 函数可用于对元胞数组进行矢量化运算。

A = cellfun(fun,C) 将函数用于元胞数组 C 的每个元素，并把所得的结果拼接为数组 A，即 A(i) = fun(C{i})。数组 A 与元胞数组 C 大小相同。

【例 4.24】

设元胞行矢量 C 的长度为 3，并且其中的元素依次为行矢量 1：3、4：6 和 7：9。

输入如下内容：

```
>> C = {1:3 4:6 7:9}
```

得到的结果为

```
C =
    [1x3 double]    [1x3 double]    [1x3 double]
```

现在希望将元胞行矢量 C 转换为一个 3×3 的矩阵，该矩阵的各行依次为元胞行矢量 C 中各元素的行矢量。此时，不能直接使用 cell2mat 函数，因为以此方法获得的行矢量将是一个长度为 9 的行矢量。

有多种方式可以完成上述任务，在此演示 3 种方法。

方法 1：利用 cellfun 函数先对元胞行矢量 C 中各元素的行矢量进行转置，然后再进行拼接。

输入如下内容：

```
>> f = @(x) {x.'};
>> A = cellfun(f,C)
```

得到的结果为

```
A =
    [3x1 double]    [3x1 double]    [3x1 double]
```

再输入如下内容：

```
>> m = cell2mat(A).'
```

得到的结果为

```
m =
    1    2    3
    4    5    6
    7    8    9
```

在这个方法中,需要注意以下几点:cellfun 中对元胞行矢量 C 的每个元素进行的函数操作 fun,都需要返回一个"标量"结果。为此,我们将转置之后的矢量通过{}符号包装为一个元胞标量,通过这种方式得到的 cellfun 返回数组 A 也是一个元胞数组,它是一个长度为 3 的元胞行矢量,但是每个元素是一个列矢量。然后使用 cell2mat 函数把它们拼接为矩阵,但是这个矩阵与所需的结果还存在转置的差别,因此,还需要进行一次数组转置。

方法 2:首先将元胞行矢量 C 转为元胞列矢量,然后再进行拼接。

输入如下内容:

```
>> m = cell2mat(C(:));
```

方法 3:直接在元胞行矢量 C 上进行拼接,然后再利用 reshape 函数得到所需的矩阵。

输入如下内容:

```
>> m = reshape(cell2mat(C),3,3).';
```

注意:这时 reshape 函数的结果与所需的结果之间仍然存在转置的差别。

A = cellfun(fun,C1,C2,...) 相当于 A(i) = fun(C1{i},C2{i},...),因此 A 和 C1、C2、…,均为大小相同的数组。

4. 函数的可变长度输入/输出参数

元胞数组的一个常见的用途,就是用于提供函数的可变长度输入/输出参数。在前面章节中,已经出现过不少具有可变长度输入/输出参数的函数,如 sum、max 等函数。可变长度输入/输出参数为函数提供了一种更为灵活的接口方式,并能实现默认输入参数的功能。

【例 4.25】

使用以下函数能够获取太阳系行星的卫星数量及名称。

satinfo.m

```
function [numsat, varargout] = satinfo(varargin)
% SATINFO - 获取太阳系行星的卫星信息。
%
% [SATNUM,SAT1NAME,SAT2NAME,...] = SATINFO(PLANET,INENGILISH)
% 获取字符串 PLANET 指定的行星的卫星数量 SATNUM,以及各个卫星的名称
% SAT1NAME、SAT2NAME、……如果 INENGLISH 非 0,函数将返回卫星的中文
% 名称,否则返回卫星的英文名称。如果卫星名称的输出参数数量大于该
% 行星的卫星数量,超出部分的卫星名称将被置为空字符数组,且函数将
% 报警。
%
%    ... = SATINFO(PLANET)返回卫星的中文名称。
%
%    ... = SATINFO()将返回地球卫星的中文名称。
```

```
%
planet = '地球';
en = false;
if nargin > 0
    planet = varargin{1};
end
if nargin > 1
    en = varargin{2};
end

switch planet
    case {'水星', 'mercury'}
        numsat = 0;
        if nargout > 1
            for i = 1:nargout-1
                varargout{i} = '';
            end
            warning('水星没有卫星');
        end
    case {'地球', 'earth'}
        numsat = 1;
        if nargout > 1
            if en
                varargout{1} = 'moon';
            else
                varargout{1} = '月球';
            end
        end
        if nargout > 2
            for i = 2:nargout-1
                varargout{i} = '';
            end
            warning('地球仅有1颗卫星');
        end
    otherwise
        numsat = [];
        if nargout > 1
            for i = 1:nargout-1
                varargout{i} = '';
            end
        end
        error('无法识别的行星名');
end
```

在上述程序代码中，satinfo 函数的输入参数列表中的 varargin 和输出参数列表中的 varargout 分别是可变长度输入参数和可变长度输出参数。可变长度输入参数和输出参数必须出现在所有显式声明的输入参数和输出参数之后，上述程序代码中的 satnum 就是一个显式声明的输出参数。varargin 和 varargout 均为元胞行矢量，其每个元素就分别对应可变长度参数列表中的一个参数。

例如，调用 [sn,n1,n2]=satinfo('水星',1)，在刚进入函数时，varargin 是一个 1×2 的元胞数组 {'水星',[1]}。因此，在程序代码中可以利用 length(varargin) 来获取可变长度参数列表中参数的个数。但是要注意的是，函数不会因为上述调用中对应可变长度输出的位置上有两个参数，就自动在刚进入函数时就将 varargout 初始化为 1×2 大小的元胞数组，此时的 varargout 是一个空的元胞数组。只有在程序代码中对 varargout 的元素进行赋值时，varargout 才会变为相应的长度。因此，使用 length(varargout) 并不能获得调用函数时所需要的输出参数的个数。

MATLAB 提供了两个函数，分别用于获得调用函数时所需要的输入参数和输出参数的个数，这两个函数是 nargin 和 nargout。它们所给出的输入参数和输出参数的个数是包括显式声明参数和可变长度参数的总的参数个数。因此上述调用中的 nargin 将返回 2，它同时也是可变长度输入参数的个数；而 nargout 的值将返回 3，包括 1 个显式声明参数和 2 个可变长度输出参数。

注意：上述程序代码在函数内设置输入参数默认值的方式。如果可变长度输入参数列表提供了足够数量的输入参数，函数就根据这些输入参数确定 planet 和 en 变量的值；否则，就使用函数内部预设的默认值。

4.6.2 结构体数组

结构体通过"字段"将不同的数据组合在一起。一个结构体可以具有任意多个名称不同的字段，每个字段都可以存放任意类型、任意大小的数据。

使用结构体的主要目的，是以一种对于程序和开发者来说更为易懂、直观的方式来组织数据。类似于在 MATLAB 中生成新变量，我们可以直接对一个尚不存在的变量，或者是已经存在的结构体变量的尚不存在的字段进行赋值，生成所需要的字段。例如，输入如下内容：

```
>> s.name = '孙悟空';
>> s.gender = 1;
>> s.ability = [99 100 55 80 20];
```

如果变量 s 尚不存在，那么上述语句将生成一个结构体标量 s，它具有 3 个字段，依次为 name、gender 和 ability，其中 name 字段的值为字符数组，gender 字段的值为一个标量，ability 字段的值则是一个行矢量。如果现在希望将变量 s 扩充成一个长度为 5、由相同字段的结构体构成的结构体矢量，那么就可以使用如下语句：

```
>> s(5).ability = []
```

得到的结果为

```
s = 
1x5 struct array with fields:
    name
    gender
    ability
```

这时变量 s 就变为了一个长度为 5 的结构体行矢量,并且新增元素的未被显式赋值的字段都被赋予了空矩阵[]作为初始值。

也可以使用 struct 函数生成任意大小的结构体数组。使用 S = struct('field1', V1,'field2',V2,...) 将生成一个字段名依次为 field1, field2, … 的结构体数组,其中 V1, V2, … 为大小相同的元胞数组,所生成的结构体数组 S 的大小也与 V1, V2, … 相同,V1, V2, … 中的元素就分别作为初始值被赋给了结构体数组中各元素的相应字段,即 S(i).field1 = V1{i}, S(i).field2 = V2{i}, …。例如,输入如下内容:

```
>> s = struct('id', num2cell((1:5)'), ...
'name', cell(5,1), 'score', num2cell(zeros(5,1)))
```

将生成一个具有 id、name、score 3 个字段、长度为 5 的结构体列矢量,其中 id 字段依次被初始化为 1~5,name 字段均为[],score 字段均为 0。

利用 cell2struct 函数和 struct2cell 函数,可以实现结构体数组和元胞数组之间的转换,进而可以实现结构体数组与普通数组之间的转换。具体用法请自行查阅 MATLAB 帮助文档。

此外,可以利用[]符号将结构体数组的某个字段的值全部抽取并拼接为一个普通数组。例如,使用[s.score]就可以将 s 的 score 字段的值水平拼接为一个行矢量。不过,此时需要保证这些值的大小是能够进行拼接的。

如果要对结构体数组进行矢量化处理,可以使用 arrayfun 函数。arrayfun 函数的用法类似于 cellfun 函数,只不过它作用在非元胞数组之上时,数组中的元素是通过()而不是通过{}访问的。具体用法可自行查阅 MATLAB 帮助文档。

4.6.3 表

table 数据类型最适合的应用场景是像 Excel 表格或关系数据库那样的二维矩阵,其中每列对应一种"属性",每行对应一个"记录"或"对象"。不同列即不同属性可以具有不同的数据类型,但是同一列的元素应是同一种类型,尽管利用元胞列矢量作为列同样可以突破这一限制。

table 类型的数组可以通过 table 函数,直接由工作空间中现有的变量生成。例如,输入以下代码,可以生成一个 5 行 3 列的 table 变量 T:

```
>> gender = ["male"; "male"; "female"; "male"; "male"];
>> age = randi([20 60],5,1);
>> perf = randi([50 300],5,1);
>> T = table(gender, age, perf)
>> T = table(gender, age, perf)
```

输出结果为

```
T =
  5×3 table
    gender      age     perf
    _____      ___     ____

    "male"      26       85
```

```
"male"      59    155
"female"    59    279
"male"      39    248
"male"      52    290
```

对表中数据的访问可以使用数值下标，例如，使用 T(1:3,[1 3])，将生成一个子表，其中包括了 T 中的前 3 条记录，并且只包括 gender 和 perf 这两个属性。

输入如下内容：

```
>> T(1:3,[1 3])
```

输出结果为

```
ans =
 3×2 table
    gender     perf
    _____     ____
    "male"      85
    "male"     155
    "female"   279
```

也可以使用属性名进行，例如，使用 T.gender([2 3 5]) 就返回 gender 属性的第 2、3、5 条记录，并且按照 gender 属性的数据类型，这些记录作为一个字符串列矢量返回。
输入如下内容：

```
>> T.gender([2 3 5])
```

输出结果为

```
ans =
 3×1 string 数组
   "male"
   "female"
   "male"
```

除了可以对列命名，表中的每行也可以被命名。例如，以下代码使用以字符数组为元素的元胞矢量，对 T 中的各行进行命名：

```
>> name = {'Zhao Yanhong'; 'Qian Yun'; ...
'Sun Mingzhu'; 'Li Huateng'; 'Zhou Jun'};
>> T.Properties.RowNames = name
```

输出结果为

```
T =
 5×3 table
                   gender     age   perf
                   _____     ___   ____
   Zhao Yanhong    "male"      26    85
   Qian Yun        "male"      59   155
   Sun Mingzhu     "female"    59   279
   Li Huateng      "male"      39   248
   Zhou Jun        "male"      52   290
```

命名之后，在下标中就可以使用名称或数值来访问表中的元素了。例如，要获取由 Zhou Jun 和 Sun Mingzhu 的所有属性构成的子表，可以使用以下语句：

```
>> T({'Zhou Jun' 'Sun Mingzhu'}, :)
```

输出结果为

```
ans =
  2×3 table

                  gender      age    perf
                  _____      ___    ____

    Zhou Jun      "male"      52     290
    Sun Mingzhu   "female"    59     279
```

如果要获取由 Qian Yun 的 gender 和 perf 属性构成的子表，可以使用以下语句：

```
>> T('Qian Yun', {'gender', 'perf'})
```

输出结果为

```
ans =
  1×2 table

                gender    perf
                _____    ____

    Qian Yun    "male"    155
```

当然，不管是使用数值下标还是名称下标，() 所返回的仍然是 table 类型的数据，而 table 类型的数据并不能参与一般的运算。例如，使用 T(1,2)+5，将导致出错。若要对表中元素的内容进行处理，则需要采用类似元胞数组的方式，用 {} 访问这些元素，即应该使用 T{1,2}+5。

与表相关的函数包括表与普通数组、元胞数组、结构体数组之间的相互转换函数。另外，表数据类型频繁用于诸如电子表格文件所记录数据的处理，而这些数据中常常会出现丢失或非法的值。因此，针对表类型，也专门提供了诸如 ismissing、rmmissing、fillmissing 之类用于数据清理的函数，以及 readtable 等用于读取电子表格文件的函数等。具体内容在此不做详细介绍，感兴趣的读者可参阅 MATLAB 帮助文档。

练　习

4-1 输入下列向量或矩阵。

（1）(1001, 1002, 1001, 998, 997, 1003, 1000, 1000, 999, 997)

（2）$(0.000014, 0.000028, 0.000017, -0.000033, 0.000109, -0.000011, 0.000005)^T$

（3）$\begin{bmatrix} 5 & 8 & 3 \\ 1 & 2 & 3 \\ 2 & 4 & 6 \end{bmatrix}$

（4）$\begin{bmatrix} -1 & 1 & & & \\ 10 & -1 & 2 & & \\ & 9 & -1 & \cdots & \\ & & \cdots & \cdots & 10 \\ & & & 1 & -1 \end{bmatrix}$

（5） $\mathbf{A}_{20\times20} = \begin{bmatrix} 1 & 2 & \cdots & 10 & 0 & 0 & 0 & \cdots & 0 \\ 3 & 6 & \cdots & 30 & 0 & 0 & 0 & \cdots & 0 \\ 5 & 10 & \cdots & 50 & 0 & 0 & 0 & \cdots & 0 \\ \vdots & \vdots & & \vdots & \vdots & \vdots & \vdots & & \vdots \\ 19 & 38 & \cdots & 1900 & 0 & 0 & 0 & \cdots & 0 \\ 1 & 1 & \cdots & 1 & 1 & 3 & 5 & \cdots & 19 \\ 1 & 1 & \cdots & 1 & 2 & 6 & 10 & \cdots & 30 \\ \vdots & \vdots & & \vdots & \vdots & \vdots & \vdots & & \vdots \\ 1 & 1 & \cdots & 1 & 10 & 30 & 50 & \cdots & 190 \end{bmatrix}$

4-2 生成一个 5 阶幻方矩阵，并验证$(1,1,1,1,1)^T$是它的一个特征矢量。

4-3 生成大小均为 4×5 的矩阵 A 和 B，其中 A 的每行都是由 1～5 的等差数列构成的行矢量，B 的每列都是由 1～4 的等差数列构成的列矢量。

4-4 生成矩阵 $P = \begin{bmatrix} A & B & A & B & A & B \\ C & D & C & D & C & D \end{bmatrix}$，其中，$A$ 是一个 3 阶幻方阵，B 是一个 3 阶全 1 元素方阵，C 是一个 3 阶单位阵，D 是一个 3 阶全 0 元素方阵。

4-5 一个总质量为 280kg 的机械部件由 4 个组成部分构成。这 4 个部分各自的质量和重心位置（m）分别如下：#1 部分质量为 96kg，重心为(0, 0, 0.3)；#2 部分质量为 38kg，重心为(0.5, 0, 0.1)；#3 部分质量为 64kg，重心为(0.25, 0.45, 0.15)；#4 部分质量为 82kg，重心为(−0.1, −0.35, 0.4)。请计算出该机械部件的重心位置。

4-6 一家糕点店制作若干中式糕点，每种糕点所需配料的质量见表 4-4。各种配料的价格如下：面粉的价格为 23.90 元/5kg，糖的价格为 7.3 元/kg，鸡蛋的价格为 9.2 元/kg，奶油的价格为 19.60 元/200g。

表 4-4 糕点配料质量

配料 \ 糕点品种	A	B	C	D
面粉 / g	50	150	300	100
糖 / g	30	50	150	70
鸡蛋 / g	50	100	150	50
奶油 / g	20	50	100	50

假设某天糕点店制作的糕点数量如下：A 糕点 140 份，B 糕点 80 份，C 糕点 30 份，D 糕点 100 份。请计算这一天糕点店所用的配料成本。

4-7 求解下列线性方程组：

（1） $\begin{cases} 5x + 3y - z = 10 \\ 3x + 2y + z = 4 \\ 4x - y + 3z = 12 \end{cases}$ （2） $\begin{cases} 3x + y + z + w = 24 \\ x - 3y + 7z + w = 12 \\ 2x + 3y - 3z + 4w = 17 \\ x + y + z + w = 0 \end{cases}$

4-8 对如图 4-14 所示的电阻网络，请分别根据基尔霍夫电流定理和电压定理列出相应的方程，并分别求解节点电压和回路电流。

4-9 请编写一个 MATLAB 程序,用于实现函数 solvernet 功能,并用该函数求解一般的电阻网络问题。电阻网络用矩阵 R 表示,R 的每行和每列均对应网络中的一个节点,$R(i,j)$ 对应节点 i 和节点 j 之间的阻值。每个节点到其自身视为断路,即 $R(i,i) = \infty$。solvernet 函数的输入量依次为矩阵 R 以及两个等长度的向量 n 和 v,n 中的元素表示外加电压的节点编号,v 中的元素表示相应的外加电压的大小。输出量为电阻网络各个节点的电压所构成的向量 u。

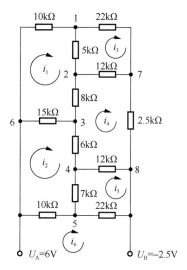

图 4-14 电阻网络

4-10 图 4-15 所示的分离器用于分离水、甲醇和乙醇的混合物,其中各物质的浓度均为质量百分比浓度。当分离器工作在稳态时,分离器出入口的混合物将服从物质守恒,即进入分离器的各物质的质量等于离开分离器的各物质的质量。请据此列出关于乙醇浓度 x、分离器顶部出口质量流量 m_t 和底部出口质量流量 m_b 的方程组并求解。

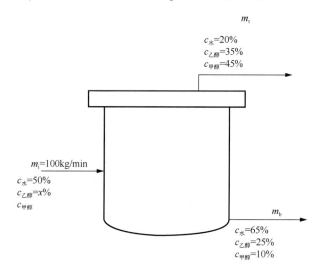

图 4-15 分离器示意图

4-11 求如下线性方程组的最小二乘解：

(1) $\begin{cases} 5a+b=70.7 \\ 10a+b=86.5 \\ 15a+b=108.7 \\ 20a+b=126.5 \\ 25a+b=143.3 \\ 30a+b=163.1 \end{cases}$

(2) $\begin{cases} -3x-5y+6z=-64.3 \\ 4x+5y-6z=66.1 \\ -x+5y+9z=-35.8 \\ x+2y-7z=52.8 \\ 5x-y+2z=-3.2 \\ -x+2z=-14.7 \\ 2x-5y+10z=-75.8 \\ -5x+5z=-42.7 \end{cases}$

4-12 电阻与温度之间的关系由公式 $R(t)=R_0+\alpha t$ 给出。其中，R_0 为 0℃时的电阻（Ω），α 为电阻的温度系数（Ω·℃$^{-1}$），t 为电阻的温度（℃）。现在实验员希望确定一个电阻器的 R_0 值和 α 值。尽管可以通过测量不同温度下两个电阻器的阻值解得 R_0 和 α，但所得到的值往往误差较大。为了减小误差，一般会测量多组温度 t_i 下的电阻器阻值 R_i，$i=1,2,...,n$，$n>2$，并利用最小二乘法求 R_0 和 α 的估计值。

设实验员获得的电阻测量数据如表 4-5 所示，请据此估计该电阻器的 R_0 值和 α 值。

表 4-5 电阻测量数据

i	1	2	3	4	5	6	7
t_i / ℃	30	40	50	60	70	80	90
R_i / Ω	111.68	115.52	119.41	123.24	127.09	130.88	134.73

4-13 磁场中的运动电荷所受的洛伦兹力为 $\boldsymbol{F}=q\boldsymbol{v}\times\boldsymbol{B}$。式中，$q$ 为电子的电荷量（C）；$\boldsymbol{v}$ 为电子的运动速度（m/s）；$\boldsymbol{B}$ 为磁感应强度矢量（T）。设现在有一个电子，其运动速度为 1.08×10^5 m/s，沿矢量(2,1,0)的方向运动；磁场中的磁感应强度为 0.8T，其朝向为(-0.5,-1.5,1)。电子电荷量为 1.602×10^{-19} C。试计算该电子所受的洛伦兹力。

4-14 请编写一个 MATLAB 程序，用于实现函数 vdmmat 功能。该函数的输入量为列矢量 $\boldsymbol{x}=(x_1,x_2,...,x_n)^{\mathrm{T}}$，输出量为如下矩阵：

$$V=\begin{bmatrix} 1 & x_1 & x_1^2 & ... & x_1^n \\ 1 & x_2 & x_2^2 & ... & x_2^n \\ 1 & x_3 & x_3^2 & ... & x_3^n \\ ... & ... & ... & ... & ... \\ 1 & x_n & x_n^2 & ... & x_n^n \end{bmatrix}$$

4-15 生物反应器中某种细菌的生产率 k 按下式计算：

$$k=\frac{k_{\max}c^2}{c_s^2+c^2}$$

式中，c 为氧气浓度，$k_{\max}$ 和 c_s 为待定参数。通过测量一系列 c-k 数据，同样可列出超定方程组来求解 $k_{\max}$ 和 c_s。但此时的方程组是关于这两个参数的非线性方程，难以求解。为此，可将该细菌的生产率公式变形为

$$\frac{1}{k}=\frac{c_s^2}{k_{\max}}\cdot\frac{1}{c^2}+\frac{1}{k_{\max}}=a\cdot\frac{1}{c^2}+b$$

由此列出的关于新参数 a 和 b 的方程组为线性方程组，可以利用线性最小二乘法求解。

设该生物反应器的观测数据如表 4-6 所示，请估计 $k_{\max}$ 和 c_s。

表 4-6 生物反应器的观测数据

c_i	19	25	31	38	44
k_i	19.0	32.3	49.0	73.3	97.8

4-16 令 A 为 5 阶幻方阵，并以它为基础生成以下矩阵：

（1）将矩阵 A 的行与列的顺序都颠倒后得到矩阵 B。

（2）矩阵 C 的奇数列来自矩阵 A 的对应列，偶数列来自矩阵 B 的对应列。

（3）矩阵 D 是矩阵 A 中心位置处 3×3 的子矩阵。

（4）矩阵 E 是矩阵 B 右下角 3×2 的子矩阵。

（5）矩阵 F 是由矩阵 A 奇数行的第 1、2、4 列元素构成的矩阵。

（6）矩阵 G 是删除矩阵 B 的第 1 行和第 4 行后所得的矩阵。

4-17 "下采样"是一种减少信号数据量的级数。设 $\boldsymbol{x}=(x_1,x_2,\cdots,x_{2n})^{\mathrm{T}}$ 是一个信号序列，经下采样得到一个长度减半的信号序列 $\boldsymbol{y}=(y_1,y_2,\cdots,y_n)^{\mathrm{T}}$，其中

$$y_i = \frac{x_{2i-1}+x_{2i}}{2}, i=1,2,\cdots,n$$

请利用 MATLAB 程序实现该操作。

4-18 雅可比迭代法是一种迭代求取线性方程组近似解的方法。设方程组的矩阵形式为

$$\begin{bmatrix} a_{11} & a_{12} & \cdots & a_{1n} \\ a_{21} & a_{22} & \cdots & a_{2n} \\ \vdots & \vdots & & \vdots \\ a_{n1} & a_{n2} & \cdots & a_{nn} \end{bmatrix}\begin{bmatrix} x_1 \\ x_2 \\ \vdots \\ x_n \end{bmatrix}=\begin{bmatrix} b_1 \\ b_2 \\ \vdots \\ b_n \end{bmatrix}$$

且 $a_{11}a_{22}\cdots a_{nn} \neq 0$，那么雅可比迭代法使用的迭代公式为

$$\begin{cases} x_1^{(k)} = \qquad\qquad -\dfrac{a_{12}}{a_{11}}x_2^{(k-1)} + \cdots + -\dfrac{a_{1n}}{a_{11}}x_n^{(k-1)} + \dfrac{b_1}{a_{11}} \\ x_2^{(k)} = -\dfrac{a_{21}}{a_{22}}x_1^{(k-1)} + \qquad\qquad \cdots + -\dfrac{a_{2n}}{a_{22}}x_n^{(k-1)} + \dfrac{b_2}{a_{22}} \\ \vdots \qquad \vdots \qquad\qquad \vdots \qquad\qquad\qquad \vdots \qquad\qquad \vdots \\ x_n^{(k)} = -\dfrac{a_{n1}}{a_{nn}}x_1^{(k-1)} + -\dfrac{a_{n2}}{a_{nn}}x_2^{(k-1)} + \cdots + \qquad \dfrac{b_n}{a_{nn}} \end{cases}$$

或

$$x_i^{(k)} = \sum_{\substack{1\leqslant j\leqslant n \\ j\neq i}}\left(-\frac{a_{ij}}{a_{ii}}x_j^{(k-1)}\right) + \frac{b_i}{a_{ii}}, 1\leqslant i\leqslant n, k=1,2,\cdots$$

从某个初始解 $\boldsymbol{x}^{(0)}$ 开始，利用上述迭代公式不断求得新的近似解 $\boldsymbol{x}^{(k)}$，直至对某个给定的误差限值 $\varepsilon>0$，有 $\max\left\{\left|x_i^{(k)}-x_i^{(k-1)}\right|\right\}<\varepsilon, i=1,\cdots,n$。$\boldsymbol{x}^{(0)}$ 不影响迭代的收敛性，因此可取 $\boldsymbol{x}^{(0)}=\boldsymbol{0}$。

请编写一个 MATLAB 程序，用于实现函数 `jacleqs` 功能，利用该函数对给定的 A、b 和 ε，通过雅可比迭代法求解线性方程组。

4-19 如果对雅可比迭代法使用的迭代公式稍作修改，使之变为

$$x_i^{(k)} = \sum_{j=1}^{i-1}\left(-\frac{a_{ij}}{a_{ii}}x_j^{(k)}\right) + \sum_{j=i+1}^{n}\left(-\frac{a_{ij}}{a_{ii}}x_j^{(k-1)}\right) + \frac{b_i}{a_{ii}}, 1 \leq i \leq n, k = 1, 2, \cdots$$

就得到了另一个求解线性方程组的高斯-赛德尔迭代法使用的公式。同样从 $x^{(0)} = 0$ 开始，如果迭代具有收敛性，就可得到线性方程组的解。

请编写一个 MATLAB 程序，用于实现函数 `gsleqs` 功能，利用该函数对给定的 A、b 和 ε，通过高斯-赛德尔迭代法求解线性方程组。

4-20 在插值与求解微分方程等问题中，常常会遇到如下形式的"三对角方程"：

$$\begin{bmatrix} b_1 & c_1 & & & & \\ a_2 & b_2 & c_2 & & & \\ & a_3 & b_3 & \cdots & & \\ & & \cdots & \cdots & c_{n-1} & \\ & & & & a_n & b_n \end{bmatrix}\begin{bmatrix} x_1 \\ x_2 \\ \vdots \\ x_n \end{bmatrix} = \begin{bmatrix} f_1 \\ f_2 \\ \vdots \\ f_n \end{bmatrix}$$

对上述三对角方程，可以使用"追赶法"求解，求解步骤和公式如下：

$$\beta_1 = b_1, \gamma_1 = \frac{c_1}{\beta_1}, y_1 = \frac{f_1}{\beta_1}$$

$$\beta_i = b_i - a_i\gamma_{i-1}, \gamma_i = \frac{c_i}{\beta_i}, y_i = \frac{f_i - a_iy_{i-1}}{\beta_i}, i = 2, 3, \cdots, n$$

$$x_n = y_n, x_i = y_i - \gamma_ix_{i+1}, i = n-1, n-2, \cdots, 1$$

请编写一个 MATLAB 程序，用于实现 `tomleqs` 函数功能，利用该函数对给定的 A 和 f，通过追赶法求解三对角方程组。

4-21 对 7 阶幻方阵 A，按顺序进行如下操作：

（1）将 A 的第 1 列第 1、3、5、7 行和第 2 列第 2、4、6 行的元素设为 255。

（2）将 A 的第 3、4 列全列和第 5 列第 1~3 行的元素设为 NaN。

（3）将 A 的第 5 行第 2、4、6 列和第 7 行第 1、3、5、7 列的元素设为 Inf。

（4）将 A 的全部元素清 0。

4-22 请编写一个 MATLAB 程序，用于实现 `totalgpa` 函数功能，其输入量为百分制成绩矩阵 S 和学分矢量 c。其中矩阵 S 的每行对应一名学生，每列对应一门课程；函数的输出量为学生的总平均学分绩点（GPA）构成的列矢量 g。GPA 与百分制成绩的换算关系见表 4-7。把学生在每门课程中所得的 GPA 值乘以该门课程的学分，然后对所有课程学分进行求和，就得到了总 GPA。

注意： 由于输入错误，S 中可能存在值为 NaN 的元素，在计算 GPA 时，按 0 分处理，同时在命令窗口输出 NaN 元素所在的行号和列号进行报警。

表 4-7 GPA 与百分制成绩的换算关系

百分制成绩	[90,100]	[80,90)	[70,80)	[63,70)	[60,63)	[0,60)
GPA	4.5	3.5	2.5	1.5	1.0	0

提示： `isnan` 函数可以用于确定数组中 NaN 元素的位置，具体用法请自行查阅 MATLAB 帮助文档。

4-23 请编写一个 MATLAB 程序，用于实现 `primesprs` 函数功能，该函数输入量为正整数 n，无输出。使用该函数绘制 $1 \sim n$ 的"质数螺旋"，即将 $1 \sim n$ 的整数，按照如图 4-16 所示的方式在平面上排列，且 1 处于坐标系原点。然后对这些整数中的质数，在相应的位置上绘制一个黑色实心圆点，对合数则不进行任何绘制。

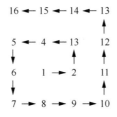

图 4-16 质数螺旋中整数的排列方式

提示：`isprime` 函数可以用于判断整数是否为质数，具体用法请自行查阅 MATLAB 帮助文档。

4-24 请编写一个 MATLAB 程序，用于实现 `primesprc` 函数功能，要求用该函数绘制质数螺旋，要求整数 p 在坐标系中的位置是以 p 同时作为极径和极角（按弧度计）时所对应的位置。

4-25 测量过程中有时会因为非正常原因而造成异常数据，这些异常数据明显偏离正常的数据范围。一种能够检测此类异常数据的简单方法就是所谓的 3σ 法则，检测步骤如下：

（1）计算数据的均值，并计算数据的实验标准差 σ。

（2）计算每个数据与均值之差的绝对值，若该值大于 3σ，则认为对应数据为异常数据。

（3）将所有异常数据从数据集中删除，并返回第 1 步，直到不再发现异常数据为止。

编写一个 MATLAB 程序，用于实现 `pauta` 函数功能，该函数输入量为测量数据的矢量 d，输出量为排除所有异常数据之后的矢量 c 和异常数据的矢量 o。

4-26 请编写一个 MATLAB 程序，用于实现 `alphamean` 函数功能，该函数输入量为数据矢量 d 和非负整数 n，输出量为去除矢量 d 中 n 个最大值和 n 个最小值之后所得到的算术平均值。

第 5 章　MATLAB 绘图

教学目标

（1）了解 MATLAB 的图形窗口和坐标区，能够实现图形窗口的新增与关闭，以及坐标轴标注、图题、坐标轴刻度等图形元素的定制。

（2）掌握多种常见的二维与三维图形的绘制方法，并能够针对具体问题选择恰当的可视化方式。

教学内容

（1）图形窗口的新增与关闭。
（2）当前图形窗口及其设置。
（3）保存图形窗口内的绘制内容。
（4）坐标区以及相关的图形元素。
（5）二维与三维线图。
（6）三维曲面图与三维网格图。
（7）伪彩色图。
（8）数据分布图。
（9）离散数据图。
（10）极坐标图。
（11）向量场相关图形。

在第 2 章中已经介绍了最常用的基本绘图函数——plot 函数。本章将对 MATLAB 中的绘图功能进行更为全面和详细的介绍。

5.1　图形窗口与坐标区

5.1.1　图形窗口

MATLAB 中的图形都是在图形窗口中绘制的，每个图形窗口就是一个 figure 函数对象。MATLAB 的 figure 函数对象不仅可以用来绘图，还可以用来显示图像，或者利用控件构成图形交互界面。

在 MATLAB 中可以开启多个图形窗口。使用不带参数的 figure 函数，可以生成新的图形窗口，并且新的图形窗口将出现在最前端。此时的图形窗口中没有任何绘制内容。

figure 函数可以返回新生成的图形窗口的对象句柄。如果使用以下语句：

```
>> h = figure;
```

将产生一个新的图形窗口，同时该图形窗口的句柄被保存在变量 h 中。

当存在多个图形窗口时，应该在哪个窗口中绘制新图形呢？在所有图形窗口中，存在着一个特殊的图形窗口，称为"当前图形窗口"，即最近一次被激活而处于所有图形窗口最前端的那个图形窗口，基本上都是在当前图形窗口中完成绘图的。

利用 gcf 函数可以返回当前图形窗口的句柄。如果 h 是已有图形窗口的句柄，那么使用 figure(h) 函数可以将该图形窗口设置为当前图形窗口。

在 MATLAB R2020a 中，可以直接使用访问命名字段的方式，来读取或修改图形窗口对象的属性。例如，使用 h.Position 就可以读取或修改图形窗口对象的 Position 属性，从而改变图形窗口的位置和大小。如果早期的 MATLAB 不支持这种使用方式，那可以使用 get 函数和 set 函数来读取和设置图形窗口对象的属性。

可以使用 close 命令关闭图形窗口。例如，使用 close(h)，可以关闭句柄为 h 的图形窗口；使用 close all，可以关闭所有未隐藏的图形窗口；使用 close all hidden，可以关闭所有图形窗口，包括已隐藏的图形窗口。

使用 print 命令可以将当前图形窗口或指定图形窗口的内容保存为不同格式的图形文件，或者输送至打印机打印。当使用 print 命令把图形窗口的内容保存为图形文件时，最常用的功能就是指定图形文件格式以及分辨率参数。因此，尽管使用图形窗口中的保存功能或 saveas 函数，也可以将图形窗口的内容保存为不同格式的图片，但 print 命令对图片质量的控制能力更强。

【例 5.1】

首先生成一个新的图形窗口，并在其中绘制一段处于[0,2π]区间的正弦曲线。

输入以下内容：

```
>> figure;
>> x = (0:360)*pi/180;
>> plot(x,sin(x));
```

然后将图形窗口中的内容保存为 PNG 格式的图片文件，并且将图片的分辨率设为 300dpi。图形文件名为'Sine curve.png'。

输入以下内容：

```
>> print -dpng -r300 'Sine curve.png'
```

print 命令执行完毕后，在当前文件夹中可以看到上述文件名的 PNG 格式图片文件。

print 命令中的"-d"选项表示指定要保存的文件格式，如果图片要用于出版物，那么位图格式一般选用 PNG 或 TIFF 格式。

注意："-d"和后面指定的格式是连在一起的，不用空格分开。

"-r"选项用于指定图片的分辨率。在绘制位图时，图片是以点数为单位的，并不能直接体现图片的"物理尺寸"，如当图片被插入 Word 文档中并被打印出来时的实际大小。通过指定图片的分辨率，以点数为单位的图片大小就可以被转换为以实际长度单位衡量的物理大小。-r300 表示所设定的分辨率为 300dpi，即 300 点/英寸。也就是说，图片中 300 点数的长度对应实际长度 2.54cm。print 命令的最后一个参数用于指定图片的完整文件名，若文件名中有空格，则需要用单引号将文件名包括起来，否则，可以略去单引号。

print 命令支持的图片文件格式和其他功能十分丰富，详细可参阅 MATLAB 帮助文档。

5.1.2 坐标区

在 MATLAB 中，在一个图形窗口中可以绘制多幅图形，每幅图形都绘制在一个被称为"坐标区（axes）"的区域中。在坐标区对象中保存了控制图形绘制的若干关键信息，如坐标轴的取值范围、刻度点的取值、坐标轴的标度（线性标度或对数标度等）、图题、坐标轴标注，以及所绘制曲线的线型、颜色和标记点等信息。利用 gca 函数可以返回当前坐标区对象，然后通过这个对象获取或设置坐标区的属性。如果一个图形窗口只有一个坐标区，那么当这个图形窗口成为当前图形窗口时，它的坐标区也就自然成为当前坐标区。通过 axes(h) 函数可以将句柄为 h 的坐标区设置为当前坐标区。

1. 子图

图形窗口默认只包含一个坐标区，因此只能绘制一幅图形。如果希望当前图形窗口中包含多个坐标区，就需要使用 subplot 函数进行子区域的划分。

subplot(m,n,p) 将当前图形窗口划分为 m×n 个子区域，并指定第 p 个子区域为当前坐标区。子区域的编号顺序是先行后列，不同于 MATLAB 一维数组组织先列后行的方式。例如，subplot(2,3,2) 将图形窗口划分为 2×3 个子区域，并指定第 2 个子区域，即第 1 行第 2 列的子区域为当前坐标区。这一图形窗口的子区域划分与编号如图 5-1 所示。在每个子区域绘制的图形就是子图。

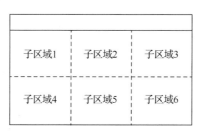

图 5-1 子区域的划分与编号

通常不会将图形窗口划分为过多的子区域，因此，若 m、n、p 均为个位数，则可以更为简单地写为 subplot(mnp)。例如，subplot(2,3,2) 可以简写为 subplot(232)，效果相同。

如果在调用 subplot 函数时，当前图形窗口已经被划分为所需的子区域个数，那么此时 subplot 函数的效果就是指定当前坐标区。

【例 5.2】

将图形窗口划分为 2×2 个子区域，在左上角区域用蓝色实线绘制 $\sin\alpha$ 曲线，在右上角区域中用红色实线绘制 $\cos\theta^2$ 曲线，在左下角区域用品红色实线绘制 $\sin^2\phi$ 曲线，在右下角区域用绿色实线绘制 $\cos2\beta$ 曲线，各个角度的取值范围均为 $[0,2\pi]$。

输入以下内容：

```
>> x = (0:360)*pi/180;
>> figure;
>> subplot(221), plot(x,sin(x));
>> subplot(222), plot(x,cos(x.^2),'r-');
```

```
>> subplot(223), plot(x,sin(x).^2,'m-');
>> subplot(224), plot(x,cos(2*x),'g-');
```
得到的图形如图 5-2 所示。

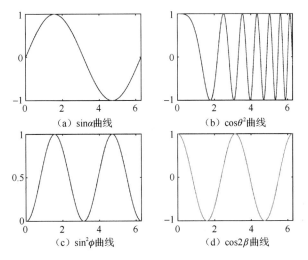

图 5-2 例 5.2 图形

2. 图题和坐标轴标注

使用 title 函数可以设置当前坐标区的图题，图题将出现在当前坐标区的顶部。

例如，使用 title(titlestr)可根据 titlestr 中的内容设置图题。注意，在默认情况下，title 函数将根据 Tex 标记语言解释 titlestr 中的内容。Tex 是用来撰写文档特别是科技文档的一种标记语言，它通过一系列字符串标记定义文本的各种格式，如字体、字号、颜色以及特殊的数学符号等。如果希望 titlestr 中的字符串按原样显示，而不是被解释成 Tex 标记的文本，那么可以在调用 title 函数时，指定当前坐标区的 Interpreter 属性为 none。

【例 5.3】

在例 5.2 的各个子图上标上如下图题。

（1）左上角区域的子图图题为 "$\sin\alpha$"，字体为 Times New Roman 字体。

输入如下内容：
```
>> subplot(221), title('\fontname{Times New Roman} sin\it\alpha');
```
（2）右上角区域的子图图题为 "$\cos\theta^2$"，采用默认字体与字号，颜色为红色。

输入如下内容：
```
>> subplot(222), title('\color{red} cos{\it\theta}^2');
```
（3）左下角区域的子图图题为 "$\sin^2\phi_1$"，采用默认字体与字号，颜色为深灰色。

输入如下内容：
```
>> subplot(223), title('\color[rgb]{.25 .25 .25} sin^2{\it\phi}_1');
```
（4）右下角区域的子图图题为 "cos(2×_2)"。

输入如下内容：
```
>> subplot(224), title('cos(2×_2)','Interpreter','none');
```

得到的 4 个子图图题如图 5-3 所示。

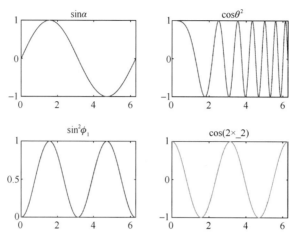

图 5-3 例 5.3 的 4 个子图图题

titlestr 中以左斜杠\开始的部分就是 Tex 标记部分，例如，\fontname 用于设置字体，其后的大括号{}中给出了希望使用的字体名；\it 表示斜体；\alpha、\theta 等表示希腊字母；\color 用于设置颜色；^表示上标，_表示下标。关于与 Tex 标记有关的知识，对比感兴趣的读者可以自行查阅 Tex 的相关资料。

使用 xlabel 函数和 ylabel 函数可以分别给 x 轴和 y 轴增加坐标轴标注，用法类似 title 函数。

3. 图例

使用 legend 函数可以给当前坐标区增加图例，特别是在同一幅图形中显示多组数据时，按规范的做法应该在图中加入图例，说明每种数据显示格式的含义。

4. 坐标轴刻度

使用 gca 函数返回的当前坐标区对象，可以设置坐标轴的刻度，更确切地说是设置坐标轴刻度线位置，以及显示在坐标轴刻度线处的刻度值文本。通过设置 XTick 和 YTick 属性以及 XTickLabel 和 YTickLabel 属性，可以分别设置 x 轴和 y 轴的刻度线位置以及刻度值。

【例 5.4】

以下代码首先利用伪随机数发生器产生某条生产线在 2019 年和 2020 年这两个年度中的每月"产量"，然后分别用蓝色实线+实心圆点+红色虚线+菱形显示月产量的曲线。

输入如下内容：

```
>> y1 = randi([8000 12000],12,1);
>> y2 = randi([3000 10000],12,1);
>> x = 1:12;
>> plot(x,y1,'-b.',x,y2,'r--d');
```

然后，加上坐标轴标注和图例：

```
>> xlabel('月份'); ylabel('产量 / 个');
>> legend('2019年', '2020年');
```

加入图例后，可以拖拽图例区域调整其位置，尽量不影响数据曲线。最后将产量的刻度线位置调整为 4000，8000 和 12000，将刻度值设定为 2，4，…，12，并将月份的刻度值文本改为相应月份的简写。

输入如下内容：

```
>> h = gca;
>> set(h, 'YTick', 4000:4000:12000);
>> h.XTick = 2:2:12;
>> h.XTickLabel = {'Feb' 'Apr' 'Jun' 'Aug' 'Oct' 'Dec'};
```

在此演示了使用 set 和使用 . 运算符修改对象属性的方法。最终得到的图形如图 5-4 所示。

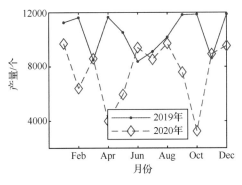

图 5-4 例 5.4 图形

5. 网格线

grid on 和 grid off 命令，可以分别用于显示和隐藏坐标区的网格线，不带参数的 grid 命令可以用来切换网格线的显示状态。网格线可帮助用户更方便准确地估计曲线某点的位置。

【例 5.5】

利用图解法求方程 $\sin x = x/2$ 的正根。

易知这个正根在 $(0,\pi)$ 区间内。因此，在该区间内利用较小的离散化步长绘制函数 $\sin x - x/2$ 的曲线，并显示网格线。

输入以下内容：

```
>> x = 0:0.001:pi;
>> plot(x,sin(x)-x/2); grid on;
```

得到如图 5-5 所示的完整的方程函数曲线。

由图 5-5 可知，本例题方程的正根大致在 (1.5,2) 区间内。将光标放在坐标区内，将出现若干对坐标区进行操作的按钮。使用如图 5-6 所示的图形窗口中的放大按钮，将方程正根所在的局部放大若干次，可得如图 5-7 所示的局部曲线。根据放大后的局部曲线，大致可以估计本例题方程的正根为 $x = 1.8955$。

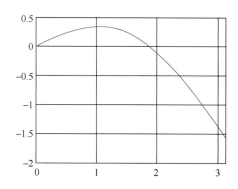

图 5-5 例 5.5 中完整的方程函数曲线

图 5-6 图形窗口中的放大按钮

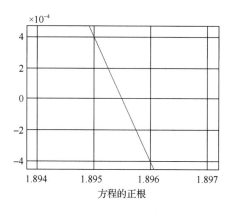

图 5-7 例 5.5 方程正根值附近被放大的局部曲线

6. 利用 axis 函数控制坐标区

在前面的章节中，读者已经接触过 axis equal 和 axis([xmin,xmax,ymin,ymax])。axis 函数还有多种常用用法，具体介绍如下。

v = axis 将返回当前的坐标轴取值范围。如果是二维图形，那么 v 是长度为 4 的矢量；如果是三维图形，那么 v 是长度为 6 的矢量。

使用 axis tight，可以将坐标轴的取值范围严格限定为待绘制的数据的取值范围，即坐标轴的上下限为相应变量的最大值和最小值。

使用 axis ij 和 axis xy，可以设置平面坐标系的坐标轴定义方式。对默认的坐标区，采用 axis xy 的方式，即普通的平面直角坐标系，坐标系原点在左下角，向上为 y 轴正方向；使用 axis ij 时，坐标系原点在左上角，向下为 y 轴正方向。

使用 axis square，可以使绘图区域变为正方形。不过，它只是改变了绘图区域的形状，并不表示坐标轴是等比例的。

使用 axis normal 可以取消 axis square 和 axis equal 的效果。

使用 axis on 和 axis off 可以分别显示和隐藏坐标轴标注、刻度与坐标区背景。

5.2 绘制线图的函数

5.2.1 使用plot函数绘制二维线图

plot 函数的使用在 2.8 节中已经进行了比较详细的介绍，在此不再过多说明。下面介绍如何将 plot 函数与颜色图数组结合使用，绘制更为美观的折线或散点图。

颜色图数组是由 RGB 构成的数组，其具体表现形式是列数为 3 的矩阵，矩阵的每列分别对应 RGB 中的红色（R）分量、绿色（G）分量和蓝色（B）分量，矩阵的每行则对应一种具体的 RGB。颜色图数组中的元素为[0,1]区间取值的双精度浮点数，0 表示该分量的强度最暗，1 表示该分量的强度最亮。例如，[0 0 0]表示黑色，[1 1 1]表示白色，[1 0 0]表示最明亮的纯红色，[0.5 0.5 0]则表示中等亮度的黄色。

MATLAB 提供了一系列由预置的颜色图数组生成的函数，这些颜色图数组都经过了专门的设计，其中不少颜色图数组中的颜色呈现出渐变色的效果。利用这一点，可以使用 plot 函数以及后面介绍的、可支持 RGB 的绘图函数，绘制出具有渐变效果的曲线或更复杂的图形。

【例 5.6】

设想有一根长度为 0.8m 的短棒，它的中心沿着单位圆绕坐标系原点公转；同时短棒还绕它自己的中心进行自转，自转的角速度是公转角速度的 3 倍。请绘制该短棒在公转一周时，它自身所形成的轨迹图形。

在每个离散的短棒中心位置，计算出短棒两端的坐标，然后绘制一条直线段，就得到短棒公转一周形成的轨迹。由于短棒自转角速度是公转角速度的 3 倍，因此当短棒中心在坐标系中的幅角为 θ 时，短棒的朝向就是 3θ。

为了使绘制得到的不同位置处的短棒轨迹看起来更"连贯"，我们选择了一系列渐变的颜色给相邻的短棒着色。在本例题中，我们使用 hsv 函数获得 HSV 颜色表。HSV 颜色表中的颜色是按可见光光谱中红→黄→绿→青→蓝→紫→红循环变化的。在本例题中，短棒中心的幅角取[0°,360°)区间上以 3° 为离散化间隔的 120 个值。因此，可用 hsv(120) 获得一个 120 行、3 列的矩阵。将上述由红到紫再到红的 HSV 颜色变化过程进行 120 等分后，每个等分颜色的 RGB 值对应所得矩阵的每行。当使用 plot 函数绘制给定位置处的短棒轨迹时，以相应的 RGB 矢量来设置 'Color' 属性，就可获得渐变色效果。

代码如下，所绘制的短棒轨迹图形如图 5-8 所示。

rotrod.m

```
ct = 0:3:359;  % 短棒中心位置的幅角
rt = 3*ct;     % 短棒的朝向
colors = hsv(length(ct));  % HSV 颜色数组
rr = 0.4;  % 短棒的半长度
figure;

for i = 1:length(ct)
    cx = cosd(ct(i));
```

```
        cy = sind(ct(i));  % 计算短棒中心的位置
        plot([cx-rr*cosd(rt(i)) cx+rr*cosd(rt(i))], ...
            [cy-rr*sind(rt(i)) cy+rr*sind(rt(i))], ...
            'Color', colors(i,:));  % 绘制短棒
        hold on;
end
hold off;
axis equal;
```

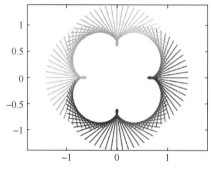

图 5-8　例 5.6 中的短棒轨迹图形

与 hsv 函数类似的颜色图数组生成函数还包括 hot、jet、parula、spring、summer、autumn、winter 等函数，它们各自提供了不同的配色方案，读者可以根据需要加以选用。更多颜色图数组生成函数可查阅 MATLAB 帮助文档。较低版本的 MATLAB 提供的颜色图数组生成函数数量可能较少，不过可以直接将高版本中的这些函数 M 文件复制后使用。

5.2.2　使用 plot3 函数绘制三维曲线

使用 plot3 函数可绘制三维曲线或散点图，其用法与 plot 函数十分类似，主要区别在于此时需要用 3 个数组 X、Y 和 Z 分别提供三维数据点的坐标序列。

【例 5.7】

已知一条三维曲线的参数方程为

$$\begin{cases} x(t) = \sin(t/2c)\cos t \\ y(t) = \sin(t/2c)\sin t \\ z(t) = \cos(t/2c) \end{cases}, c = 5, t \in [0, 10\pi]$$

输入以下代码，可以绘制出该曲线，并获得足够光滑的效果。

spire3.m

```
c = 5;
t = (0:0.005:10)*pi;
x = sin(t/(2*c)).*cos(t);
y = sin(t/(2*c)).*sin(t);
z = cos(t/(2*c));
plot3(x,y,z,'g-');
axis equal;
```

绘制得到的三维曲线如图 5-9 所示。

通过 Color 属性与颜色图数组的配合，可产生渐变的效果。将 spire3.m 代码中 plot3 所在行修改如下：

```
n = length(t)-1;
cmap = parula(n);
for i = 1:n
    plot3(x(i:i+1),y(i:i+1),z(i:i+1),'Color',cmap(i,:));
    hold on;
end
```

注意：此时为了得到颜色渐变的三维曲线，需要使用循环来逐段绘制曲线。

用户可以调整视角以获取三维图形更加全面的信息。使用如图 5-10 所示的三维旋转按钮，并在坐标区内拖曳光标，即可调整视角。例 5.7 三维曲线在调整视角后的效果如图 5-11 所示。

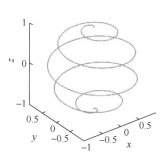
图 5-9　例 5.7 三维曲线

图 5-10　三维旋转按钮

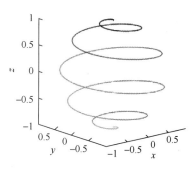
图 5-11　例 5.7 三维曲线在调整视角后的效果

5.2.3　使用 stairs 函数绘制阶梯图

阶梯图中相邻两个数据点之间不是以直线相连，而是以一条水平线和一条垂直线构成的台阶状折线相连的。阶梯图适合用于强调数据的离散性和相邻数据点之间突变的场合，例如，对连续信号进行采样后，采样值经零阶保持器保持后，该保持器输出信号的波形就是典型的阶梯状。

stairs 函数的用法与 plot 函数类似，详细说明请查阅 MATLAB 帮助文档。

【例 5.8】

现有一个正弦信号

$$x(t) = \sin\omega t + 0.25\sin 3\omega t$$

其中，角频率 $\omega = 2\pi$。$t \in [0,3]$，按 0.1s 间隔进行采样，采样信号的阶梯图可使用如下代码绘制。低采样率下绘制的阶梯图如图 5-12 所示。

```
>> t = 0:0.1:3;
>> x = sin(2*pi*t) + 0.25*sin(6*pi*t);
>> stairs(t,x);
```

若将本例题的采样率提高一倍,即采样间隔改为 0.05s,则所得采样信号的阶梯图如图 5-13 所示。

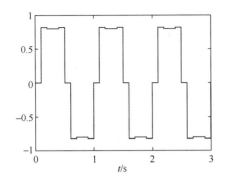

图 5-12 低采样率下绘制的阶梯图

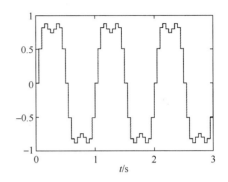

图 5-13 高采样率下绘制的阶梯图

5.2.4 使用 errorbar 函数绘制带误差条的线图

带误差条的线图常见于和统计有关的应用场合。在这类线图中,数据点一般对应不同自变量下相关量的某种典型值,如均值。而与该典型值相关联的还有一个可变的范围,如偏离均值的误差变化范围。使用带误差条的线图即可同时将典型值的变化规律和不同自变量误差的范围在同一幅图中显示。

errorbar(x,y,neg,pos)用于绘制典型值 y 对自变量 x 的折线图,同时在每个数据点,绘制数据点下方长度为 neg、上方长度为 pos 的垂直误差条;当 neg = pos = err 时,可使用 errorbar(x,y,err);当 x 采用 y 的下标时,可以使用 errorbar(y,err)。

误差条也可以在水平方向上绘制,此时采用 errorbar(...,ornt)控制误差条的绘制方向。Ornt 默认为'vertical',若将其设为'horizontal',则绘制水平方向误差条;也可以把 ornt 设为'both',以便同时绘制两个方向的误差条,还可以通过 errorbar(x,y,yneg,ypos,xneg,xpos)同时绘制两个方向的误差条。其中,xneg 和 xpos 分别指定了数据点左侧和右侧的误差条长度。

在 errorbar 函数中也同样可以对线型、颜色和数据点标记进行设置,用法与 plot 函数相同。

【例 5.9】

一个种群的初始个体数量为 100 个单位。估计该种群以 1%的年增长率增长,但这个增长率估计值的误差范围为±0.2%。请绘制该种群个体数量经过 5 年、10 年、……、30 年之后的增长率估计值,并绘制因增长率误差带来的种群个体数量的估计误差。

不难看出,根据增长率估计值的误差范围可以确定最大增长率和最小增长率,然后可以分别计算出种群个体数量的上限值和下限值,进而确定上下限误差范围,并利用 errorbar 函数完成带误差条的线图绘制。程序代码如下:

```
>> n = 5:5:30;
>> y = 100*(1+.01).^n;
>> ymax = 100*(1+.012).^n;
>> ymin = 100*(1+.008).^n;
>> errorbar(n,y,y-ymin,ymax-y,'-b.','MarkerSize',5);
```

例 5.9 带误差条的线图如图 5-14 所示。

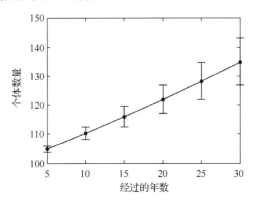

图 5-14　例 5.9 带误差条的线图

5.2.5　使用 area 函数绘制区域图

使用 area(X,Y) 绘制 Y 中的曲线，同时填充曲线下方的区域。若 Y 为矩阵，则绘制多条堆叠曲线，即后一条曲线以前一条曲线为基线进行绘制。

注意：Y 中的每列对应一条曲线，因此，Y 的行数应与 X 的长度相等。相邻曲线间的区域将用不同颜色填充。

area(...,basevalue) 表示以 basevalue 作为 Y 的基准值，即所绘制区域图的水平轴对应直线 y = basevalue。默认 basevalue 值为 0。

当希望同时显示多个变量各自的变化趋势和这些变量的累加量的变化趋势时，选用区域图比较合适。

【例 5.10】

输入以下代码，可以生成某年度 3 个班的学生每月所阅读的书籍数量，并用区域图显示。

```
>> m = 1:12;
>> n = [randi([60 120],1,12)
randi([80 110],1,12)
randi([70 150],1,12)];
>> area(m,n');
>> axis([1 12 0 400]);
```

输出结果如图 5-15 所示。

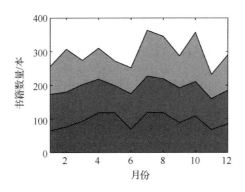

图 5-15　例 5.10 区域图

area 函数返回的是各个曲线下方区域对应的 area 对象的数组，本例题中有 3 个曲线下方的区域，因此 area 将返回长度为 3 的 area 对象的数组。利用 area 对象，可以改变区域相关的属性。例如，将部分代码进行如下修改，就可以通过 area 对象手动设置各个区域的颜色。此外，区域图的基线值被设为 50。

输入如下代码：

```
>> h = area(m,n',50);
>> h(1).FaceColor = [0 .25 .25];
>> h(2).FaceColor = [0 .5 .5];
>> h(3).FaceColor = [0 .75 .75];
>> ax = gca;
>> ax.XLim = [1 12];
```

输出结果如图 5-16 所示。

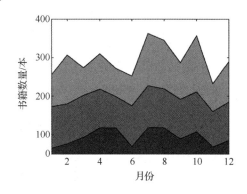

图 5-16　例 5.10 设置了颜色后的区域图

5.2.6　使用 stackedplot 函数绘制共 x 轴堆叠图

使用 stackedplot(X,Y) 绘制 Y 中各列对矢量 X 的共 x 轴堆叠图。当 X 为 Y 的行号时，可省略。Stackedplot 函数也支持表和时间表对象，利用 stackedplot(tbl) 可绘制出表 tbl 中各列的共 x 轴堆叠图；当 tbl 为普通表时，该函数以表中各行的行号作为自变量进行绘图；当 tbl 为时间表时，该函数以表中各行的时间戳作为自变量进行绘图。stackedplot 函数仅用于绘制数值型、逻辑型、分类型、日期时间型和持续时间型的列，其余类型的列将被省略。

直接以例 5.10 中的数据为例，输入下面这行代码，即可绘制出每班阅读量的共 x 轴堆叠图，输出结果如图 5-17 所示。

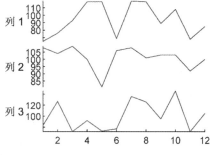

图 5-17　例 5.10 中数据的共 x 轴堆叠图

```
>> stackedplot(n');
```

5.2.7 用于绘制对数图的函数

MATLAB 提供了 `semilogx` 函数、`semilogy` 函数和 `loglog` 函数用于绘制多种对数图，具体如下：以 x 轴为对数标度、以 y 轴为普通线性标度的对数图，以 y 轴为对数标度、以 x 轴为线性标度的对数图，以及双对数标度的对数图。这些函数的使用方法与 `plot` 函数相同。

如果数据的取值范围很大，并且想体现较大值和较小值的变化细节，就应该使用对数标度来压缩曲线的取值范围。如若不然，那么采用线性标度在取值很小时的变化细节，将因大的取值范围而被"压平"以致显现不出来。

【例 5.11】

一个二阶线性系统的幅频响应函数为

$$\|G(\mathrm{j}\omega)\| = \left|\frac{9}{9-\omega^2}\right|$$

当 $\omega \in [0.1, 100]$ 时，在 2×2 个子图中分别绘制线性标度、单 x 轴对数标度、单 y 轴对数标度和双对数标度下的幅频特性曲线。

线性系统的幅频特性曲线和相频特性曲线都是对数图的典型应用场景。对作为自变量的频率 ω，如果使用等差数列对频率进行离散化，那么将导致高频处采样点过密而低频处采样点不足的情况。因此，宜采用等比数列对频率进行离散化。根据本例题要求，输入如下代码：

```
>> w = logspace(-1,2,1000);
>> G = abs(9./(9-w.^2));
>> subplot(221), plot(w,G);
>> subplot(222), semilogx(w,G);
>> subplot(223), semilogy(w,G);
>> subplot(224), loglog(w,G);
```

输出结果如图 5-18 所示。

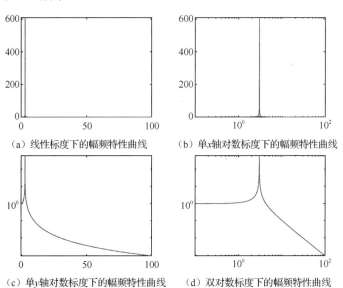

（a）线性标度下的幅频特性曲线　（b）单 x 轴对数标度下的幅频特性曲线

（c）单 y 轴对数标度下的幅频特性曲线　（d）双对数标度下的幅频特性曲线

图 5-18　例 5.11 输出结果

5.2.8 根据函数表达式绘图

利用 `fplot`、`fplot3`、`fimplicit` 等函数，可以根据给定的数学函数句柄，绘制相关函数曲线。

使用 `fplot(f,[xmin xmax])`，可在指定的 x 区间[xmin, xmax]内绘制函数 f(x) 的曲线，x 的区间默认为[-5,5]。使用 `fplot(funx,funy,[tmin tmax])`，可在指定的参数 t 区间[tmin, tmax]内绘制由参数方程 x = funx(t)和 y = funy(y)给定的平面曲线，t 的区间默认为[-5,5]。在 MATLAB R2020a 中，目前仍然支持利用字符数组形式指定的函数。例如，可以使用 `fplot('sin')`绘制正弦函数曲线，但是在 MATLAB 更高的版本中，将仅支持通过数学函数句柄指定的函数。因此，为了保证所编写的程序在未来版本中的兼容性，请读者注意不要再使用字符数组来指定待绘制的函数了。

【例 5.12】

绘制如下分段函数曲线：

$$f(x)=\begin{cases} e^x, & x\in[-3,0] \\ \dfrac{\cos x+1}{2}, & x\in(0,3] \end{cases}$$

输入如下代码：

```
>> fplot(@exp,[-3 0],'b'); hold on;
>> fplot(@(x) (cos(x)+1)/2, [0 3], 'b');
```

得到的分段函数曲线如图 5-19 所示。

`fplot3` 用于绘制三维曲线，它仅支持以参数方程形式定义的三维曲线的绘制。因此，其调用方式为 `fplot3(funx,funy,funz,t_interval)`，其中，参数的取值区间默认为[-5,5]。

【例 5.13】

绘制如下参数方程所定义的三维曲线：

$$\begin{cases} x(t)=e^{-t/10}\sin 5t \\ y(t)=e^{-t/10}\cos 5t, \quad t\in[-10,10] \\ z(t)=t \end{cases}$$

输入如下代码：

```
>> x = @(t) exp(-t/10).*sin(5*t);
>> y = @(t) exp(-t/10).*cos(5*t);
>> z = @(t) t;
>> fplot3(x,y,z,[-10,10]);
```

得到的三维曲线如图 5-20 所示。

使用 `fimplicit(f,interval)`绘制隐函数 f(x,y) = 0 的曲线，其中 x 和 y 的取值范围由 interval 给定。如果 interval 是长度为 2 的矢量[vmin,vmax]，那么 x 和 y 的取值范围都是[vmin,vmax]；如果 interval 是长度为 4 的矢量，那么矢量中的元素为[xmin, xmax, ymin, ymax]。

注意：此时隐函数 f(x,y)必须支持两个输入量。

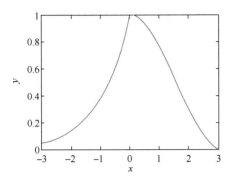
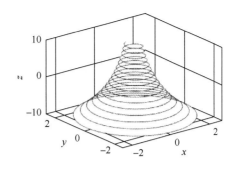

图 5-19　例 5.12 分段函数曲线　　　　图 5-20　例 5.13 三维曲线图

【例 5.14】

绘制由如下方程给定的双曲线：
$$x^2 - y^2 = 1, \quad x, y \in [-3,3]$$

输入如下代码：
```
>> f = @(x,y) x.^2 - y.^2 - 1;
>> fimplicit(f,[-3 3]);
```
得到的双曲线如图 5-21 所示。

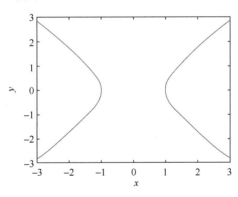

图 5-21　例 5.14 双曲线

需要注意的是，提供给上述绘图函数使用的数学函数句柄，都应该支持输入量为矢量时的数组操作，即对每个或每对给定的 x 和 y 值，数学函数都应返回相应的标量函数值。

5.3　曲面图的绘制

5.3.1　绘制三维曲面图的方法

使用 surf(X,Y,Z) 在由 X 和 Y 定义的 xOy 平面中的网格范围内绘制三维曲面图，该平面内每个点 (x,y) 处曲面的高度由对应位置的 Z 值决定，同时，该三维曲面图由 Z 值映射到坐标区颜色表中的颜色进行着色。如果希望该三维曲面图的颜色不是由 Z 值决定，而是由其他的值决定，那么可以使用 surf(X,Y,Z,C) 的调用方式。其中，C 值将被映射到颜色表中的颜色；Z 是一个矩阵，X 和 Y 可以是相同大小的矩阵，也可以是兼容长度的矢量，即 X 的长度与 Z 的列数相同，Y 的长度与 Z 的行数相同；C 是大小与 Z 相同的矩阵。

【例 5.15】

绘制二元函数

$$f(x,y) = \sin 0.5x + \cos y, \quad x, y \in [1,10]$$

的三维曲面图。

输入如下代码：

```
>> x = 1:0.5:10;
>> y = (1:0.5:10)';
>> Z = sin(x/2) + cos(y);
>> surf(x,y,Z);
```

得到的三维曲面图如图 5-22 所示。

注意： 在计算 Z 的时候，我们使用了对数组运算大小兼容的两个矢量 x 和 y。在采用这种方式的时候，务必要保证矢量的方向正确。能够更加清晰、直接地表明 Z 是在一个平面网格上得到的计算结果的方式，是使用 meshgrid 函数产生由网格点的 x 和 y 坐标构成的矩阵 X 和 Y，调用方式为 [X,Y] = meshgrid(vx,vy)。其中，X 的每行都是矢量 vx 的拷贝，而 Y 的每列都是矢量 vy 的拷贝，它实际相当于

```
X = repmat(reshape(vx,1,length(vx)), length(vy),1);
Y = repmat(reshape(vy,length(vy),1), 1,length(vx));
```

当 vx = vy = v 时，可以简单使用 [X,Y] = meshgrid(v) 的调用方式。meshgrid 还可以生成三维空间网格，调用方式为 [X,Y,Z] = meshgrid(vx,vy,vz)。

使用 surf 函数返回所生成的曲面对象，通过对该对象的属性进行设置，可以改变所得曲面的外观效果。输入如下代码，可以绘制本例题函数的三维曲面图，同时将该三维曲面图的透明度设为 50%，得到的三维曲面图如图 5-23 所示。

```
>> [X,Y] = meshgrid(1:0.5:10);
>> Z = sin(X/2) + cos(Y);
>> s = surf(X,Y,Z);
>> s.FaceAlpha = 0.5;
```

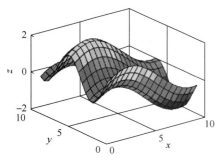
图 5-22　例 5.15 三维曲面图

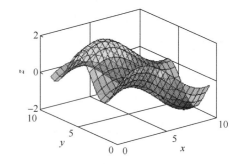
图 5-23　例 5.15 透明度为 50%的三维曲面图

将二维网格点的密度提高，可以绘制更加光滑的三维曲面图。不过，此时一般需要将曲面上的网格线去掉。使用 shading flat 命令可以做到这一点，或者使用 surf 函数返回所生成的曲面对象，通过设置对象属性获得同样的效果。此外，还可以利用 colormap 函

数指定当前坐标区所使用的颜色表,从而改变三维曲面图的颜色。输入如下代码绘制本例题函数的光滑三维曲面图,着色采用 spring 颜色图数组,并且用各点对应函数值的绝对值(而非函数值本身)作为着色的依据。得到的光滑三维曲面图如图 5-24 所示。

```
>> [X,Y] = meshgrid(1:0.01:10);
>> Z = sin(X/2) + cos(Y);
>> s = surf(X,Y,Z,abs(Z));
>> s.EdgeColor = 'none';
>> colormap(spring);
```

使用 mesh 函数绘制三维曲面图中的网格曲面图,即该三维曲面的各个小块不着色而网格线着色。mesh 函数的使用与 surf 函数基本类似。例如,绘制二元函数

$$f(x,y) = y\sin x - x\cos y, \quad x,y \in [-5,5]$$

的网格曲面图,并使用 jet 颜色图数组进行着色。输入如下代码:

```
>> [X,Y] = meshgrid(-5:0.5:5);
>> mesh(X,Y,Y.*sin(X)-X.*cos(Y));
>> colormap(jet);
```

得到的网格曲面图如图 5-25 所示。

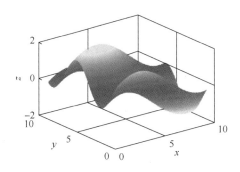

图 5-24　例 5.15 光滑三维曲面图

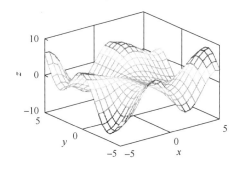

图 5-25　网格曲面图

5.3.2　瀑布图和条带图的绘制

瀑布图和条带图可以视为三维曲面图和网格曲面图的变种。瀑布图是一种沿 y 轴方向有部分帷幕的网格曲面图,而且网格线也只沿着 x 轴的方向,因此能够产生一种"瀑布"的效果。用于绘制瀑布图的 waterfall 函数使用方法类似 mesh 函数。

利用 ribbon 函数绘制条带图。对等长度矢量 X 和 Y 所给定的一组函数值的条带图 ribbon(X,Y),实际上是将"线"扩充为"带"并以三维显示;当 Y 为矩阵且 Y 的行数与矢量 X 的长度相等时,Y 中各列数据沿条带图的"x 轴"方向排列,条带图的"y 轴"方向则对应矢量 X 中的值,再以平行的条带将 Y 中各列的数据以三维显示;当 X 和 Y 为等大小的矩阵时,则将 X 和 Y 对应各列作为待绘制的条带数据,并将各条带沿条带图的"x 轴"方向平行排列。

【例 5.16】

绘制以下二元函数的瀑布图:

$$z = f(x,y) = 2y\sin x + x\cos 0.5y, \quad x,y \in [0,10]$$

输入如下代码：

```
>> [X,Y] = meshgrid(0:0.2:10);
>> Z = 2*Y.*sin(X) + X.*cos(Y/2);
>> waterfall(X,Y,Z); xlabel('x'); ylabel('y'); zlabel('z');
```

得到的瀑布图如图 5-26 所示。

也可先把 X 和 Y 的离散化间隔改为 0.5 后，利用下面一行代码，就可绘制出该函数的条带图，如图 5-27 所示。

```
>> ribbon(Y,Z); xlabel('x'); ylabel('y'); zlabel('z');
```

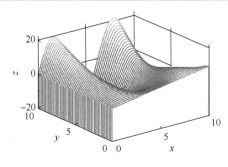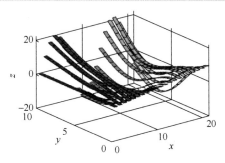

图 5-26　例 5.16 瀑布图　　　　　　　　图 5-27　例 5.16 条带图

注意：条带图的"x 轴"实际对应矩阵 Y 的列号。

5.3.3　使用 pcolor 函数绘制伪彩色图

严格来说，伪彩色图不是通常所说的"三维图"。因为在伪彩色图中，第 3 个维度并非空间维度，而是用色彩来体现的，所以可以将伪彩色图想象成从正上方沿着 z 轴方向观察得到的曲面图。

【例 5.17】

绘制二元函数

$$f(x,y) = \sin(x^2)\cos(y^3), \quad x,y \in [-2\pi, 2\pi]$$

的伪彩色图。

输入如下代码：

```
>> [x,y] = meshgrid((-2:0.25:2)*pi);
>> z = sin(x.^2).*cos(y.^3);
>> s = pcolor(x,y,z);
```

得到的伪彩色图如图 5-28 所示。

为了使伪彩色图看起来更加平滑一些，可以对使用 pcolor 函数返回的图形对象的属性进行设置，以删除网格线，并在单元格色彩之间通过插值加入过渡色。

输入如下代码：

```
>> s.EdgeColor = 'none';
>> s.FaceColor = 'interp';
```

删除网格线后的伪彩色图如图 5-29 所示。

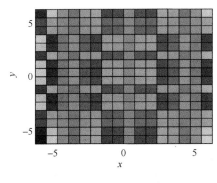
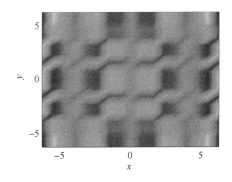

图 5-28　例 5.17 伪彩色图　　　　图 5-29　例 5.17 删除网格线后的伪彩色图

由于 *xOy* 平面网格的离散化间隔过大，采样过程丢失了函数的很多细节，因此即便使用了插值来增加过渡色，色块感仍然比较强烈。如果希望获得更加平滑的效果，可以进一步减小离散化间隔。输入以下代码以更精细的离散化间隔绘制伪彩色图，删除网格线，改用 autumn 颜色图数组，并且增加了表示颜色和值之间对应关系的颜色标度条，如图 5-30 所示。

```
>> [x,y] = meshgrid((-2:0.01:2)*pi);
>> z = sin(x.^2).*cos(y.^3);
>> s = pcolor(x,y,z);
>> s.EdgeColor = 'none';
>> colormap(autumn);
>> colorbar;
```

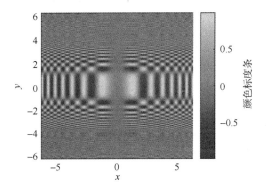

图 5-30　例 5.17 经处理后得到的平滑伪彩色图

5.3.4　等高线图的绘制方法

使用 contour(X,Y,Z) 函数可以绘制由矩阵 Z 中的等值线所构成的等高线图，并且 Z 中各点的坐标由 X 和 Y 给出。此时，contour 函数将自动确定需要显示的等高线的条数，以及它们的高程值。如果 x 和 y 坐标值取 Z 中元素的下标，那么可以直接使用 contour(Z) 函数绘制。

【例5.18】

绘制二元函数

$$z(x,y) = x(y-x)^2 \exp\left(-x^2 - \frac{y^2}{4}\right), -2 \leq x,y \leq 2$$

的等高线图。输入如下代码：

```
>> [x,y] = meshgrid(-2:0.01:2);
>> z = x.*(y-x).^2.*exp(-x.^2 - y.^2/4);
>> contour(x,y,z);
>> axis equal;
```

得到的等高线图如图5-31所示。

如果希望指定所绘制的等高线的数量，可以在z数组之后输入一个标量参数。输入以下代码将绘制35条等高线，同时将线条的配色方案改为copper颜色图数组，所得到的具有35条等高线的等高线图如图5-32所示。

```
>> contour(x,y,z,35);
>> axis equal;
>> colormap(copper);
```

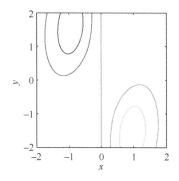 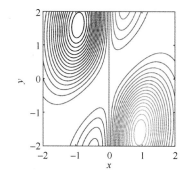

图5-31　例5.18等高线图　　　图5-32　例5.18具有35条等高线的等高线图

也可以更明确地指定需要绘制的等高线的高程值，这时将需要绘制的高程值组织成矢量作为矩阵z之后的输入。如果只希望绘制一个高程值h，那么为了避免与指定等高线条数的调用方式混淆，需要以矢量[h h]作为输入量。输入以下代码，就可指定14个高程值来绘制等高线图，如图5-33所示。

```
>> h = [.1 .2 .3 .5 .75 1 1.3];
>> contour(x,y,z,[-h h]);
```

使用contourf函数，可以填充等高线图，即利用与高程值相关的颜色，对等高线所划分出的各个区域进行填充，其用法与contour函数基本相同。输入以下代码，就可得到例5.18具有11条等高线的填充后的等高线图，如图5-34所示。

```
>> contourf(x,y,z,11);
```

使用contour3函数可以绘制三维等高线图，其用法与contour函数基本相同。输入以下代码，就可得到例5.18中的二元函数具有15条等高线的三维等高线图，如图5-35所示。

```
>> contour3(x,y,z,15);
```

此外，等高线图还可以与曲面图结合起来，同时显示三维曲面及曲面投影到二维平面上对应的等高线图。利用 surfc 函数和 meshc 函数可分别绘制曲面图及曲面网格图下的等高线图，这两个函数的用法与 surf 函数类似。如果需要修改等高线相关的外观，可利用函数返回的 Contour 对象的属性来设置。例 5.18 曲面网格图下的等高线图如图 5-36 所示。

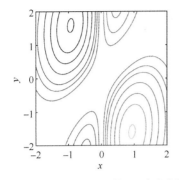

图 5-33　例 5.18 按指定的 14 个高程值
　　　　　绘制得到的等高线图

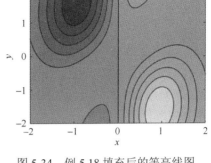

图 5-34　例 5.18 填充后的等高线图

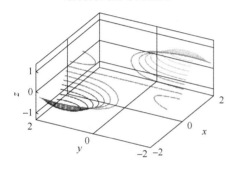

图 5-35　例 5.18 三维等高线图

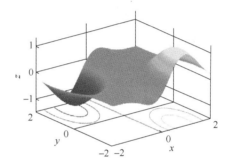

图 5-36　例 5.18 曲面网格图下的等高线图

关于更多的曲面图和网格图函数与帮助信息，可在 MATLAB 帮助文档的"曲面图和网格图"主题下获得。

5.4　数据分布图的绘制

5.4.1　直方图的绘制方法

histogram 函数可用于绘制数据集的分布直方图。对于给定的数据集（以矢量表示）X，它的直方图绘制方法如下：将特定 X 的元素取值区间离散化为若干（不相交的）单元（bin），然后统计出 X 的元素落在各个单元中的个数，以这些个数作为对应于每个单元的垂直矩形条的高度作图。

使用 histogram(X,nbins) 函数，可以根据用户指定的单元数量 nbins，将取值区间自动离散化后，再绘制数据集 X 的直方图。nbins 默认情况下由 histogram 函数自动计算得到。也可以直接利用一个矢量 e，通过 histogram(X,e) 指定各个单元的具体区间。

注意：e 中指定的是连续若干单元区间的左端点坐标，除了对最后一个单元指定左右两个端点坐标。例如，假设矢量 $e = (e_1, e_2, \cdots, e_{n+1})^T$，那么由它所确定的单元就是以下 n 个区间：$[e_1,e_2), [e_2,e_3),\cdots,[e_n,e_{n+1}]$。此外，如果已经通过其他方式获得了单元划分矢量 e 及各个单元内的计数值 c，就可以直接利用这个统计结果绘制直方图，调用方式为 histogram('BinEdges',e,'BinCounts',c)。

【例 5.19】

输入以下代码，生成 10000 个标准正态分布的随机数，并绘制其直方图。

```
>> x = randn(10000,1);
>> histogram(x);
```

得到的直方图如图 5-37 所示。容易看出，在默认情况下，histogram 函数将根据 x 中的最大值和最小值确定的区间，进行等区间宽度划分，进而统计直方图。而以下代码则自行确定了直方图各个单元的区间，并且另行设定了矩形条的颜色。结果如图 5-38 所示。

```
>> histogram(x,-3:0.15:3,'FaceColor',[1 .157 .375]);
```

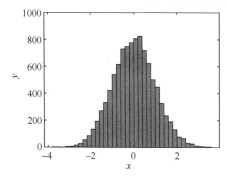 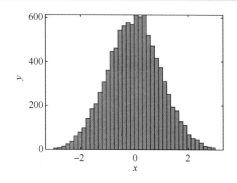

图 5-37　例 5.19 直方图　　　　　图 5-38　例 5.19 自行确定各个单元区间的直方图

使用 histogram2 函数，可以对两个数据集的联合分布进行二维直方图统计和绘制。类似于 histogram 函数，histogram2 函数将两个数据集 x 和 y 各自的取值范围进行离散化，从而形成矩形排列的平面网格阵列，再统计出分布在各个网格中的 (x,y) 点的数量，即二维直方图。其使用方法也与 histogram 函数基本类似。输入以下代码，可以生成两个相关的正态分布变量 u 和 v，并按照指定的网格划分方式绘制二维直方图，如图 5-39 所示。

```
>> x = randn(10000,1);
>> y = randn(10000,1)*1.5;
>> u = x*cosd(30)-y*sind(30);
>> v = x*sind(30)+y*cosd(30);
>> histogram2(u,v,-3:0.3:3,-3:0.3:3)
```

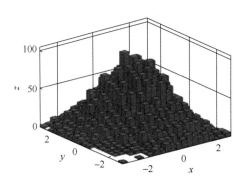

图 5-39　二维直方图

5.4.2 箱形图的绘制方法

箱形图可简洁直观地描述数据集分布情况。对一组数据，箱形图的矩形部分用来显示以数据的 25%分位值和 75%分位值确定的取值范围，箱形图中的线条用来显示数据的中值（50%分位值）、"正常数据"的最大值和最小值，以及超出正常取值范围的"离群点"。该正常取值范围是利用数据的 25%和 75%分位值计算得到的。

使用 boxchart(Y) 可以把矩阵 Y 的每列视为一组数据，并且在同一个坐标区中以平行的方式绘制各组数据的箱形图。输入以下代码，可以生成一个 10 阶幻方阵（经转置），并把它作为模拟数据，绘制各列的箱形图，如图 5-40 所示。

```
>> Y = magic(10)';
>> boxchart(Y);
```

此外，还可以设置箱形图的 Notch 属性。此时，在中位线处会出现一个着色的锥形缺口，若两个箱形图的缺口区域存在重叠，则可以认为这两组数据的中位值之间没有显著差异。输入以下代码将开启 Notch 属性，并重新设置缺口区域颜色，如图 5-41 所示。

```
>> boxchart(Y,'Notch','on','BoxFaceColor',[0 .5 .5]);
```

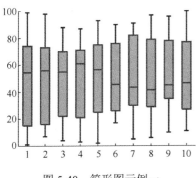

图 5-40　箱形图示例一

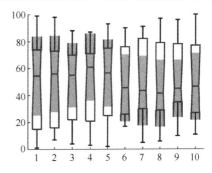

图 5-41　箱形图示例二

5.4.3 散点图的绘制方法

使用 plot 函数也可以绘制简单的散点图，但是在 plot 函数绘制的散点图中，同一批数据点都具有相同的形状、颜色和大小。利用 scatter 函数不仅可以在平面的不同位置绘制数据点，而且数据点可以具有不同的大小和颜色，从而能够在位置坐标信息之外，再额外附加两个不同的信息，使图形所表达的内容更为丰富。

scatter(x,y) 函数用于在矢量 x 和 y 所指定的一系列位置，绘制大小和颜色相同的圆圈；通过 scatter(x,y,sz) 函数可以利用标量或与 x、y 等长度的矢量 sz，来设置各个圆圈的面积，单位为平方磅（1 平方磅约为 $0.1235mm^2$）；scatter(x,y,sz,c) 函数还可以通过 c 进一步指定各个圆圈的颜色，它既可以通过 RGB（数组）的形式直接指定每个圆圈的颜色，也可以是一个数值标量或矢量，由 scatter 函数将数值映射为坐标区颜色表中的颜色。

以上绘制的标记点都是圆圈，因此有时散点图又称为气泡图。也可以使用与 plot 中数据标记点类似的字符数组来指定不同的形状，例如，'d' 表示菱形；如果希望标记点用颜色填充，则可以使用 scatter(...,'filled')。

【例 5.20】

在下面的脚本 M 文件中,分别给出了我国华北、东北、西北、华东、华中、华南和西南地区(不包括港澳台地区)2019 年的国民生产总值(单位:亿元)以及国民生产总值的增长率(单位:%)。在每个地区选择一个代表城市,然后在该城市的位置处,用一个面积与地区国民生产总值成比例、颜色与增长率呈线性关系的圆形绘制散点图。其中,每 100 亿元国民生产总值对应 1 平方磅的圆形面积。得到的散点图如图 5-42 所示。

gdpscatter.m

```
pos = [
    116+20/60  39+56/60
    125.35     43.88
    103+40/60  36+3/60
    121+31/60  31+16/60
    114+23/60  30+40/60
    113+17/60  23+8/60
    104.07     30.67];
gdp = [
    118819.29
    50248.95
    54823.01
    350715.09
    164597.13
    134217.14
    111912.50];
growth = [6.98 5.54 7.26 7.39 9.00 7.82 9.43];
scatter(pos(:,1),pos(:,2),gdp/100,growth,'filled');
axis equal;
colormap(jet); colorbar;
```

使用 scatter3 函数,可在三维空间坐标系中,用不同大小、颜色的球体或其他立体绘制散点图,其用法与 scatter 函数类似,在此不再具体介绍。

binscatter 函数大致可以视为 histogram 函数和 pcolor 函数的结合,即在获取二维直方图之后,再使用伪彩色图将其显示出来,就是使用 binscatter 函数的效果。使用 binscatter(x,y,N),可以根据离散单元数 N 统计 x 和 y 的二维直方图,并使用颜色来表示计数值的大小。N 可以是标量或长度为 2 的矢量,分别给出了 x 和 y 的离散单元的数量。如果省略 N,那么 binscatter 函数将自动计算离散单元数,并且在进行放大或缩小时,还将自动调整离散化间隔以便观察细节。

输入以下代码,可以产生两组相关的随机数,并绘制其分 bin 散点图,如图 5-43 所示。

```
>> x = randn(1e4,1);
>> y = randn(1e4,1)*0.7 + 1.5*x;
>> binscatter(x,y,100);
>> colormap(hot), colorbar;
```

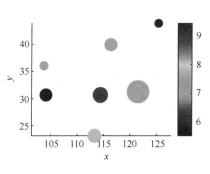
图 5-42 例 5.20 散点图

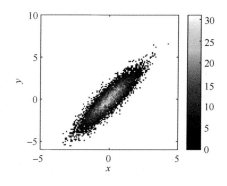
图 5-43 分 bin 散点图示例

5.4.4 平行坐标图的绘制方法

平行坐标图是一种高维数据可视化的方法。在常见的关系数据库或表结构中，一条记录有多个固定的属性。平行坐标图为每个属性创建一个纵向坐标轴，一条记录用一条折线来表示，这条折线将各个坐标轴上对应该记录值的点连接起来。

parallelplot 函数可用于绘制平行坐标图，由于平行坐标图就是针对关系数据库这样的表结构，因此平行坐标图自然可以支持表数据类型。此外，也可以使用普通的矩阵来组织数据。例如，对矩阵 data，利用 parallelplot(data) 函数就可以绘制其平行坐标图，其中矩阵的每列对应一个属性，每行对应一条记录。

输入以下代码，生成一个 10 阶希尔伯特矩阵的逆矩阵，并绘制其平行坐标图。

```
>> m = invhilb(10);
>> parallelplot(m);
```

得到平行坐标图如图 5-44 所示。

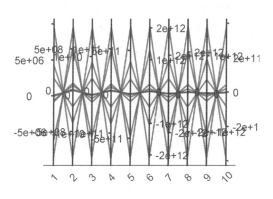
图 5-44 平行坐标图

5.4.5 饼图的绘制方法

饼图是一种常见的用于体现各部分在总体中的占比的图形。

使用 pie 函数可以绘制二维饼图。对矢量 X，通过 pie(X) 函数，利用 X 中的数据绘制饼图。具体如下：如果 X 中元素的总和小于 1，那么 X 中的元素将被直接解释为比例，由此绘制出的饼图是一个有缺口的饼图；如果 X 中元素的总和不小于 1，那么 X 将通过 X/X 中元素的总和进行归一化，之后根据比例绘制饼图。

例如，输入以下代码，通过伪随机数发生器模拟产生 5 个工厂在某月的产量，并绘制出每个工厂产量占总产量的比例的饼图，如图 5-45 所示。

```
>> x = randi([140 350],5,1);
>> pie(x);
```

如果希望为饼图的每个扇形部分指定一个文本标签，以提高图形的可理解性，那么可以使用一个长度与 x 相等的字符数组的元胞数组 label，分别指定 x 中每个元素的标签。有时还需要突出显示 x 中的某一个或某一些元素，可以通过与 x 等长度的数值型或逻辑性矢量 explode 完成。在 explode 中，值不为 0 的元素所对应的扇形部分将以"弹出"的方式显示，从而达到突出显示的效果。输入以下代码，可以把示例中每个工厂分别命名为"上海厂""苏州厂""武汉厂""广州厂""新竹厂"，并突出显示该月产量未达到 300 个的工厂。得到的饼图如图 5-46 所示。

```
>> label = {'上海厂' '苏州厂' '武汉厂' '广州厂' '新竹厂'};
>> pie(x, x<300, label);
```

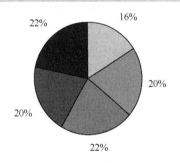
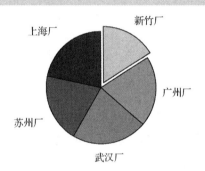

图 5-45　饼图示例一　　　　　　图 5-46　饼图示例二

pie3 函数可用于绘制三维饼图，其用法与 pie 函数基本一致。例如，对图 5-46 中的饼图，利用 pie3 函数把它绘制成三维饼图，如图 5-47 所示。

```
>> pie3(x, x<300, label);
```

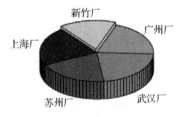

图 5-47　三维饼图示例

更多相关函数和用法可参考"数据分布图"帮助主题下的 MATLAB 帮助文档。

5.5　离散数据图的绘制

5.5.1　条形图的绘制方法

条形图利用矩形条的长度或高度直观地反映数据间的差别。条形图通常用于数据量较小的场合，如几个或十几个数据之间的比较。

bar(x,y)函数以矢量 x 中的值为自变量，将等长度矢量 y 中的数据用条形图显示。如果省略 x，那么将以 y 中的元素下标为自变量。bar(...,width)函数可以用于设置条形图的宽度，不过，这个宽度是以相对宽度定义的，也就是占相邻条形图间隔的比例。bar(...,color)可以用字符数组定义的颜色指定所绘制的所有条形图的颜色。y 也可以是矩阵，但是这时 y 中的每行被视为相同自变量下不同因变量所构成的一组数值。

【例 5.21】

绘制湖南省 2018—2019 年共 8 个季度的社会消费品零售总额累计增长率的条形图，并且将增长率低于 10%的条形用红色显示。

输入以下代码：

```
>> g = [11.1 10.3 10.2 10.0 9.4 9.9 10.0 10.2];
>> I = find(g>=10);
>> bar(I,g(I)); hold on;
>> I = find(g<10);
>> h = bar(I,g(I));
>> h.FaceColor = [.9 .5 0];
>> ax = gca;
>> ax.XTick = 1:8;
>> ax.XTickLabel = {'Q1','Q2','Q3','Q4','Q5','Q6','Q7','Q8'};
```

得到的条形图如图 5-48 所示。

若还要比较多个省份多个季度社会消费品零售总额增长率，则可以使用分组的多个条形图显示。输入以下代码，可以绘制 2019 年 4 个季度湖南、湖北、江西、河南 4 个省份的社会消费品零售总额增长率，并且将条形图的基线调至 8%，以更突出地体现数据中的波动。

```
>> g = [9.4 9.9 10.0 10.2
10.5 10.4 10.3 10.3
11.1 11.2 11.2 11.3
10.4 10.4 10.7 10.4]';
>> bar(g-8);
>> ax = gca;
>> ax.YTick = 0:3;
>> ax.YTickLabel = 8:11;
```

分组条形图如图 5-49 所示。当对多个因变量分组绘制条形图时，每组条形图还可以有不同的布局。默认状态下的一种布局方式为'grouped'，即各个条形图并列；另一种常用的布局方式是'stacked'，即每组的多个条形图堆叠成一个更长的条形图，这种方式可以更好地体现总量的变化，但是不容易看出各个不同因变量的变化趋势。对例 5.21 中 4 个省份的社会消费品零售总额增长率，用堆叠方式绘制出条形图。

输入以下代码：

```
>> bar(g,'stacked');
```

得到如图 5-50 所示的堆叠条形图。

barh 函数用于绘制水平方向的条形图，其他用法与 bar 函数相同。不过，默认情况下 barh 函数的因变量是按从下至上的直角平面坐标系的方式排列的。如果希望变为从上至下的排列方式，可使用 axis 命令。对例 5.21 中 4 个省份的社会消费品零售总额增长率用水平条形图显示，输入以下代码得到的水平条形图如图 5-51 所示。

```
>> barh(g-8); axis ij;
>> ax = gca;
>> ax.XTick = 0:3;
>> ax.XTickLabel = 8:11;
```

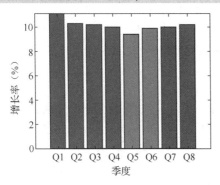

图 5-48　例 5.21 条形图（单个省份）

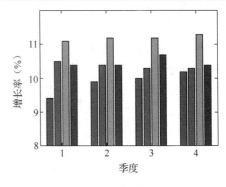

图 5-49　例 5.21 分组条形图（4 个省份）

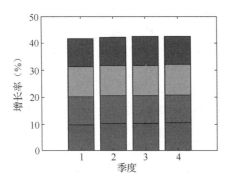

图 5-50　堆叠条形图

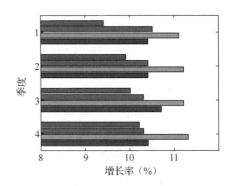

图 5-51　水平条形图

使用 bar3 函数和 bar3h 函数可以绘制三维条形图，它们分别是 bar 和 barh 函数的三维版本，两个版本的用法基本相同，只是在分组的条形图显示上，不同因变量的长方体组织风格默认为'detached'，而不是'grouped'。对例 5.21 中 4 个省份的社会消费品零售总额增长率，用'detached'（分离式）和'grouped'（成组式）绘制的三维条形图分别如图 5-52 和图 5-53 所示。

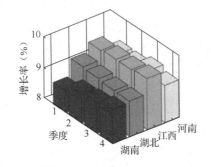

图 5-52　分离式三维条形图

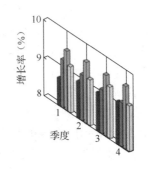

图 5-53　成组式三维条形图

5.5.2 针状图的绘制方法

将每个数据点绘制为一个标记点形状,默认为圆形,并在各个标记点和 x 轴之间绘制对应的垂直线段,形成针状图。针状图一般用于表现数据的"采样结果",比较适用于规模为几个到几十个数据的数据集。

stem(x,y)函数用于绘制 y 相对于 x 的针状图。当 x 为矢量而 y 为矩阵时,stem 函数将对 y 的每列数据绘制相同外观的一组针状图;当 x 和 y 为大小相同的矩阵时,相应的列构成一组针状图数据。以下代码分别使用不同的离散化间隔,绘制了函数

$$y = \exp(x/2)\sin x, x \in [0, 2\pi]$$

和

$$y = \exp(x/1.5)\cos x, x \in [0.5\pi, 2\pi]$$

的针状图,如图 5-54 所示。

```
>> t1 = deg2rad(0:12:360);
>> stem(t1,exp(t1/2).*sin(t1))
>> hold on;
>> t2 = deg2rad(90:9:360);
>> stem(t2,exp(t2/1.5).*cos(t2),'Color',[0.6 0 1]);
```

使用 stem3 函数可以绘制三维针状图,其用法与 stem 函数基本相同。例如,可以用该函数绘制下述参数方程给定的曲线针状图。

$$\begin{cases} x = \cos\theta \\ y = \sin\theta \\ z = \cos 4\theta + 0.5\cos 8\theta + 0.2\cos 12\theta \end{cases}, \theta \in [0, 2\pi]$$

输入以下代码:

```
>> t = deg2rad(0:3:360);
>> x = cos(t);
>> y = sin(t);
>> z = cos(4*t) + 0.5*cos(8*t) + 0.2*cos(12*t);
>> stem3(x,y,z,'d')
```

得到的三维针状图如图 5-55 所示。

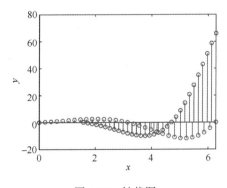

图 5-54 针状图

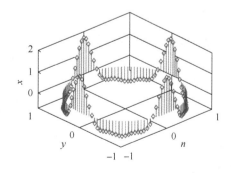

图 5-55 三维针状图

5.5.3 帕累托图的绘制方法

使用 pareto(Y) 函数可将矢量 Y 中的元素按降序排列后,绘制数据的条形图,此类图称为帕累托图。此外,还可以用来绘制线图以显示排序后 Y 中元素的累计和。Y 中的元素必须为非负且不能包含 NaN。默认情况下,pareto 函数将显示排序后的前 10 个数据,或者显示累计和至少占总和 95% 的若干数据,以较小者为准。此时,x 轴上显示的是这些数据在 Y 中的下标。帕累托图通常用于表现影响量(Influence Quantity)中的主要影响因素及其贡献。

输入以下代码,可以生成 20 个服从正态分布的随机数,然后绘制其绝对值的帕累托图,如图 5-56 所示。

```
>> v = abs(randn(20,1));
>> pareto(v);
```

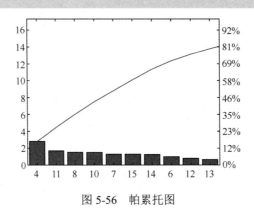

图 5-56 帕累托图

5.6 极坐标图的绘制

5.6.1 极坐标线图的绘制方法

绘制极坐标线图的函数 polarplot 使用方法与 plot 函数几乎相同,只不过前者需要提供极角 θ 和极径 ρ,而不提供数据点的平面直角坐标系坐标 x 和 y。

【例 5.22】

在同一极坐标系中绘制

$$\rho = \sin 4\theta$$

和

$$\rho = \frac{1}{2}\sin 4\left(\theta - \frac{\pi}{8}\right)$$

的极坐标线图。

输入如下代码:

```
>> t = deg2rad(0:0.5:360);
>> r1 = sin(4*t);
>> polarplot(t,r1,'b');
>> hold on;
```

```
>> r2 = 0.5*sin(4*(t-pi/8));
>> polarplot(t,r2,'r');
```

得到的极坐标线图如图 5-57 所示。

【例 5.23】

在同一极坐标系中绘制螺线 $\rho = 0.1\theta$ 和 $\rho = 0.1(\theta - \pi)$。

输入如下代码：

```
>> t = deg2rad([0:0.5:720; 180:0.5:900]');
>> r = [t(:,1) t(:,2)-pi] / 10;
>> polarplot(t,r);
```

得到的极坐标线图如图 5-58 所示。

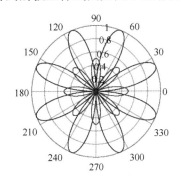

图 5-57　例 5.22 极坐标线图

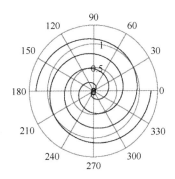

图 5-58　例 5.23 极坐标线图

5.6.2 极坐标散点图的绘制方法

用于绘制极坐标散点图的 polarscatter 函数用法与 scatter 函数基本相同，只是前者所用数据为极坐标。以下代码用伪随机数模拟了 12 个从各个方向逼近的目标，用散点面积表示目标质量，1 平方磅对应 10 个质量单位；用(0,1)区间的小数表示目标的"威胁度"，并将其映射为 jet 颜色图数组中的颜色；散点内部填充颜色，并且设置其透明度为 50%。得到的极坐标散点图如图 5-59 所示。

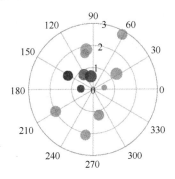

图 5-59　极坐标散点图

```
>> t = rand(12,1)*2*pi;
>> r = rand(12,1)*3;
>> mass = randi([500 3000],12,1);
```

```
>> threat = rand(12,1);
>> cmap = jet(500);
>> polarscatter(t,r,mass/10,cmap(round(threat*500),:),...
'filled','MarkerFaceAlpha',0.5);
```

5.6.3 玫瑰图的绘制方法

对极角进行统计并在极坐标系中绘制相应的直方图，这些直方图就是玫瑰图，因此，绘制玫瑰图的 polarhistogram 函数与绘制直方图的 histogram 函数使用方法基本相同，只不过前者使用的数据应该为角度数据。

输入以下代码，可以产生10000个随机极角。

```
>> t = atan2(rand(10000,1)-0.5, 2*(rand(10000,1)-0.5));
>> polarhistogram(t, 30);
```

得到的玫瑰图如图5-60所示。

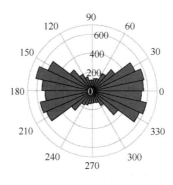

图 5-60　玫瑰图

更多极坐标绘图函数及其用法请参考"极坐标图"主题下的 MATLAB 帮助文档。

5.7　向量场相关图形的绘制

5.7.1 箭头图的绘制方法

quiver 函数可用于绘制二维平面上的向量场箭头图，即在每个平面以箭头的形式绘制与该位置相关联的平面向量。使用 quiver(x,y,u,v) 可在每个 (x(i),y(i)) 位置绘制向量 (u(i),v(i))。如果 x 和 y 使用矩阵 u 和 v 的下标，那么可以省略。

【例5.24】

绘制向量场

$$\begin{cases} u(x,y) = y\cos x \\ v(x,y) = x\sin y \end{cases}, 0 \leqslant x, y \leqslant 2$$

的箭头图。

输入如下代码：

```
>> [x,y] = meshgrid(0:.2:2);
>> u = y.*cos(x);
```

```
>> v = x.*sin(y);
>> quiver(x,y,u,v);
```
得到的箭头图如图 5-61 所示。

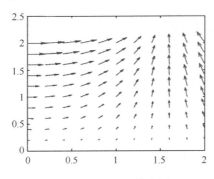

图 5-61　例 5.24 箭头图

【例 5.25】

绘制二元函数
$$z(x,y) = x\exp(-x^2 - y^2), -2 \leqslant x, y \leqslant 2$$
的等高线图，并绘制叠加函数梯度的箭头图。

上述函数的梯度为
$$\left(\frac{\partial z}{\partial x}, \frac{\partial z}{\partial y}\right)^{\mathrm{T}} = \left[(1-2x^2)\exp(-x^2-y^2), \; -2xy\exp(-x^2-y^2)\right]^{\mathrm{T}}$$

据此，可输入如下代码：
```
>> [x1,y1] = meshgrid(-2:0.01:2);
>> z = x1.*exp(-x1.^2-y1.^2);
```
得到的等高线图和箭头图如图 5-62 所示。
```
>> contour(x1,y1,z); hold on;
>> [x2,y2] = meshgrid(-2:0.2:2);
>> u = (1-2*x2.^2).*exp(-x2.^2-y2.^2);
>> v = -2*x2.*y2.*exp(-x2.^2-y2.^2);
>> quiver(x2,y2,u,v);
```

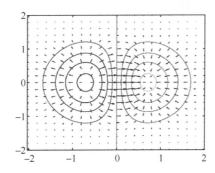

图 5-62　例 5.25 等高线图和箭头图

由于箭头需要占据一定的空间，因此箭头图一般不宜将离散网格划分得过细。

使用 quiver3 函数，可以绘制出三维向量场的箭头图，其用法类似于 quiver 函数，在此不再具体介绍。

5.7.2 羽毛图和罗盘图的绘制方法

以一根水平轴上的等距点作为向量起点，绘制一组向量的箭头，此类图称为羽毛图。使用 feather(u,v) 函数或 feather(z) 函数可绘制出羽毛图。其中，feather(z) 相当于 feather(real(z),imag(z))。例如，输入以下代码，得到的羽毛图如图 5-63 所示。

```
>> t = (-0.5:0.1:0.5)*pi;
>> feather(exp((0+1i)*t))
```

在极坐标系中将平面向量绘制成由原点发出的箭头，此类图称为罗盘图。使用 compass 函数可绘制出罗盘图，其用法与绘制羽毛图的函数基本相同。例如，输入以下代码，得到的罗盘图如图 5-64 所示。

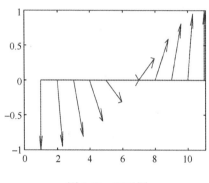

图 5-63　羽毛图

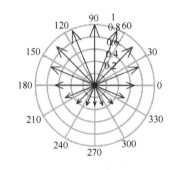

图 5-64　罗盘图

```
>> t = (0:0.125:2)*pi;
>> compass(exp((0+1i)*t).*((sin(t)+2)/3));
```

练　习

5-1　绘制以下平面曲线。

（1）在同一坐标系中绘制摆线。
$$x = r_a\varphi - \sin\varphi, y = r_a - \cos\varphi, \varphi \in [-\pi, 3\pi], r_a = 0.5, 1, 1.5$$

（2）双纽线。
$$x = \cos\varphi\sqrt{2\cos 2\varphi}, y = \sin\varphi\sqrt{2\cos 2\varphi}, \varphi \in \left[-\frac{\pi}{4}, \frac{\pi}{4}\right]$$

（3）对数曲线。
$$x = e^{k\varphi}\cos\varphi, y = e^{k\varphi}\sin\varphi, k = 0.1$$

（4）心形线。
$$x = 2\cos\varphi - \cos 2\varphi, y = 2\sin\varphi - \sin 2\varphi, \varphi \in [0, 2\pi]$$

（5）星形线。
$$x = 4\cos^3\varphi, y = 4\sin^3\varphi, \varphi \in [0, 2\pi]$$

（6）外摆线。

$$x = (R_r + 1)\cos\varphi - a_r\cos[(R_r + 1)\varphi]$$
$$y = (R_r + 1)\sin\varphi - a_r\sin[(R_r + 1)\varphi]$$
, $\varphi \in [0, 6\pi], R_r = 2.5, a_r = 2$

（7）在同一坐标系中绘制内摆线。

$$x = (R_r - 1)\cos\varphi + a_r\cos[(R_r - 1)\varphi]$$
$$y = (R_r - 1)\sin\varphi - a_r\sin[(R_r - 1)\varphi]$$
, $\varphi \in [0, 2\pi], R_r = 3, a_r = 0.5, 1, 2$

5-2 某一品牌弹簧系数 C_1 的计算公式为

$$C_1 = 0.5d_t^3 - 1.5h_t d_t^2 + (1 + h_t^2)d_t$$

请在同一个坐标系中绘制 $h_t = 1.0, 1.1, 1.2, \cdots, 3.0$ 时的 C_1-d_t 的光滑曲线，$d_t \in [0,5]$，C_1 的绘制范围为[0,8]，并使用渐变色对不同 h_t 值下的曲线进行着色。

5-3 电钻效率由下式给出：

$$e = 100\frac{\cos\alpha - \mu\tan\lambda}{\cos\alpha + \mu\tan\lambda}(\%)$$

式中，α 为螺纹角，λ 为超前角，μ 为摩擦系数。请在同一个坐标系中绘制 $\mu = 0.02, 0.03, \cdots, 0.25$ 时的 e-λ 光滑曲线。其中，λ 的取值范围为 0~90°，$\alpha = 14.5°$。e 的绘制范围为[0,100]。请使用渐变色对不同 μ 值下的曲线进行着色。

5-4 蜗轮的 K 系数由下式给出：

$$K = \frac{\beta}{\sin\lambda} + \frac{1}{\cos\lambda}$$

式中，λ 为超前角，β 为齿数比。请在同一个坐标系中绘制 $\beta = 0.02, 0.03, \cdots, 0.30$ 时的 K-λ 曲线，其中，λ 的取值范围为 1~40°，K 的绘制范围为[1,2]。使用渐变色对不同 β 值下的曲线进行着色。此外，找出每个 β 值下曲线的最小点，并用黑色虚线绘制由所有 β 值下最小点构成的曲线。

5-5 方波的傅里叶级数近似为

$$S_n(t) = \frac{4}{\pi}\sum_{k=0}^{n}\frac{1}{2k+1}\sin[2(2k+1)\pi f t]$$

设方波频率 $f = 1$，请在同一个坐标系中绘制 $n = 0, 1, \cdots, 20$ 时足够光滑的近似方波波形，并使用渐变色对不同 n 值下的方波波形进行着色。t 的取值范围为[0,2]。

5-6 在[0,2π]区间的正弦曲线上选取足够多的点，以这些点为圆心，分别绘制半径为 0.3 的圆，并使用渐变色依次给这些圆着色。

5-7 绘制以下三维曲线。

（1）$\begin{cases} x = \cos\theta \\ y = \sin\theta \\ z = 0.3\cos 10\theta \end{cases}$, $\theta \in [0, 2\pi]$

（2）$\begin{cases} x = \cos\theta\sqrt{b^2 - c^2\cos^2 10\theta} \\ y = \sin\theta\sqrt{b^2 - c^2\cos^2 10\theta} \\ z = c\cos 10\theta \end{cases}$, $\theta \in [0, 2\pi], b = 1, c = 0.3$

(3) $\begin{cases} x = (b + a\sin 20\theta)\cos\theta \\ y = (b + a\sin 20\theta)\sin\theta, \theta \in [0, 2\pi], a = 0.2, b = 0.8 \\ z = a\cos 20\theta \end{cases}$

5-8 绘制以下三维曲面。

(1) $z = 0.5(x^4 \pm y^4), x, y \in [-3, 3]$

(2) $z = \sin(2\pi a\sqrt{x^2 + y^2}), a = 3, x, y \in [-1, 1]$

(3) $z = \sin(2\pi axy), a = 3, x, y \in [-1, 1]$

(4) $x = u\cos v, y = u\sin v, z = \text{arccosh}\,u, u \in [1, 5], v \in [0, 2\pi]$

(5) $x = u\cos v, y = u\sin v, z = v, u \in [-0.5, 0.5], v \in [-2\pi, 2\pi]$

(6) $\begin{cases} x = e^{bv}\cos v + e^{av}\cos u\cos v \\ y = e^{bv}\sin v + e^{av}\cos u\sin v, a = 0.3, b = 0.5, u \in [0, 2\pi], v \in [-3, 3] \\ z = e^{av}\sin u \end{cases}$

(7) 单位球面 $z = \pm\sqrt{1 - x^2 - y^2}$ （提示：使用极坐标）

(8) 椭球面 $z = \pm 2\sqrt{1 - x^2 - y^2/1.5^2}$ （提示：使用极坐标）

5-9 对于流过平板的湍流，其平均努塞尔特数 Nu 为

$$\text{Nu} = \frac{0.037\text{Re}^{0.8}\text{Pr}}{1 + 2.443\text{Re}^{-0.1}(\text{Pr}^{2/3} - 1)}, 5\times 10^5 \leqslant \text{Re} \leqslant 10^7, 0.6 \leqslant \text{Pr} \leqslant 2000$$

式中，Re 为雷诺数，Pr 为普朗特数。请使用适当的方式使 lg Nu 与 lg Re 和 lg Pr 之间的关系可视化。

5-10 受扭力作用的矩形梁横截面上的无量纲剪切应力为

$$\tau^2(x, y) = \tau_{xz}^2(x, y) + \tau_{yz}^2(x, y)$$

式中，x 和 y 为归一化处理后的横截面上的坐标，$-1 \leqslant x, y \leqslant 1$，

$$\tau_{xz}(x, y) = -\frac{16}{\pi^2}\sum_{n=0}^{\infty}\frac{(-1)^n}{(2n+1)^2}\cdot\frac{\sinh(k_n y)}{\cosh(k_n \lambda)}\cos(k_n x)$$

$$\tau_{yz}(x, y) = 2x - \frac{16}{\pi^2}\sum_{n=0}^{\infty}\frac{(-1)^n}{(2n+1)^2}\cdot\frac{\cosh(k_n y)}{\cosh(k_n \lambda)}\sin(k_n x)$$

$\lambda = b/a$ 为矩形梁的宽高比，$k_n = (2n+1)\pi/2$。请使用适当的方式，绘制不同的宽高比值下剪切应力 τ 在横截面上的分布情况。其中的级数在相邻两个部分和的差值小于 10^{-3} 时截断。

5-11 以适当的方式绘制以下的函数关系：

$$y = e^{x^{1.1}} + e^x \sin 2x, 0 \leqslant x \leqslant 10$$

5-12 一个二阶系统的频率响应函数为

$$G(j\omega) = \frac{1}{1 - \omega^2 + 2\zeta\cdot j\omega}$$

请在同一个坐标系中以适当方式，绘制 ζ = 0.1, 0.2, …, 2.0 时的频率响应函数幅值 $\|G(j\omega)\|$ 随 ω 变化的曲线图，并用渐变色对不同 ζ 值下的图形进行着色。

5-13 1班和2班进行了一次考试。现在按不及格、及格、中等、良好和优秀5个分数段对学生进行统计，1班各分数段的人数分别为5人、8人、11人、7人、2人，2班各分数段的人数分别为4人、10人、12人、10人和1人。

请使用水平方向上的两个子图，以条形图分别显示1班和2班的成绩分布，要求x轴的刻度值分别设置为成绩等级，并且不及格所对应的条形图用红色，其余条形图用蓝色。

5-14 请在同一个坐标系中，用红色虚线绘制$y = x^2$在[0,6]区间上的光滑曲线，同时用条形图绘制$y = x^2$在$x = 1, 2, \cdots, 5$时的函数值。

5-15 在同一坐标系中，用红色虚线绘制$y = 1/x$的光滑曲线，用蓝色虚线绘制$y = -1/x$的光滑曲线，x的取值范围均为[1,50]，再用黑色线条绘制莱布尼茨级数前20项值的针状图。

5-16 在同一坐标系中，用黑色虚线绘制以下信号的光滑曲线，并用针状图绘制采样间隔为0.25时上述信号的采样序列，要求当采样值的绝对值>0.6时，针状图的线条颜色为红色，其余针状图为蓝色。

$$x(t) = e^{-0.25t} \sin t, t \in [0,10]$$

5-17 根据Canalys公司发布的智能手机市场数据，2018—2019年，各主要厂商在中国（不包括港澳台地区）的智能手机销量见表5-1。

表5-1 2018—2019年中国智能手机市场数据

主要厂商	华为	OPPO	vivo	小米	苹果	其他
2018年销量／百万台	104.8	79.3	77.6	49.1	34.6	50.1
2019年销量／百万台	142.0	65.7	62.7	38.8	27.5	32.0

请在2×2布局的子图中绘制如下图形：

（1）分别在左、右上角子图中用三维饼图绘制出2018年和2019年各厂商的销售份额，并且突出显示份额最大者，标注出各个厂商的名字。

（2）在左下角子图中用条形图绘制各厂商的智能手机销量，每个厂商用一组条形图表示，每组条形图均包括2018年和2019年两年的销量。x轴以厂商名为刻度值。

（3）在右下角子图中用堆叠式条形图显示2018—2019年智能手机销量的变化。

5-18 考虑如下的迭代过程：

$$\begin{cases} x_{k+1} = \sin(ay_k) - z_k \cos(bx_k) \\ y_{k+1} = [z_k \sin(cx_k) - \cos(dy_k)] \sin\dfrac{1}{x_k}, k = 0, \cdots, 9999 \\ z_{k+1} = e \sin(bx_k) \end{cases}$$

设$x_0 = -10$，$y_0 = -1$，$z_0 = -1$，$a = 2.24$，$b = 0.43$，$c = -0.65$，$d = -2.43$，$e = 1$。请用三维散点图绘制上述迭代过程所产生的三维点序列$\{(x_k, y_k, z_k)\}$。

5-19 考虑如下的迭代过程：

$$\begin{cases} x_{k+1} = x_k^2 - y_k^2 + a \\ y_{k+1} = 2x_k y_k + b \end{cases}, a = -0.11, b = 0.65$$

选取初始点 (x_0, y_0)，并且 $-1 \leqslant x_0, y_0 \leqslant 1$。如果经过 n 次迭代后有 $x_n^2 + y_n^2 > 4$，那么迭代发散，并且记初始点 (x_0, y_0) 的"逃逸值"为 n；如果经过 256 次迭代仍未发散，那么认为该初始点开始的迭代收敛，其逃逸值设为 0。

请将平面上的正方形区域 $[-1,1] \times [-1,1]$ 以足够小的间隔离散化为一个矩形网格，以其中每个离散点为初始点，分别计算出它的逃逸值，从而得到相应的逃逸值矩阵，并使用伪彩色图显示逃逸值矩阵。

5-20 线性迭代函数系统（IFS）的一般形式为

$$z_{k+1} = Az_k + b, z_k = (x_k, y_k)^\mathrm{T}$$

IFS 的随机迭代过程如下：给定若干迭代矩阵 A_i、常矢量 b_i 和相应的选择概率 P_i，$i = 1, \cdots, n$。从给定的初始点 z_0 开始，在第 k 个迭代步骤，根据选择概率随机选中 A_j 和 b_j，然后根据 IFS 的迭代规则，求得 $z_{k+1} = A_j z_k + b_j$，直至完成所要求的迭代次数为止。

请根据以下的迭代矩阵、常矢量和选择概率，从 $z_0 = (1,1)^\mathrm{T}$ 开始，进行 5000 次以上的随机迭代，并利用散点图绘制所得的平面点序列。

$$A_1 = \begin{bmatrix} 0 & 0 \\ 0 & 0.16 \end{bmatrix}, A_2 = \begin{bmatrix} 0.85 & 0.04 \\ -0.04 & 0.85 \end{bmatrix}, A_3 = \begin{bmatrix} 0.2 & -0.26 \\ 0.23 & 0.22 \end{bmatrix}, A_4 = \begin{bmatrix} -0.15 & 0.28 \\ 0.26 & 0.24 \end{bmatrix}$$

$$b_1 = (0,0)^\mathrm{T}, b_2 = (0,1.6)^\mathrm{T}, b_3 = (0.01,1.6)^\mathrm{T}, b_4 = (0,0.44)^\mathrm{T}$$

$$P_1 = 0.01, P_2 = 0.85, P_3 = 0.07, P_4 = 0.07$$

第 6 章　MATLAB 中的符号计算

教学目标
（1）理解符号计算和数值计算的概念。
（2）能够使用符号计算完成表达式变形、化简和求值，完成函数求导与求积分，求解非线性方程（组）和求解常微分方程（组）等。
（3）理解符号计算的局限性，并能够在实际应用中恰当地使用符号计算功能。

教学内容
（1）符号计算的概念。
（2）符号数值、符号变量和符号表达式的创建。
（3）表达式的变形与化简。
（4）符号微积分运算。
（5）求解非线性方程或方程组。
（6）求解常微分方程或方程组。
（7）符号表达式的求值。
（8）符号表达式的代码生成。
（9）符号计算的局限性。

6.1　符号计算概述

本书前几章使用的 MATLAB 计算功能都是数值计算：这些计算都必须作用在具体的、确定的值之上，给出的结果同样是具体的值。而且，由于计算机的有限字长，大多数的数值都只能以近似的形式被存储和操作。

与数值计算相对的，则是符号计算。符号计算可以利用符号变量构成表达式，然后对这些表达式进行推导、变形等，类似于公式的推导过程。这些符号变量本身并不要求具有确切的数值。例如，在符号计算中，符号表达式 (a+b)^2 经过展开，可以得到另一个符号表达式 a^2+2*a*b+b^2，若是普通的数值计算，则要求提供变量 a 和 b 的确定值。另外，一些在数值计算中只能被近似给定的值如π等，在符号计算中都可以直接以符号的形式出现。例如，用符号计算 arcsin(−1)的值时，得到的结果为符号π，而非圆周率的近似值。

MATLAB R2020a 中提供了 Symbolic Math Toolbox，利用这个工具箱，可以完成符号表达式的变形、化简、求值，方程和线性方程组求解，求极限、微分和积分，以及求解微分方程组等任务。

在 MATLAB R2020a 中进行符号运算，使用实时脚本更为方便。使用如图 6-1 所示的"新建实时脚本"工具栏按钮，可以打开如图 6-2 所示的实时编辑器，并产生一个空白的实时脚本。实时脚本的编写与普通 M 脚本文件一样，并且可以利用实时编辑器中的"运行"

按钮执行脚本。实时脚本的主要优点：在实时编辑器中，可以同时显示脚本代码及运行脚本时的输出结果；输出格式更为灵活，不仅包括普通文本输出，还包括所绘制的图形输出及数学公式的输出等，对用户更为友好。因此，在本节中，尽管示例代码一般仍然在命令窗口或普通的 M 脚本或 M 函数中编写，其输出也仍然以命令窗口中的文本输出为主，但是读者可以将这些代码转移到实时编辑器中，从而能够更为直观地观察所涉及的数学表达式。

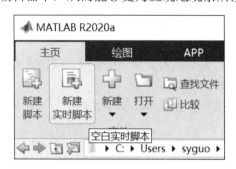

图 6-1 "新建实时脚本"工具栏按钮

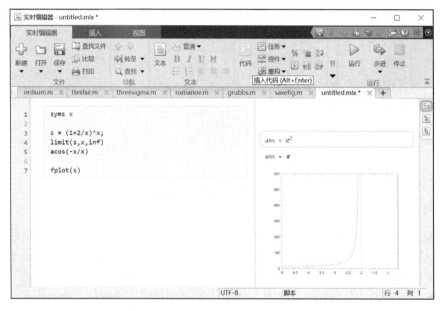

图 6-2 实时编辑器

6.2 创建符号数值、变量、表达式和函数

6.2.1 创建符号数值

使用 sym 函数，可以生成符号数值常量。例如，输入以下代码：

```
>> a = sym(1/3)
```

将生成一个值为 1/3 的符号常数，而不是计算出 1/3 的近似结果 0.3333…。上述表达式运行的结果为

```
a =
```

```
1/3
```

输入如下的普通数值运算的代码并对比输出的结果,那么两者的区别将更为明显。

```
>> b = 1/3
```

输出结果为

```
b =
    0.3333
```

进行符号运算时,圆周率π将被直接显示为pi,例如:

```
>> p = sym(pi)
```

输出结果为

```
p =
pi
```

而自然对数的底数e将以指数函数的形式给出,例如:

```
>> exp(sym(1))
```

输出结果为

```
ans =
exp(1)
```

如果是在实时编辑器中执行上述命令,那么圆周率和自然对数的底数被分别以π和e显示在结果区域中。

6.2.2 创建符号变量

符号变量既可以通过 sym 函数来创建,也可以通过 syms 命令来创建。利用 sym 函数创建符号变量时,用法如下。

(1)利用如下代码可以产生一个 sym 类型的 MATLAB 变量 x,它的值为符号变量 x,即在该变量未被清除或修改为其他值的时候,在语句中输入的 x 都会被作为符号变量对待。

输入如下代码:

```
>> x = sym('x')
```

输出结果为

```
x =
x
```

输入如下代码:

```
>> class(x)
```

输出结果为

```
ans =
    'sym'
```

这里需要注意区分作为 MATLAB 变量的 x,和作为 x 变量值的"x"。前者是在 MATLAB 语句中的 sym 类型的 MATLAB 变量,而后者是在显示和解释 sym 类型的 MATLAB 变量的值中所包含的符号变量和表达式时,被视为符号变量的"x",并没有限制要求这个 sym 类型的 MATLAB 变量与它的值中所包含的符号变量必须同名。例如,可以将符号变量赋值给另一个 sym 类型 MATLAB 变量 y。输入如下代码:

```
>> y = x
```

输出结果为

```
y =
x
```

也可以在调用 sym 函数生成 MATLAB 变量 x 时，将其值设定为符号变量 z。输入如下代码：

```
>> x = sym('z')
```

输出结果为

```
x =
z
```

当然，一般不需要也不推荐采用这种容易造成混淆的方式来定义符号变量。

（2）利用如下代码可以产生一个由符号变量所构成的矩阵（同样也是 sym 类型）。输入如下语句：

```
>> A = sym('a', [2 3])
```

输出结果为

```
A =
[ a1_1, a1_2, a1_3]
[ a2_1, a2_2, a2_3]
```

可见，此时生成了一个由符号变量构成的矩阵 A，矩阵大小为 2×3，其中每个元素以符号"a"为前缀，再加上相应的下标后构成了符号变量。

若要生成 n×n 大小的符号变量矩阵，则可使用 A = sym('a',n)。

需要注意的是，在使用字符串作为 sym 函数的第一个参数时，该字符串不能是一个包含运算符或函数的数学表达式，而只能是单一符号变量的名称。例如，如果使用 y = sym('x+1')，将会出错。

syms 命令是一种能够批量产生符号变量的方式，在产生多个符号变量时，使用该命令比 sym 函数更为方便。例如，使用 syms a x y 命令可以同时产生 3 个 sym 类型的 MATLAB 变量 a、x 和 y，其中每个变量的值都是同名的符号变量。若要产生多个大小相同的符号变量矩阵，则可以用 syms 命令的最后一个参数指定矩阵大小。例如，使用 syms A B [3 2] 命令，将产生两个 3×2 的符号变量矩阵 A 和 B，其中的元素分别以 A 和 B 作为前缀，之后加上下标来命名。

6.2.3 创建符号表达式和函数

如果一个 MATLAB 表达式中包含符号变量，那么这个表达式也将被转换为符号表达式。符号表达式同样可以被保存为 sym 类型变量。例如，输入以下代码，就可以产生符号表达式 ax^2+bx+c，并将其保存在变量 f 中：

```
>> syms a b c x
>> f = a*x^2 + b*x + c
```

输出结果为

```
f =
a*x^2 + b*x + c
```

sym 函数可以根据函数句柄生成符号表达式。例如，要生成符号表达式 $cosxcosy$

− sinh2xcosh2y，可以使用以下代码：

```
>> g = sym(@(x,y) cos(x)*cos(y) - sinh(2*x)*cosh(2*y))
```

输出结果为

```
g =
cos(x)*cos(y) - sinh(2*x)*cosh(2*y)
```

使用 syms 命令可以创建符号函数。符号函数不但可以用于求数学函数的微分、积分和微分方程，同时也可以用于求函数值及函数复合等操作。例如，使用 syms f(x,y) 命令，将产生一个 sym 类型变量 f，该变量是具有两个输入参数的符号函数。同时该命令还将自动产生符号变量 x 和 y；然后通过赋值语句可以生成具体的函数，例如，输入以下代码：

```
>> f(x,y) = sqrt(x^2 + y^2)
```

输出结果为

```
f(x, y) =
(x^2 + y^2)^(1/2)
```

f 可以如同普通的函数句柄一样使用，例如，进行函数求值，输入以下代码：

```
>> f(1:5,2:2:10)
```

输出结果为

```
ans =
[ 5^(1/2), 20^(1/2), 45^(1/2), 80^(1/2), 125^(1/2)]
```

注意：符号函数可以接受以数组作为输入量，但是，尽管在符号函数中不需要使用数组运算符（点运算符）进行定义，符号函数中的计算实际上都是数组运算。此外，输入的数值都会被自动转换为符号数值，计算结果也是符号数值。

符号函数的输入量同样可以是其他的符号变量或符号表达式。例如，要求 x = z−1，y = z+1 时的函数值，可输入以下代码：

```
>> syms z
>> g = f(z-1,z+1)
```

输出结果为

```
g =
((z - 1)^2 + (z + 1)^2)^(1/2)
```

不过，此时的返回值 g 是一个符号表达式，而不是符号函数。

6.3 表达式的变形与化简

1. 使用 simplify 进行化简

使用 s=simplify(expr)，可根据一系列内部的推导规则，对符号表达式 expr 进行化简，并返回简化的表达式 s。如果 expr 是一个符号矩阵，那么使用 simplify 时，将对每个元素进行化简。

【例 6.1】

请对以下矩阵中的各个元素进行化简：

$$\begin{bmatrix} \dfrac{x^3-7x-6}{x-3} & \sin x \sin 2x + \cos x \cos 2x \\ \sin^2 x + \cos^2 x & \dfrac{\mathrm{i}\left(\mathrm{e}^{-\mathrm{i}x}-\mathrm{e}^{\mathrm{i}x}\right)}{2} \end{bmatrix}$$

输入以下代码：

```
>> syms x
>> A = [(x^3-7*x-6)/(x-3)  sin(x)*sin(2*x)+cos(x)*cos(2*x)
sin(x)^2+cos(x)^2  1i*(exp(-1i*x)-exp(1i*x))/2];
>> simplify(A)
```

输出结果为

```
ans =
[ x^2 + 3*x + 2, cos(x)]
[            1, sin(x)]
```

【例6.2】

斐波那契数列的通项为

$$F_n = \dfrac{\varphi^n - (1-\varphi)^n}{\sqrt{5}}, \varphi = \dfrac{1+\sqrt{5}}{2}$$

下面分别用普通的数值计算和符号计算求 F_{10} 的值。

输入以下代码：

```
>> f = (1+sqrt(5))/2;
>> format long
>> (f^10-(1-f)^10)/sqrt(5)
```

输出结果为

```
ans =
  55.000000000000014
```

输入以下代码：

```
>> sf = (1+sqrt(sym(5)))/2;
>> F10 = (sf^10-(1-sf)^10)/sqrt(sym(5))
```

输出结果为

```
F10 =
-(5^(1/2)*((5^(1/2)/2 - 1/2)^10 - (5^(1/2)/2 + 1/2)^10))/5
```

输入以下代码：

```
>> simplify(F10)
```

输出结果为

```
ans =
55
```

可见，在使用普通的数据值计算时，由于计算误差，所得到的 F_{10} 并不是整数，但是使用符号计算则可以得到 F_{10} 的精确值。

如果计算 F_{100}，就可以看到两者的另一个重要区别。

输入以下代码：

```
>> (f^100-(1-f)^100)/sqrt(5)
```

输出结果为

```
ans =
    3.542248481792631e+20
```

输入以下代码：

```
>> simplify((sf^100-(1-sf)^100)/sqrt(sym(5)))
```

输出结果为

```
ans =
354224848179261915075
```

此时，F_{100}的位数已经超出了双精度浮点数能够提供的有效数字位数，因此，即使忽略由计算误差带来的F_{100}值的出入，普通的数值计算也无法给出完整的结果。而符号计算给出的位数原则上不受限制，实际上它也只受计算机的存储和计算能力的限制，因此，可以远远超出双精度浮点数能够提供的位数。

2. 展开表达式

使用expand(expr)，可以将表达式展开为一系列由基本类型的项构成的形式。例如，输入以下代码：

```
>> syms x y
>> expand((x+3)*(2*y^2+1)*cos(x+3*y))
```

输出结果为

```
ans =
3*sin(x)*sin(y) - 9*cos(x)*cos(y) + 12*cos(x)*cos(y)^3 + 6*y^2*sin(x)*sin(y)
+ 24*y^2*cos(x)*cos(y)^3 - 12*cos(y)^2*sin(x)*sin(y) - 3*x*cos(x)*cos(y) +
x*sin(x)*sin(y) + 4*x*cos(x)*cos(y)^3 - 18*y^2*cos(x)*cos(y) - 24*y^2*cos(y)^2
*sin(x)*sin(y) - 6*x*y^2*cos(x)*cos(y) + 2*x*y^2*sin(x)*sin(y) + 8*x*y^2*
cos(x)*cos(y)^3 - 4*x*cos(y)^2*sin(x)*sin(y) - 8*x*y^2*cos(y)^2*sin(x)*sin(y)
```

表达式被展开为一系列由变量x和y的幂或以三角函数作为基本项的形式。

3. 合并同类项

使用collect(P,expr)，可以根据指定的项expr，将P整理为关于该项的多项式形式，并将同次项系数合并在一起。如果省略expr，那么collect函数将自动按照内部给定的优先级确定表达式中的符号变量，并将其整理为关于该变量的多项式。例如，输入以下代码：

```
>> syms x y
>> f = x^2*y + (x-1)^2*(y+1) + (y-1)^2*x;
>> collect(f)
```

该函数将自动确定x为多项式变量，合并同类项得到以下多项式：

```
ans =
(2*y + 1)*x^2 + ((y - 1)^2 - 2*y - 2)*x + y + 1
```

如果指定y为多项式变量，输入以下代码：

```
>> collect(f,y)
```

那么输出结果为

```
ans =
x*y^2 + ((x - 1)^2 - 2*x + x^2)*y + x + (x - 1)^2
```

也可以同时指定 x 和 y 作为多项式变量，输入以下代码：

```
>> collect(f,[x y])
```

那么输出结果为

```
ans =
2*x^2*y + x^2 + x*y^2 - 4*x*y - x + y + 1
```

也可以使用常用函数作为多项式变量，例如，使用 cosx 作为多项式变量，输入以下代码：

```
>> collect(expand(sin(3*x)),cos(x))
```

那么输出结果为

```
ans =
4*sin(x)*cos(x)^2 - sin(x)
```

4. 获取多项式系数

使用 C=coeffs(p,var)，将 p 视为关于符号变量 var 的多项式，以获取各项的系数，并按幂次由低到高的顺序将这些系数组织为符号行矢量 C 返回。如果省略 var，那么该函数将自动确定多项式变量。例如，输入以下代码：

```
>> coeffs(expand((x+y+3)^2+(x-5)*(y-1)),x)
```

输出结果为

```
ans =
[ y^2 + y + 14, 3*y + 5, 1]
```

返回的符号矢量分别为 x 的 0 次项、1 次项和 2 次项的系数。如果指定 y 为多项式变量，输入以下代码：

```
>> coeffs(expand((x+y+3)^2+(x-5)*(y-1)),y)
```

那么输出结果为

```
ans =
[ x^2 + 5*x + 14, 3*x + 1, 1]
```

如果不指定多项式变量，在这个例子中 coeffs 函数将把 x 和 y 都作为多项式变量对待，输入以下代码：

```
>> f = expand((x+y+3)^2+(x-5)*(y-1))
```

那么输出结果为

```
f =
x^2 + 3*x*y + 5*x + y^2 + y + 14
```

输入以下代码：

```
>> coeffs(f)
```

那么输出结果为

```
ans =
[ 14, 1, 1, 5, 3, 1]
```

5. 获取分式的分子和分母

使用[N,D]=numden(A),可以将表达式 A 整理为分式的形式,然后将分子和分母分别通过 N 和 D 返回。例如,输入以下代码:

```
>> syms x y
>> f = expand(tan(2*x) + cot(2*y))
```

输出结果为

```
f =
(cot(y)^2 - 1)/(2*cot(y)) - (2*tan(x))/(tan(x)^2 - 1)
```

输入以下代码:

```
>> [n,d] = numden(f)
```

得到的分子和分母分别为

```
n =
cot(y)^2*tan(x)^2 - cot(y)^2 - tan(x)^2 - 4*cot(y)*tan(x) + 1
d =
2*cot(y)*(tan(x)^2 - 1)
```

6. 变量替换

使用 subs(s,old,new),可以将表达式 s 中由 old 指定的项用 new 中的表达式或值替换,并返回替换后的表达式。如果替换后能够求值,那么返回所得的值。使用 subs(s,new)时,表示用 new 替换 s 中默认的符号变量。使用 subs(s)时,将根据默认的 s 中的符号变量,检查当前工作空间中是否被赋值,并用这些值替换。例如,输入以下代码:

```
>> syms x y alpha beta
>> f = sin(x)+cos(y)
```

输出结果为

```
f =
cos(y) + sin(x)
```

如果要将 f 中的 x 用(alpha+beta)/2 替换,可输入以下代码:

```
>> subs(f,(alpha+beta)/2)
```

输出结果为

```
ans =
sin(alpha/2 + beta/2) + cos(y)
```

如果要将 f 中的 x 和 y 分别用(alpha+beta)/2 和(alpha-beta)/2 替换得到表达式 g,可输入以下代码:

```
>> g = subs(f,[x y],[(alpha+beta)/2 (alpha-beta)/2])
```

输出结果为

```
g =
cos(alpha/2 - beta/2) + sin(alpha/2 + beta/2)
```

如果要对 alpha 和 beta 进行赋值,并对 g 再次进行替换,可输入以下代码:

```
>> alpha = sym(pi)/2;
```

```
>> beta = sym(pi)/3;
>> subs(g)
```
输出结果为
```
ans =
2^(1/2)/2 + 6^(1/2)/2
```

6.4 基本的微积分运算

1. 求极限

使用 `limit(f,var,a)`，可以求取当变量 var 趋向 a 时表达式 f 的极限值；使用 `limit(f,a)`，可以求取 f 中的默认符号变量趋向 a 时表达式的极限值；使用 `limit(f)`，可以求取 f 中的默认符号变量趋向 0 时表达式的极限值。此外，还可以指定左右极限值。例如，使用 `limit(f,var,a,'left')` 求取左极限值，使用 `limit(f,var,a,'right')` 求取右极限值。

【例6.3】求以下（1）～（3）式的极限值。

（1）$\lim\limits_{x\to 0}\dfrac{\sin x}{x}$。

输入以下代码：
```
>> syms x; limit(sin(x)/x)
```
输出结果为
```
ans =
1
```

（2）$\lim\limits_{x\to 0}\dfrac{1}{x}$，$\lim\limits_{x\to 0^+}\dfrac{1}{x}$ 和 $\lim\limits_{x\to 0^-}\dfrac{1}{x}$。

输入以下代码：
```
>> syms x;
>> limit(1/x)
```
输出结果为
```
ans =
NaN
```
输入以下代码：
```
>> limit(1/x,x,0,'right')
```
输出结果为
```
ans =
Inf
```
输入以下代码：
```
>> limit(1/x,x,0,'left')
```
输出结果为
```
ans =
-Inf
```

（3） $\lim\limits_{h\to 0}\dfrac{\sin(x+h)-\sin x}{h}$，$\lim\limits_{h\to +\infty}\dfrac{\sin(x+h)-\sin x}{h}$ 和 $\lim\limits_{h\to +\infty}\left[\sin(x+h)-\sin x\right]$。

输入以下代码：

```
>> syms x h
>> limit((sin(x+h)-sin(x))/h,h,0)
```

输出结果为

```
ans =
cos(x)
```

输入以下代码：

```
>> limit((sin(x+h)-sin(x))/h,h,Inf)
```

输出结果为

```
ans =
0
```

输入以下代码：

```
>> limit(sin(x+h)-sin(x),h,Inf)
```

输出结果为

```
ans =
NaN
```

2. 函数求导

使用 diff(f,var,n)，可以求 f 对变量 var 的 n 阶导数；使用 diff(f,var)，可以求 f 对变量 var 的一阶导数；使用 diff(f)，可以求 f 对其中的默认符号变量的一阶导数；使用 diff(f,n)，可以求 f 对其中的默认符号变量的 n 阶导数。f 既可以是符号函数，也可以是符号表达式。如果 f 是符号函数，那么 diff 函数的返回值也是符号函数。因此，可以用类似于函数句柄进行求值。而对于符号表达式，则需要使用 subs 函数求值。

在求多元函数的混合偏导时，可以采用 diff(f,var1,var2,...,varn) 的调用方式。例如，diff(f,x,x,y) 等价于 diff(diff(diff(f,x),x),y)，可以用于求 $\partial^3 f/\partial x^2 \partial y$。使用 diff 函数时，假设求偏导的顺序都可以互换以提高计算效率。这一假设在大多数科学和工程应用中都是成立的。

【例6.4】对以下（1）～（3）题中的函数求导。

（1）设 $f(x)=\ln x\cdot\sin(x^2)$，求 $f'(x)$ 和 $f''(x)$。

输入以下代码：

```
>> syms f(x)
>> f(x) = log(x)*sin(x^2);
>> diff(f)
```

输出结果为

```
ans(x) =
sin(x^2)/x + 2*x*cos(x^2)*log(x)
```

输入以下代码：

```
>> collect(diff(f,2),log(x))
```

输出结果为

```
ans(x) =
(2*cos(x^2) - 4*x^2*sin(x^2))*log(x) + 4*cos(x^2) - sin(x^2)/x^2
```

即

$$f'(x) = \frac{\sin(x^2)}{x} + 2x\cos(x^2)\ln x$$

$$f''(x) = \left[2\cos(x^2) - 4x^2\sin(x^2)\right]\ln x + 4\cos(x^2) - \frac{\sin(x^2)}{x^2}$$

（2）设 $f(x,y) = \exp\left(-\frac{x^2+y^2}{2}\right)\sin(xy)$，求 $\frac{\partial^2 f}{\partial x^2}$ 和 $\frac{\partial f}{\partial y}$。

输入以下代码：

```
>> syms f(x,y)
>> f(x,y) = exp(-(x^2+y^2)/2)*sin(x*y);
>> collect(diff(f,x,2),exp(-(x^2+y^2)/2))
```

输出结果为

```
ans(x, y) =
(x^2*sin(x*y) - sin(x*y) - y^2*sin(x*y) - 2*x*y*cos(x*y))*exp(- x^2/2 - y^2/2)
```

输入以下代码：

```
>> collect(diff(f,y),exp(-(x^2+y^2)/2))
```

输出结果为

```
ans(x, y) =
(x*cos(x*y) - y*sin(x*y))*exp(- x^2/2 - y^2/2)
```

即

$$\frac{\partial^2 f}{\partial x^2} = \left[x^2\sin(xy) - \sin(xy) - y^2\sin(xy) - 2xy\cos(xy)\right]\exp\left(-\frac{x^2+y^2}{2}\right)$$

$$\frac{\partial f}{\partial y} = \left[x\cos(xy) - y\sin(xy)\right]\exp\left(-\frac{x^2+y^2}{2}\right)$$

（3）设 $f(x,y) = \exp(x^2)\sin(xy)$，求 $\frac{\partial^4 f}{\partial x \partial y^3}$。

输入以下代码：

```
>> syms f(x,y)
>> f(x,y) = exp(x^2)*sin(x*y);
>> collect(diff(f,x,y,y,y),exp(x^2))
```

输出结果为

```
ans(x, y) =
(x^3*y*sin(x*y) - 2*x^4*cos(x*y) - 3*x^2*cos(x*y))*exp(x^2)
```

即

$$\frac{\partial^4 f}{\partial x \partial y^3} = \left[x^3 y \sin(xy) - 2x^4 \cos(xy) - 3x^2 \cos(xy) \right] e^{x^2}$$

3. 不定积分与定积分

使用 int(f,var)，可以求函数 f 对变量 var 的不定积分；如果省略 var，那么表示对 x 求不定积分。使用 int(f,var,a,b)，可以求区间[a,b]上函数 f 对变量 var 的定积分；如果省略 var，那么表示对 x 求定积分。

【例 6.5】 对以下（1）～（3）题求不定积分和定积分。

（1）设 $f(x,y) = \dfrac{xy}{(y^2+1)^2}$，求不定积分 $\int f(x,y) \mathrm{d}x$ 和 $\int f(x,y) \mathrm{d}y$。

输入以下代码：

```
>> syms x y
>> f = x*y/(1+y^2)^2;
>> int(f)
```

输出结果为

```
ans =
(x^2*y)/(2*(y^2 + 1)^2)
```

输入以下代码：

```
>> int(f,y)
```

输出结果为

```
ans =
-x/(2*(y^2 + 1))
```

即

$$\int f(x,y) \mathrm{d}x = \frac{x^2 y}{2(y^2+1)^2}$$

$$\int f(x,y) \mathrm{d}y = -\frac{x}{2(y^2+1)}$$

注意：在得到的结果中均省略了积分常数。

（2）计算定积分 $\int_{\sin t}^{1} 2x \mathrm{d}x$。

输入以下代码：

```
>> syms x t
>> int(2*x,sin(t),1)
```

输出结果为

```
ans =
cos(t)^2
```

即

$$\int_{\sin t}^{1} 2x \mathrm{d}x = \cos^2 t$$

（3）计算定积分 $\int_0^{2\pi} \dfrac{\cos x}{\sqrt{x^2+1}} dx$。

输入以下代码：

```
>> syms x
>> int(cos(x)/sqrt(x^2+1),0,2*sym(pi))
```

输出结果为

```
ans =
int(cos(x)/(x^2 + 1)^(1/2), x, 0, 2*pi)
```

注意：此时 `int` 函数并不能计算出答案，而只是将原来的积分式以等价的形式再次显示出来。这是由于本例题中的被积分函数不存在解析形式的原函数，而 `int` 函数执行的是符号积分，因此对于原函数不存在的情况，`int` 函数无法进行处理。在这种情况下，只能通过数值积分，在确定的求积区间上求定积分的近似值。

4. 数值积分

使用 `vpaintegral(f,var,a,b)`，可以求区间 $[a,b]$ 上 `f` 对变量 `var` 的定积分；使用 `vpaintegral(f,a,b)`，可以求区间 $[a,b]$ 上 `f` 对 `x` 的定积分。

与 `int` 函数不同，`vpaintegral` 函数实际上使用数值积分方法求定积分的近似值，因此函数返回的是（符号）数值。这也要求定积分的结果应该是一个确定的值，而不是关于某个变量的函数。

【例6.6】计算以下（1）～（3）题的积分。

（1）计算定积分 $\int_0^{2\pi} \dfrac{\cos x}{\sqrt{x^2+1}} dx$。

输入以下代码：

```
>> syms x
>> vpaintegral(cos(x)/sqrt(1+x^2),0,sym(pi)*2)
```

输出结果为

```
ans =
0.39914
```

注意：最终结果并不是双精度浮点数而是符号数值。

（2）计算定积分 $\int_{-\infty}^{\infty} e^{-\frac{x^2}{2}} dx$。

输入以下代码：

```
>> syms x;
>> vpaintegral(exp(-x^2/2),-Inf,Inf)
```

输出结果为

```
ans =
2.50663
```

（3）计算二重定积分 $\int_{-1}^{1}\int_{-1}^{1} \cos(x^2 y^3) dx dy$。

输入以下代码：

```
>> syms x y
```

```
>> vpaintegral(vpaintegral(cos(x^2*y^3),-1,1),y,-1,1)
```
输出结果为
```
ans =
3.94426
```

注意：在多重积分中，虽然中间的积分，即内部嵌套的 vpaintegral 函数的结果是关于 y 的函数，但是连续两次调用 vpaintegral 给出的最终结果仍是一个确定的数值。因此，vpaintegral 函数能够正确处理这种情况并求出所需的数值积分。

5. 级数和与级数乘积

symsum(f,k,a,b) 计算级数和 $\sum_{k=a}^{b} f(k)$；symsum(f,k) 计算级数和的通项公式。

【例6.7】求以下（1）～（4）题中的级数和与级数乘积。

（1）计算级数和 $\sum_{k=1}^{100} k$。

输入以下代码：
```
>> syms k
>> symsum(k,k,1,100)
```
输出结果为
```
ans =
5050
```

（2）计算莱布尼茨级数的和 $\sum_{k=1}^{\infty} \frac{(-1)^{k-1}}{2k-1}$。

输入以下代码：
```
>> syms k
>> s = symsum((-1)^(k-1)/(2*k-1),k,1,Inf)
```
输出结果为
```
s =
hypergeom([-1/2, 1], 1/2, -1) - 1
```

输入以下代码：
```
>> simplify(s)
```
输出结果为
```
ans =
pi/4
```

（3）计算级数和 $\sum_{k=1}^{\infty} \frac{x^k}{(k-1)!}$。

输入以下代码：
```
>> syms k x
>> symsum(x^k/factorial(k-1),k,1,Inf)
```
输出结果为
```
ans =
x*exp(x)
```

(4) 求级数和 $\sum_{k=1}^{n} k^2$ 的通项。

输入以下代码：

```
>> syms k
>> symsum(k^2,k)
```

输出结果为

```
ans =
k^3/3 - k^2/2 + k/6
```

利用 symprod 函数可以求级数乘积，其用法与 symsum 函数基本一致，这里不再介绍。

6.5 求解普通方程与微分方程

1. 求解普通方程与方程组

solve(eqn,var) 可以求解方程 eqn 中的未知数 var。如果多个方程被组织成为符号矢量 eqns，那么 solve(eqns,vars) 可以求解方程组 eqns 中的多个未知数，这些未知数由符号矢量 vars 中的元素指定。如果没有提供 var 或 vars 参数，solve 将自动确定方程组中的未知数。

【例 6.8】对以下（1）～（5）题中的普通方程或微分方程进行求解。

（1）求解方程 $ax^2 + bx + c = 0$。

输入以下代码：

```
>> syms x a b c
>> solve(a*x^2+b*x+c == 0)
```

输出结果为

```
ans =
-(b + (b^2 - 4*a*c)^(1/2))/(2*a)
-(b - (b^2 - 4*a*c)^(1/2))/(2*a)
```

如果方程的形式为 $f(x) = 0$，那么可以直接将 f 的表达式作为方程 eqn 输入 solve 函数。例如，在本例题中，直接使用 solve(a*x^2+b*x+c) 也可以得到相同的答案。

（2）求解方程 $x^3 + px + q = 0$。

输入以下代码：

```
>> solve(x^3+p*x+q)
```

输出结果为

```
ans =
root(z^3 + p*z + q, z, 1)
root(z^3 + p*z + q, z, 2)
root(z^3 + p*z + q, z, 3)
```

此时，solve 函数并未给出方程的求根公式。对次数高于 2 次的多项式方程，solve 函数默认不给出求根公式。如果仍然希望得到这些方程的求根公式，那么可以在 solve 函数中指定 MaxDegree 参数。例如，输入以下代码：

```
>> solve(x^3+p*x+q, 'MaxDegree', 4)
```
输出结果为

```
ans =
 ((p^3/27 + q^2/4)^(1/2) - q/2)^(1/3) - p/(3*((p^3/27 + q^2/4)^(1/2) -
q/2)^(1/3))
 p/(6*((p^3/27 + q^2/4)^(1/2) - q/2)^(1/3)) - (3^(1/2)*(p/(3*((p^3/27 +
q^2/4)^(1/2) - q/2)^(1/3)) + ((p^3/27 + q^2/4)^(1/2) - q/2)^(1/3))*1i)/2 -
((p^3/27 + q^2/4)^(1/2) - q/2)^(1/3)/2
 (3^(1/2)*(p/(3*((p^3/27 + q^2/4)^(1/2) - q/2)^(1/3)) + ((p^3/27 + q^2/4)^(1/2)
- q/2)^(1/3))*1i)/2 + p/(6*((p^3/27 + q^2/4)^(1/2) - q/2)^(1/3)) - ((p^3/27 +
q^2/4)^(1/2) - q/2)^(1/3)/2
```

当求根公式过于复杂时，可使用 subexpr 函数，以中间变量替代表达式中重复的部分。
输入以下代码：

```
>> [r,s] = subexpr(solve(x^3+p*x+q, 'MaxDegree', 4))
```
输出结果为

```
r =
                            sigma - p/(3*sigma)
 p/(6*sigma) - (3^(1/2)*(sigma + p/(3*sigma))*1i)/2 - sigma/2
 p/(6*sigma) + (3^(1/2)*(sigma + p/(3*sigma))*1i)/2 - sigma/2
s =
((p^3/27 + q^2/4)^(1/2) - q/2)^(1/3)
```

在第一个输出量 r 中，给出了使用中间变量简化根的表达式；在第二个输出量 s 中，给出了 r 中所使用的中间变量的表达式。

（3）求解方程 $x^5+3x^3+1=0$。
输入以下代码：

```
>> syms x
>> solve(x^5+3*x^3+1,'MaxDegree',5)
```
输出结果为

```
ans =
 root(z^5 + 3*z^3 + 1, z, 1)
 root(z^5 + 3*z^3 + 1, z, 2)
 root(z^5 + 3*z^3 + 1, z, 3)
 root(z^5 + 3*z^3 + 1, z, 4)
 root(z^5 + 3*z^3 + 1, z, 5)
```

尽管在调用 solve 过中将'MaxDegree'属性设为 5，但 solve 仍然未能给出方程精确的求根公式。实际上，对于一般 5 次幂及更高次幂的多项式方程，不存在以有限次四则运算和开方运算组合而得到的求根公式。类似于积分的情况，这时可以针对系数都是确定数值的具体方程，利用 vpasolve 函数进行数值求解。例如，输入以下代码：

```
>> vpasolve(x^5+3*x^3+1)
```
输出结果为

```
ans =
-0.66251031697153870505224453511923
```

```
 - 0.054470434414810306426044948500842 + 1.738049470684216393186015860 7813i
 - 0.054470434414810306426044948500842 - 1.738049470684216393186015860 7813i
   0.385725592900579658952167624 09699 - 0.591941938660390427497479985 80205i
   0.385725592900579658952167624 09699 + 0.591941938660390427497479985 80205i
```

注意：利用符号数学工具箱进行数值求解时，所进行的运算并不是双精度浮点数的四则运算，而是符号数值的可变精度算术（Variable-Precision Arithmetic, VPA）运算。默认情况下，使用的数值精度为32位有效数字。如果数值显得过于冗长，可以使用digits函数改变数值有效数字的设置。例如，在本例题中如果想把数值改为8位有效数字，可以使用以下代码：

```
>> digits(8);
>> vpasolve(x^5+3*x^3+1)
```

输出结果为

```
ans =
              -0.66251032
 - 0.054470434 + 1.7380495i
 - 0.054470434 - 1.7380495i
   0.38572559 - 0.59194194i
   0.38572559 + 0.59194194i
```

（4）求解开普勒方程 $E - e\sin E = M$ 在 $e = 0.8$ 和 $M = \pi/6$ 时的解。

输入以下代码：

```
>> syms E
>> solve(E-0.8*sin(E)==sym(pi)/6)
```

输出结果为

```
警告: Unable to solve symbolically. Returning a
numeric solution using vpasolve.
> In sym/solve (line 304)
ans =
1.2929084
```

此时，solve函数直接可以判断该方程不存在公式解（符号解）。因此，在内部自动切换到vpasolve函数，以求方程的数值解。

（5）求解方程组 $\begin{cases} 3u + v = 2 \\ u - v = 1 \end{cases}$。

输入以下代码：

```
>> syms u v
>> s = solve([3*u+v==2 u-v==1],[u v])
```

输出结果为

```
s =
  包含以下字段的 struct:
```

```
    u: [1×1 sym]
    v: [1×1 sym]
```

输入以下代码：

```
>> s.u
```

输出结果为

```
ans =
3/4
```

输入以下代码：

```
>> s.v
```

输出结果为

```
ans =
-1/4
```

即方程组的解为 $u = 3/4$，$v = -1/4$。

2. 矩阵形式求解线性方程组

使用 [X,R]=linsolve(A,B)，可以求出某些线性方程组的符号解 X，并在 R 中返回方阵 A 的条件数的倒数，或是一般矩阵 A 的秩。

【例6.9】对以下（1）～（2）题中的方程组求解。

（1）求解方程组

$$\begin{cases} \sqrt{2}x + y + z = 2 \\ -x + 3y - z = 3 \\ x + 2y + 5z = -10 \end{cases}$$

输入以下代码：

```
>> x = linsolve([sqrt(sym(2)) 1 1
-1 3 -1
1 2 5], [2; 3; -10])
```

输出结果为

```
x =
                65/(17*2^(1/2) - 1)
 (5*(2^(1/2) + 3))/(17*2^(1/2) - 1)
 -(36*2^(1/2) + 17)/(17*2^(1/2) - 1)
```

（2）求解方程组

$$\begin{bmatrix} a & 0 & 0 \\ 1 & b & 0 \\ 0 & 0 & 1 \end{bmatrix} \begin{bmatrix} x \\ y \\ z \end{bmatrix} = \begin{bmatrix} 1 \\ 1 \\ q \end{bmatrix}$$

并计算系数矩阵的条件数。

输入以下代码：

```
>> syms a b q
>> [x,r] = linsolve([a 0 0; 1 b 0; 0 0 1], [1;1;q])
```

输出结果为

```
x =
        1/a
 (a - 1)/(a*b)
         q
r =
1/(max(abs(a) + 1, abs(b))*max(1/abs(a) + 1/(abs(a)*abs(b)), 1/abs(b), 1))
```

即条件数为 $\max(|a|+1,|b|)\max\left(\dfrac{1}{|a|}+\dfrac{1}{|a||b|},\dfrac{1}{|b|},1\right)$。

3. 求解微分方程与方程组

使用 dsolve(eqn)，可以求微分方程 eqn 的通解，或者在 eqn 是由多个微分方程构成的符号矢量时，求微分方程组的通解；使用 dsolve(eqn,cond)，可以求微分方程或方程组的满足初始条件或边界条件 cond 的特解。

【例 6.10】对以下（1）～（3）题中的微分方程和方程组求解。

（1）求解微分方程 $\dfrac{\mathrm{d}y}{\mathrm{d}x}=axy$。

输入以下代码：

```
>> syms y(x) a
>> dsolve(diff(y)==a*x*y)
```

输出结果为

```
ans =
C1*exp((a*x^2)/2)
```

即方程的通解为 $C_1\mathrm{e}^{\frac{1}{2}ax^2}$。

（2）求解微分方程初值问题 $\dfrac{\mathrm{d}^2 y}{\mathrm{d}x^2}=ay, y(0)=1, y'(0)=0$。

为了指定初始条件，需要使用一个符号函数来表示 y'。

输入以下代码：

```
>> syms y(x) a
>> Dy = diff(y);
>> dsolve(diff(y,2)==a*y,[y(0)==1 Dy(0)==0])
```

输出结果为

```
ans =
(exp(-a^(1/2)*x)*(exp(2*a^(1/2)*x) + 1))/2
```

即方程的解为 $\dfrac{1}{2}\mathrm{e}^{-\sqrt{a}x}\left(\mathrm{e}^{2\sqrt{a}x}+1\right)$。

（3）求解微分方程组

$$\begin{cases}\dfrac{\mathrm{d}x}{\mathrm{d}t}=ty\\[2mm]\dfrac{\mathrm{d}y}{\mathrm{d}t}=-tx\end{cases}$$

输入以下代码:
```
>> syms x(t) y(t)
>> s = dsolve([diff(x,t)==t*y diff(y,t)==-t*x])
```
输出结果为
```
s =
  包含以下字段的 struct:

    y: [1×1 sym]
    x: [1×1 sym]
```
输入以下代码:
```
>> s.x
```
输出结果为
```
ans =
- (C1*exp((t^2*1i)/2)*1i)/2 + (C2*exp(-(t^2*1i)/2)*1i)/2
```
输入以下代码:
```
>> s.y
```
输出结果为
```
ans =
(C1*exp((t^2*1i)/2))/2 + (C2*exp(-(t^2*1i)/2))/2
```
即

$$\begin{cases} x(t) = -\dfrac{C_1 \mathrm{i} \mathrm{e}^{\frac{\mathrm{i}}{2}t^2}}{2} + \dfrac{C_2 \mathrm{i} \mathrm{e}^{-\frac{\mathrm{i}}{2}t^2}}{2} \\ y(t) = \dfrac{C_1 \mathrm{e}^{\frac{\mathrm{i}}{2}t^2}}{2} + \dfrac{C_2 \mathrm{e}^{-\frac{\mathrm{i}}{2}t^2}}{2} \end{cases}$$

6.6 数值的求取与代码生成

6.6.1 数值的求取

利用 double、int32 等函数,可以将符号数值或可求值的符号表达式强制转换为相应类型的普通数值。例如,输入以下代码:
```
>> a = sqrt(sym(pi))
```
输出结果为
```
a =
pi^(1/2)
```
输入以下代码:
```
>> double(a)
```
输出结果为
```
ans =
    1.7725
```

输入以下代码：
```
>> int32(a)
```
输出结果为
```
ans =
  int32
   2
```

另外，在 Symbolic Math Toolbox 中还提供了 vpa 函数。可以使用该函数对符号表达式中的各项进行求值，并用符号数值表示求值结果的近似值。例如，利用符号求解方程 $x^3+x+q=0$ 的根，输入以下代码：

```
>> syms x q
>> s = solve(x^3+x+q,'MaxDegree',3)
```

输出结果为

```
s =

((q^2/4 + 1/27)^(1/2) - q/2)^(1/3) - 1/(3*((q^2/4 + 1/27)^(1/2) - q/2)^(1/3))
 1/(6*((q^2/4 + 1/27)^(1/2) - q/2)^(1/3)) - (3^(1/2)*(1/(3*((q^2/4 + 1/27)^(1/2)
 - q/2)^(1/3)) + ((q^2/4 + 1/27)^(1/2) - q/2)^(1/3))*1i)/2 - ((q^2/4 + 1/27)^(1/2)
 - q/2)^(1/3)/2
  (3^(1/2)*(1/(3*((q^2/4 + 1/27)^(1/2) - q/2)^(1/3)) + ((q^2/4 + 1/27)^(1/2) -
q/2)^(1/3))*1i)/2 + 1/(6*((q^2/4 + 1/27)^(1/2) - q/2)^(1/3)) - ((q^2/4 +
1/27)^(1/2) - q/2)^(1/3)/2
```

之后，使用 vpa 函数可以对根的表达式中可求值的部分进行求值，输入以下代码：

```
>> vpa(s)
```

输出结果为

```
ans =

((0.25*q^2 + 0.037037037037037037037037037037)^(1/2) - 0.5*q)^(1/3) -
0.33333333333333333333333333333333/((0.25*q^2 +
0.037037037037037037037037037037)^(1/2) - 0.5*q)^(1/3)
 (0.16666666666666666666666666666667 -
0.28867513459481288225457439025098i)/((0.25*q^2 +
0.037037037037037037037037037037)^(1/2) - 0.5*q)^(1/3) - ((0.25*q^2 +
0.037037037037037037037037037037)^(1/2) - 0.5*q)^(1/3)*(0.5 +
0.86602540378443864676372317075294i)
 (0.16666666666666666666666666666667 +
0.28867513459481288225457439025098i)/((0.25*q^2 +
0.037037037037037037037037037037)^(1/2) - 0.5*q)^(1/3) - ((0.25*q^2 +
0.037037037037037037037037037037)^(1/2) - 0.5*q)^(1/3)*(0.5 -
0.86602540378443864676372317075294i)
```

vpa 函数默认使用 32 位有效数字表示符号数值，在调用 vpa 函数时可以另行设置有效数位。例如，输入以下代码：

```
>> vpa(s,6)
```
输出结果为
```
ans =
                         ((0.25*q^2 + 0.037037)^(1/2) - 0.5*q)^(1/3) -
0.333333/((0.25*q^2 + 0.037037)^(1/2) - 0.5*q)^(1/3)
 (0.166667 - 0.288675i)/((0.25*q^2 + 0.037037)^(1/2) - 0.5*q)^(1/3) - ((0.25*q^2
+ 0.037037)^(1/2) - 0.5*q)^(1/3)*(0.5 + 0.866025i)
 (0.166667 + 0.288675i)/((0.25*q^2 + 0.037037)^(1/2) - 0.5*q)^(1/3) - ((0.25*q^2
+ 0.037037)^(1/2) - 0.5*q)^(1/3)*(0.5 - 0.866025i)
```

6.6.2 代码生成

符号计算通常不直接用于程序中的实际计算特别是大量计算之中，更多情况下，它作为一种可靠便捷的辅助工具，帮助开发者或研究者进行数学推导、分析和验证。这些推导的结果有可能在之后以其他形式被用于不同的场合。为了方便推导结果的移植，MATLAB R2020a 中提供了若干函数，以自动生成与表达式等价的代码。例如：

（1）使用 matlabFunction 函数，可以将符号表达式转换为接受普通数值类型的 MATLAB 函数句柄或函数 M 文件。

（2）使用 matlabFunctionBlock 函数，可以将符号表达式转换为可用于 Simulink 中的函数模块。

（3）使用 ccode 函数，可以将符号表达式转换为字符串形式的 C 语言代码。

（4）使用 latex 函数，可以将符号表达式转换为字符串形式的 LaTeX 公式文本。对想了解 LaTeX 公式输入的用户而言，这一文本可以直接用于 TeX 文件或支持 TeX 输入的公式编辑器，从而方便公式的输入。

（5）使用 mathml 函数，可以将符号表达式转换为字符串形式的 MathML（数学标记语言）公式文本。

（6）使用 texlabel 函数，可以将符号表达式转换为 TeX 形式的字符串。

尽管所生成的代码未必能够完全满足用户的需要，特别是所生成的 LaTeX、MathML 和 TeX 公式未必能完全支持这些公式编辑语言丰富的格式与功能。但是，这些自动生成的代码一般都可以完成大部分的输入工作，用户可以在此基础上进行少量修改，从而减轻公式移植的工作量。

6.7 符号计算的局限性

本章主要展示了符号计算的便捷性，但是符号计算的局限性也相当明显。对于非线性方程求根、函数积分和求解微分方程等问题，能够获得利用四则运算和常见的数学函数所表达的"闭式解"的情况是相当少的，而更多的情况下，不存在这种"闭式解"，从而无法使用符号求解。如果在实际应用中遇到这种情况，就只能通过数值计算完成求解。尽管对方程求根和求积分等问题，Symbolic Math Toolbox 中也提供了数值求解的函数，但是由于其内部仍然使用符号数值进行计算，其计算开销较普通的浮点数运算要大得多。因此，在大多数应用场合，仍然需要利用普通数据类型和数值方法完成求解。

因此，符号计算更适用于辅助数学公式的推导，特别是烦琐的表达式变形、分解和函数求导等任务。这种情况下符号计算完全可以胜任，而且计算结果准确可靠。

练　习

6-1 创建以下符号表达式：
（1）$P = x^3 - 3x^2 + x$　　　　　　　　（2）$Q = \sin x + \tan x$
（3）$R = (2x^2 - 3x - 2)/(x^2 - 5x)$　　　（4）$S = (x^2 - 9)/(x+3)$
（5）P/Q　　　　　　　　　　　　　　（6）RS
（7）P/x　　　　　　　　　　　　　　（8）$P+R$

6-2 求 6-1 题中各个表达式的零点，必要时使用 vpa 函数计算。

6-3 完成以下计算：
（1）创建符号表达式
$$P = (x+y)^4(x+y^2)$$
（2）将 P 展开为关于 x 的多项式，并获取多项式的各项系数。
（3）对（2）题中获得的多项式系数进行化简。
（4）将 P 展开为关于 y 的多项式，并重复（2）题和（3）题。

6-4 完成以下计算：
（1）创建符号表达式
$$Q = \frac{1}{1-x} + \frac{1}{1-x^2} + \frac{1}{1-x^4}$$
（2）化简 Q。
（3）分别提取 Q 的分子和分母。
（4）求 $x = \sqrt{5}$ 时 Q 的值。

6-5 化简以下表达式：
（1）$\sqrt{59 + 12\sqrt{15} + 2\sqrt{6(19 + 4\sqrt{15})}}$　　　（2）$\dfrac{3 + \sqrt{2} + \sqrt{3} + \sqrt{6}}{\sqrt{5 + 2\sqrt{6}}}$

6-6 计算以下极限：
（1）$\lim\limits_{x \to \infty} \dfrac{\sqrt{x^2 + 2}}{3x - 6}$　　　　　（2）$\lim\limits_{x \to 0} \dfrac{\sin x^2}{x^2}$
（3）$\lim\limits_{x \to 0} \dfrac{1 - \cos x}{x^2}$　　　　　（4）$\lim\limits_{x \to 0^+} \sqrt[100]{x} \ln x$

6-7 设有函数 $f(x) = \dfrac{x^2 + 2\sin x}{2x + 1}$，请确定当 $x \to \infty$ 时 $f(x)$ 的渐进直线，并在同一个坐标系中绘制 $f(x)$ 及其渐进直线的图形。

6-8 求以下导函数：
（1）$\left(e^{2x} \sin\sqrt{x}\right)''$　　　　　　　（2）$\dfrac{\partial}{\partial x}\left(x^2 y + y^2 \tan x\right)$

（3）$\dfrac{\partial^2}{\partial y^2}\left(x^2 y + y^2 \tan x\right)$ （4）$\dfrac{\partial^3}{\partial x \partial y^2}\sin\left(xy^2\right)$

6-9 求以下积分（必要时使用数值积分）：

（1）$\displaystyle\int \dfrac{ax}{a^2 - x^2}\mathrm{d}x$ （2）$\displaystyle\int \dfrac{x^3 + x^2 + 2x + 7}{x^2 + 5x + 6}\mathrm{d}x$

（3）$\displaystyle\int_{-2}^{2} x^3 \mathrm{e}^x \mathrm{d}x$ （4）$\displaystyle\int_{1}^{\infty} \dfrac{1}{x^4(\sin x + 2)}\mathrm{d}x$

（5）$\displaystyle\int_{0}^{\pi} \sin(\sin x)\mathrm{d}x$ （6）$\displaystyle\int_{0}^{2}\int_{0}^{\sqrt{x+2}} \sqrt{x+y}\,\mathrm{d}x\mathrm{d}y$

6-10 求解以下常微分方程或方程组（如果在求解过程中出现了特殊函数，可查阅相关资料进行了解）：

（1）$y' + 2y = -3x\mathrm{e}^{-2x}\cos x$ （2）$y'' + 2y' + 2y = 0$

（3）$y'' + 2y' + 2xy = 0$ （4）$\begin{cases} y = -z'' \\ z = -y'' \end{cases}$

第 7 章　MATLAB 中的数值计算

教学目标

能够使用 MATLAB 完成非线性方程和方程组的数值求解、插值与拟合、数值积分、常微分方程和常微分方程组的数值求解等任务。

教学内容

（1）非线性方程和非线性方程组的数值求解。
（2）插值与拟合。
（3）数值积分。
（4）常微分方程和常微分方程组的数值求解。

在 6.7 节中已经说明符号计算的局限性较为明显，在更多的实用场合，问题的求解有赖于数值计算的方法。本章将对若干常见问题及 MATLAB R2020a 中提供的求解工具进行简要介绍。

7.1　求解非线性方程、多项式方程和方程组

7.1.1　求解非线性方程

使用 Optimization Toolbox 中提供的 `fzero` 函数可求非线性方程的实根。例如，使用 `fzero(f,x0)`，可求解方程 $f(x)=0$。其中，`f` 为函数句柄；当 `x0` 是长度为 2 的矢量时，它给出了初始的有根区间；如果 `x0` 为标量，那么 `fzero` 函数将从 `x0` 出发，尝试找到一个有根区间再进行求解。`fzero` 函数采用的求解方法是二分法及与之类似的逆二次插值法。这些求解方法的优点在于它们对函数 f 的要求低，只要保证函数值连续即可；同时在给定正确的有根区间，即在能够确保区间两端点的函数值异号时，求解过程一定能够收敛。不过，这些方法也存在局限性：它们只能用来求出重数为奇数的根，也就是 f 的曲线在根的位置从 x 轴的一侧穿越到另一侧。如果是偶数重根，即 f 曲线在根附近处于 x 轴的同一侧，仅在根的位置和 x 轴相切，那么使用 `fzero` 函数将无法求出方程的解。

【例 7.1】

求解以下（1）～（2）题中的方程。

（1）$\exp\left(\dfrac{2x}{15}\right)\left(\sin x+\dfrac{3}{2}\right)=\sqrt{x},\ x\geq 0$

将该方程转化为 $f(x)=0$ 的形式，即

$$f(x)=\exp\left(\dfrac{2x}{15}\right)\left(\sin x+\dfrac{3}{2}\right)-\sqrt{x},\ x\geq 0$$

绘制函数曲线以了解方程根的大致分布位置，输入以下代码：
```
>> x = 0:0.01:25;
>> plot(x,exp(2*x/15).*(sin(x)+3/2)-sqrt(x));
>> hold on; plot([0 25],[0 0],'k--'); grid on;
```
得到的函数曲线如图 7-1 所示。

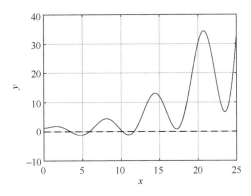

图 7-1　例 7.1（1）方程函数曲线

可见，该方程函数的曲线呈现振荡上升的趋势，并且函数在 $x = 17.2$ 达到接近但大于 0 的极小点之后，函数值将恒定为正。因此，该方程共有 4 个实根。利用光标在曲线上读取数据或放大图形，可以确定这 4 个实根各自所处的有根区间分别为[0,5]、[5,8]、[8,11]和[11,15]。然后，可利用 fzero 函数分别求得这些方程根。

输入以下代码，求第 1 个实根：
```
>> f = @(x) exp(2*x/15).*(sin(x)+3/2) - sqrt(x);
>> fzero(f,[0,5])
```
得到的结果为
```
ans =
    3.4748
```
输入以下代码，求第 2 个实根：
```
>> fzero(f,[5,8])
```
得到的结果为
```
ans =
    5.8795
```
输入以下代码，求第 3 个实根：
```
>> fzero(f,[8,11])
```
得到的结果为
```
ans =
    10.1701
```
输入以下代码，求第 4 个实根：
```
>> fzero(f,[11,15])
```
得到的结果为
```
ans =
    11.6726
```

在第 5 章例 5.5 中，我们利用 MATLAB 的绘图功能，通过图解法来求解方程。本例题也通过绘图了解方程根的大致分布情况，仅需要粗略地了解方程根所在的区间，就可以使用 fzero 函数求得高精度的近似解。而单独使用图解法通常难以达到这种精度，并且操作更为烦琐。

（2）$x - 0.85\sin x = \dfrac{17}{6}\pi$。

这个方程是开普勒方程的一个具体实例。实际上，对于一般的开普勒方程：
$$x - e\sin x = M, |e| < 1$$
通过分析，不难发现，当 $k\pi < M < (k+1)\pi, k \in \mathbb{Z}$ 时，有
$$k\pi - e\sin k\pi = k\pi < M < (k+1)\pi - e\sin(k+1)\pi = (k+1)\pi$$
因此，$[k\pi, (k+1)\pi]$ 是方程的有根区间，而且由于
$$\dfrac{\mathrm{d}}{\mathrm{d}x}(x - e\sin x - M) = 1 - e\cos x > 0$$
因此方程在这一有根区间内是单调函数，并且在该区间内仅有唯一的根。

根据上述分析，可以输入以下代码求方程根：

```
>> f = @(x) x - .85*sin(x) - 17*pi/6;
>> fzero(f,[2 3]*pi)
```

得到的结果为

```
ans =
    9.1400
```

或者选取区间中点作为初始解，由 fzero 函数自动确定方程的有根区间，输入以下代码：

```
>> fzero(f,2.5*pi)
```

得到的结果为

```
ans =
    9.1400
```

（3）$x^3 - 9x^2 + 24x = 20$。

该方程函数的曲线如图 7-2 所示。

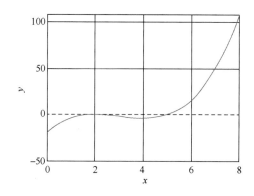

图 7-2 例 7.1（3）方程函数曲线

可见，该方程在 $x = 2$ 和 $x = 5$ 附近有根，可利用 fzero 函数分别求两个根。输入以下代码，求第 1 个根：

```
>> fzero(f,[4 6])
```

得到的结果为

```
ans =
    5.0000
```

输入以下代码，求第 2 个根：

```
>> fzero(f,[1 3])
```

得到的结果为

```
错误使用 fzero (line 290)
区间端点处的函数值必须具有不同的符号。
```

此时，位于 $x = 5$ 处的方程根被正确求得，而位于 $x = 2$ 处的方程根无法通过 fzero 函数求得。实际上，$x = 2$ 是方程的一个二重根，方程在 $x = 2$ 附近不变号，因此不能通过二分法或逆二次插值法进行数值求解。

在解决实际应用问题时，常常会遇到需要针对形式已确定但参数可变的方程进行求解。这时较好的做法，是针对方程进行数学分析，确定作为方程参数函数的有根区间的形式，然后再编程求解，确保求解过程收敛而得到正确的解。

【例 7.2】

雷德利希-邝氏（Redlich-Kwong）气体状态方程的应用范围较理想气体状态方程——范德华方程更为广泛，该方程式为

$$V = \frac{RT}{p} - \frac{a}{pV\sqrt{T}} + b$$

式中，p 为气体压力（单位：atm），T 为气体的绝对温度（单位：K），V 为气体的摩尔体积（单位：cm³/mol），$R = 82.0575 \text{cm}^3 \cdot \text{atm} \cdot \text{mol}^{-1} \cdot \text{K}^{-1}$ 为理想气体常数，而 a 和 b 是与具体气体有关的特性常数，两者计算式分别为

$$a = 0.4278 \frac{R^2 T_c^{2.5}}{p_c}, b = 0.0867 \frac{RT_c}{p_c}$$

式中，T_c 和 p_c 分别为具体气体的临界温度（单位：K）和临界压力（单位：atm）。

试编写一个 MATLAB 程序，能够根据给定的 T_c、p_c、p 和 V 值，求出气体温度 T。

首先，将上述气体状态方程变为

$$\left(\frac{RT}{p} + b - V\right) \cdot pV\sqrt{T} = a$$

其次，对等号两边进行平方，整理得到新的方程式，具体步骤如下。输入以下代码：

```
>> syms R T V p a b
>> collect(expand(((R*T/p+b-V)*p*V*sqrt(T))^2-a^2),T)
```

输出结果为

```
ans =
R^2*V^2*T^3 + (- 2*R*p*V^3 + 2*R*b*p*V^2)*T^2 + (V^4*p^2 - 2*V^3*b*p^2 + V^2*b^2*p^2)*T - a^2
```

输入以下代码:
```
>> simplify(- 2*R*p*V^3 + 2*R*b*p*V^2)
```
输出结果为
```
ans =
-2*R*V^2*p*(V - b)
```
输入以下代码:
```
>> simplify(V^4*p^2 - 2*V^3*b*p^2 + V^2*b^2*p^2)
```
输出结果为
```
ans =
V^2*p^2*(V - b)^2
```

得到的新方程式为
$$R^2V^2T^3 + 2RV^2p(b-V)T^2 + V^2p^2(b-V)^2T - a^2 = 0$$

由于 R^2V^2 不等于 0，因此可进一步把上式整理为
$$f(T) = T^3 + \frac{2p(b-V)}{R}T^2 + \frac{p^2(b-V)^2}{R^2}T - \frac{a^2}{R^2V^2}$$
$$= T^3 + 2\alpha T^2 + \alpha^2 T - \frac{a^2}{R^2V^2} = 0$$

由于 $T=0$ 时 $f(T) = -a^2/R^2V^2 < 0$，$T \to +\infty$ 时 $f(T) \to +\infty$，因此方程一定存在正根。当 $b=V$ 时，容易得到 $T=(a/RV)^{2/3}$；当 $b \neq V$ 时，考虑函数 $f(T)$ 的导函数:
$$f'(T) = 3T^2 + 4\alpha T + \alpha^2 = (3T + \alpha)(T + \alpha)$$

当 $b > V$ 时，$\alpha > 0$，因此 $f'(T)$ 在 $T > 0$ 时恒为正，$f(T)$ 在 $[0, +\infty)$ 区间上有唯一零点；当 $b < V$ 时，$f(T)$ 在 $-\alpha/3$ 处取极大值，在 $-\alpha$ 处取极小值。由于 $f(-\alpha) = f(0) < 0$，因此在 $[-\alpha, +\infty)$ 区间上 $f(T)$ 有一个零点。

根据以下方程式:
$$f\left(-\frac{\alpha}{3}\right) = -\frac{4\alpha^3}{27} - \frac{a^2}{R^2V^2}$$

当 $f(-\alpha/3) > 0$ 时，原方程分别在 $[0, -\alpha/3]$、$[-\alpha/3, -\alpha]$ 和 $[-\alpha, +\infty)$ 区间内各有一个根；当 $f(-\alpha/3) \leq 0$ 时，原方程仅在 $[-\alpha, +\infty)$ 上有一个根。

当方程根落在无穷区间时，不便于使用 `fzero` 函数进行求解。为此，需考虑任意正数 $k > 0$，此时方程
$$f'(T) = 3T^2 + 4\alpha T + \alpha^2 = k$$

必然有两个解。由于 $f(T)$ 的变化趋势是先由 $-\infty$ 单调上升到极大值，之后单调下降到极小值，再单调上升趋向 $+\infty$，因此这两个解分别落在 $-\infty$ 到极大值点区间和极小值点到 $+\infty$ 区间内。设落在后一个区间中的解为 T^*，由于在极小值点到 $+\infty$ 区间上 $f'(T)$ 恒为正，因此在此可以不加证明地令
$$T_+ = T^* - \frac{f(T^*)}{f'(T^*)} = T^* - \frac{f(T^*)}{k}$$

则 $f(T_+) > 0$，因此 T_+ 可以取代 $+\infty$ 作为有根区间的一个端点。为了计算方便，令 $k = 5a^2$，可

得

$$T^* = \frac{1}{6}\left(-4\alpha + 8|\alpha|\right) = \begin{cases} -2\alpha, & b < V \\ \dfrac{2}{3}\alpha, & b > V \end{cases}$$

$$T_+ = \begin{cases} -\dfrac{8}{5}\alpha + \dfrac{a^2}{5\alpha^2 R^2 V^2}, & b < V \\ \dfrac{4}{27}\alpha + \dfrac{a^2}{5\alpha^2 R^2 V^2}, & b > V \end{cases}$$

总结如下：

（1）若 $b = V$，则 $T = (a/RV)^{2/3}$。

（2）若 $b > V$，则 $T \in \left[0, \dfrac{4}{27}\alpha + \dfrac{a^2}{5\alpha^2 R^2 V^2}\right]$。

（3）若 $b < V$，则当 $-\dfrac{4\alpha^3}{27} \leqslant \dfrac{a^2}{R^2 V^2}$ 时，$T \in \left[-\alpha, -\dfrac{8}{5}\alpha + \dfrac{a^2}{5\alpha^2 R^2 V^2}\right]$；否则，$T \in [0, -\alpha/3]$ $\cup [-\alpha/3, -\alpha] \cup \left[-\alpha, -\dfrac{8}{5}\alpha + \dfrac{a^2}{5\alpha^2 R^2 V^2}\right]$。

根据上述分析结果，编程如下。

rkgas.m

```
function T = rkgas(p,V,Tc,pc)

R = 82.0575;

a = .4278*R^2*Tc^2.5/pc;
b = .0867*R*Tc/pc;

alpha = p*(b-V)/R;
gamma = a^2/(R^2*V^2);

f = @(t) t.^3 + 2*alpha*t.^2 + alpha^2*t - gamma;

if b==V
   T = nthroot(gamma,3);
elseif b > V
   T = fzero(f,[0,4*alpha/27 + gamma/(5*alpha^2)]);
else
   if -4*alpha^3/27 <= gamma
      T = fzero(f,[-alpha, -8*alpha/5 + gamma/(5*alpha^2)]);
   else
      T = [fzero(f,[0,-alpha/3])
           fzero(f,[-alpha/3,-alpha])
           fzero(f,[-alpha,-8*alpha/5 + gamma/(5*alpha^2)])];
   end
end
end
```

假设本例题所用气体是异丙醇蒸汽，T_c = 508.2K，p_c = 50atm。保持 p = 10atm，那么当该蒸气的摩尔体积为 V = 2000cm³/mol 时，输入以下代码：

```
>> rkgas(10,2000,508.2,50)
```

得到对应的蒸汽温度：

```
ans =
  344.9618
```

当 V = 3500cm³/mol 时，输入以下代码：

```
>> rkgas(10,3500,508.2,50)
```

得到对应的蒸汽温度：

```
ans =
    8.1306
  355.8019
  471.5035
```

需要注意的是，对于本例题中所考虑的多项式方程，当不存在偶数重根时，使用例 3.15 中介绍的牛顿迭代法更加简捷与迅速。对牛顿迭代法所需的初始解，也可根据类似的分析方法加以确定。实际上，在本例题中 T_+ 就是通过牛顿迭代法的思路获取的。

7.1.2 求解多项式方程

多项式方程 $p_1 x^n + p_2 x^{n-1} + \cdots + p_n x + p_{n+1} = 0$ 是十分常见而重要的一类方程，获取多项式方程的所有实根与复根，对求解微分方程和分析线性系统等问题具有重要意义。使用 `roots(p)` 函数可以求得多项式方程的所有根，其中 p 是由多项式方程各项系数构成的矢量 $(p_1, p_2, \cdots, p_{n+1})$。

【例 7.3】

利用 roots 函数求解例 7.2 中的问题。

用于求解的脚本如下。

rkgasr.m

```
function T = rkgasr(p,V,Tc,pc)

R = 82.0575;

a = .4278*R^2*Tc^2.5/pc;
b = .0867*R*Tc/pc;

alpha = p*(b-V)/R;
gamma = a^2/(R^2*V^2);

T = roots([1 2*alpha alpha^2 -gamma]);
```

当 V = 3500cm³/mol 时，输入以下代码：

```
>> rkgasr(10,3500,508.2,50)
```

输出结果为

```
ans =
  471.5035
  355.8019
    8.1306
```

当 $V = 2000\text{cm}^3/\text{mol}$ 时，输入以下代码：

```
>> rkgasr(10,2000,508.2,50)
```

输出结果为

```
ans =
  1.0e+02 *
  3.4496 + 0.0000i
  0.6244 + 0.9061i
  0.6244 - 0.9061i
```

利用 roots 函数求解多项式方程虽然十分方便，但是在实际使用中，仍然需要留意以下两点：

（1）对问题进行理论分析十分重要，通过分析才能得出关于方程解的合理性结论，从而帮助筛选由 roots 函数得到的解。

（2）因 roots 函数使用了矩阵特征值求解的数值方法，故计算开销相对较大。

7.1.3 求解非线性方程组

用于求解非线性方程组的 fsolve 函数同样由 Optimization Toolbox 提供。fsolve(f,x₀) 用于求解关于 x 的非线性方程组 $f(x) = 0$。不过，这里的函数句柄 f 应该接受以矢量或矩阵形式的输入量，并且返回矢量或矩阵作为输出量；x_0 只能提供各个未知数的初始值，而不能像 fzero 那样提供一个有根区间。

【例 7.4】

求解以下（1）～（2）题中的非线性方程组。

（1）求解非线性方程组

$$\begin{cases} \exp(-x_1 - x_2) - x_1 x_2 \left(1 + x_1^2\right) = 0 \\ x_1 \cos x_2 + x_2 \sin x_1 = 0.5 \end{cases}$$

输入以下代码：

```
>> f = @(x) [exp(-(x(1)+x(2))) - x(1)*x(2)*(1+x(1)^2)
 x(1)*cos(x(2))+x(2)*sin(x(1))-.5];
>> fsolve(f,[0;0])
```

输出结果为

```
Equation solved.

fsolve completed because the vector of function values is near zero
as measured by the value of the function tolerance, and
the problem appears regular as measured by the gradient.
```

```
<stopping criteria details>
ans =
    0.3356
    0.8327
```

注意：这里所定义的匿名函数 f 接受长度为 2 的矢量作为输入量，并且返回长度为 2 的列矢量。利用 fsolve 函数求解时，fsolve 函数还将显示有关信息，以帮助用户判断所得到的解是否可靠。

（2）求解由 3×3 方阵 X 的元素组成的非线性方程组

$$X^3 + X = M_3$$

其中，M_3 表示三阶幻方阵。

这个方程实际上相当于矩阵 X 的 9 个元素的非线性方程组，因此，也可以利用 fsolve 函数求解。输入以下代码：

```
>> f = @(x) x^3 + x - magic(3);
>> fsolve(f,zeros(3))
```

输出结果为

```
Equation solved.

fsolve completed because the vector of function values is near zero
as measured by the value of the function tolerance, and
the problem appears regular as measured by the gradient.

<stopping criteria details>
ans =
    1.6975   -0.4502    1.0839
    0.1634    0.7771    1.3907
    0.4702    2.0043   -0.1434
```

注意：f 接受一个 3×3 方阵作为输入量，输出量为 3×3 方阵，并且 f 表达式中使用矩阵运算，不使用非数组运算。

MATLAB R2020a 中的 fsolve 函数使用非线性优化的信任域算法完成方程组求解。在其帮助文档中给出了相关算法的参考文献，感兴趣的读者可据此进行延伸阅读。

7.2 插值与拟合

7.2.1 问题描述

插值与拟合都是能够根据离散数据构建连续自变量的函数模型的方法。假设两个存在函数关系的变量 x 和 y，其中 x 为自变量。如果得到了关于 x 和 y 的一系列观测数据 $\{(x_i, y_i), i=1,\cdots,n\}$，那么插值就问题就是试图确定一个具有特定形式的"插值函数" $P(x)$，使得函数曲线能够严格通过所有的观测数据点，即满足 $P(x_i)=y_i, i=1,\cdots,n$，如图 7-3 所示。拟合问题则是对具有特定形式但若干参数可调的"拟合函数" $f(x; a_1,\cdots,a_m)$，试图找到一

组最佳参数 $a_1^*,\cdots,a_m^*$，使得 $f(x;a_1^*,\cdots,a_m^*)$ 的曲线与观测数据"最吻合"，但是并不要求观测数据点都严格落在拟合函数曲线之上，如图 7-4 所示。

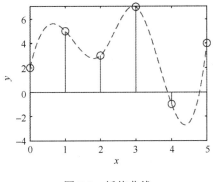

图 7-3 插值曲线

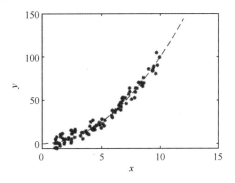

图 7-4 拟合曲线

最为常用的插值函数形式是多项式函数。对于 n 组自变量值互异的观测数据点 $\{(x_i,y_i),i=1,\cdots,n\}$，$x_i \neq x_j, \forall i \neq j$，可以确定一个唯一的 $n-1$ 次插值多项式。不过，当数据点数量较多时，插值多项式幂次数很高，多项式曲线对数据的描述并不够"自然"。因此，实际应用中一般使用分段多项式函数，即对由观测数据点划分出来的每个自变量小区间，使用一个低幂次数多项式进行插值。

曲线的拟合则常使用最小二乘法完成，此时拟合函数与观测数据之间的"吻合"程度由总平方误差来描述，即

$$E(a_1,\cdots,a_m)=\sum_{i=1}^{n}\left[y_i-f(x_i;a_1,\cdots,a_m)\right]^2$$

所得到的拟合函数由该误差函数为最小值时的参数值给出。

7.2.2 插值

使用 interp1 函数可以进行一维数据的分段多项式插值，即仅有一个自变量的分段多项式插值。

v_q = interp1(x,y,x_q,method) 使用 method 指定的插值方法，对矢量 x 和 y 所提供的观测数据集{(x(i),y(i))}进行插值，并返回所得到的插值函数在自变量取 x_q 时的函数值，x_q 可以为矢量。若省略 x，则使用 y 中元素的下标作为自变量。

method 的默认值为'linear'，即分段线性插值。此时，interp1 函数自动将数据点对 x 进行排序，然后将相邻的数据点用直线段相连，即使用一个满足插值条件的一次多项式作为每个小区间的插值多项式。分段线性插值计算速度较快，能够保证插值函数的连续性，但是插值函数在观测数据点往往不可导，所得到的曲线是不光滑的折线。

计算速度最快的插值方法是'nearest'、'next'、'previous'等分段零阶多项式插值，即在每个小区间使用一个常数作为插值多项式。此时，插值函数的连续性得不到保证。

【例 7.5】

某地近期最高气温依次为 25、30、17、17、14、10、9、15（单位：℃）。对这些气温数据分别使用'linear'和'nearest'方法进行插值。

输入以下代码:

```
>> y = [25 30 17 17 14 10 9 15];
>> xq = 1:0.02:8;
>> plot(xq,interp1(y,xq)); hold on;
>> plot(xq,interp1(y,xq,'nearest'), '--');
>> plot(y,'o');
```

得到的气温变化曲线如图 7-5 所示,其中实线为分段线性插值函数,虚线为分段常数插值函数。可见,即使分段线性插值保持了插值函数的连续性,但两者显然都不是气温的"自然"变化曲线。

为了使得插值函数曲线的数学性质更好,曲线变化趋势也更加自然,需要使用更高次幂的多项式进行插值。'pchip'使用保形三次多项式进行分段插值,尽量保持数据点之间的增减趋势;'makima'使用改进的 Akima 三次厄米特多项式插值,所得的曲线波动更加自然一些。这两种方法得到的插值函数均为一阶连续可导,即插值函数的导函数仍然保持连续。'spline'使用三次样条函数进行插值,并且插值函数二阶连续可导,因此插值函数曲线最光滑,但是容易出现波动较大的"过冲"现象,并且计算开销与'makima'类似,在所有方法中计算开销最大。

【例 7.6】

利用分段三次多项式插值方法对例 7.5 的数据进行插值。

输入以下代码:

```
>> plot(xq,interp1(y,xq,'pchip')); hold on;
>> plot(xq,interp1(y,xq,'makima'),'--');
>> plot(xq,interp1(y,xq,'spline'),'k:');
>> plot(y,'o');
```

得到的气温变化曲线如图 7-6 所示,其中实线为保形三次多项式插值,虚线为改进的 Akima 三次厄米特多项式插值,点线为三次样条函数插值。可见,三个插值函数的光滑性较分段线性插值都有明显改善,但是保形三次多项式倾向于将曲线"压直",而改进的 Akima 三次厄米特多项式和三次样条函数插值得到的曲线更加"自然"。三次样条函数插值的"过冲"情况在第一个小区间体现得最为明显,因此,如果对插值函数的光滑性没有太高要求,就可以使用改进的 Akima 三次厄米特多项式插值;如果对其光滑性要求较高,例如,要求插值函数在整个区间都二阶连续可导,就需要使用三次样条函数插值。

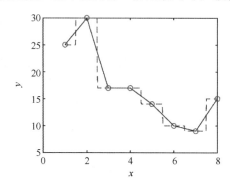

图 7-5 例 7.5 气温变化曲线

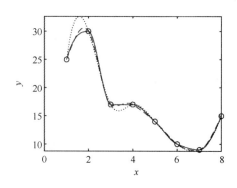

图 7-6 例 7.6 气温变化曲线

对 `interp1` 中各种插值方法的总结见表 7-1。

表 7-1 `interp1` 中的各种插值方法总结

插值方法	说明	光滑性	备注
`'nearest'`	最近邻插值。小区间内某一点处的插值函数值等于距离该点最近的区间端点处的函数值	不连续	至少需要 2 个数据点。内存开销和时间开销最少
`'next'`	右邻插值。小区间内的插值函数值等于区间右端点处的函数值	不连续	至少需要 2 个数据点。内存开销和时间开销最少
`'previous'`	左邻插值。小区间内的插值函数值等于区间左端点处的函数值	不连续	至少需要 2 个数据点。内存开销和时间开销最少
`'linear'`	分段线性插值	连续不可导	至少需要 2 个数据点。内存开销和时间开销多于最近邻插值方法所耗的内存开销和时间开销
`'pchip'`	保形三次多项式插值	一阶连续可导	至少需要 4 个数据点。内存开销和时间开销多于分段线性插值方法所耗的内存开销和时间开销
`'makima'`	改进的 Akima 三次厄米特多项式插值	一阶连续可导	至少需要 2 个数据点。内存开销最大，时间开销大于保形三次多项式插值方法所耗的时间开销，但一般小于三次样条函数插值方法所耗的时间开销
`'spline'`	三次样条函数插值	二阶连续可导	至少需要 4 个数据点，内存开销和时间开销最大方法所耗的内存开销和时间开销

在某些应用场合，我们可能需要在插值多项式上进行进一步分析和处理，而非仅仅求取若干自变量取值处的插值多项式函数值。这时可以使用 `p = interp1(x,y,method,'pp')` 的调用方式，返回的 `p` 是一个结构体，其中比较关键的字段包括 `breaks` 和 `coefs`。`breaks` 以矢量的形式给出了各个小区间的端点位置，而 `coefs` 以矩阵形式给出了每个小区间内多项式的系数，矩阵中的每行对应一个小区间，系数按幂次数从高到低的顺序排列。

注意：如果某个小区间 $[x_i, x_{i+1}]$ 对应的系数行为 $(a_1, \cdots, a_n)$，那么这个小区间内的插值多项式为 $a_1(x-x_i)^{n-1} + a_2(x-x_i)^{n-2} + \cdots + a_n$。

【例 7.7】

利用例 7.5 中的数据，估计在该段时间范围内气温实际达到的最高值。

根据不同的插值函数，会得到不同的结果，这里使用三次样条函数插值。本例题的气温最高值实际上就是对应插值函数的极值，即插值函数的导数为 0 的极值。但要注意，此时的插值多项式为分段多项式，因此需要对每个小区间求极值，并且只有极值点仍然落在小区间内，才可能是所需要的极值点；否则，就需要考虑和比较区间端点处的插值函数值。

脚本如下。

tempestim.m

```
y = [25 30 17 17 14 10 9 15];
x = 1:8;
p = interp1(x,y,'spline','pp')

highest = -Inf;      % 最高气温
```

```matlab
localX = 0;            % 最高气温出现的时间
n = p.pieces;          % 区间数量
for i = 1:n
    f = p.coefs(i,:);
    
    % localHigh 和 localX 分别用于记录当前区间中气温的最高值和最高值出
    % 现的时间。
    % 区间内的最高值有可能在区间端点处取到，因此首先找到区间端点处
    % 值较大者作为当前的区间最高值。
    if y(i)>=y(i+1)
        localHigh = y(i);
        localX = x(i);
    else
        localHigh = y(i+1);
        localX = x(i+1);
    end
    
    if f(1)==0 && f(2)==0
        % 此时区间内的插值函数为线性函数，因此区间最高值一定在端点
        % 处取得。不需要进一步处理。
        
    elseif f(1)==0
        % 区间内的插值函数为二次函数。
        
        if f(2)<0
            % 当二次项系数为正时，区间内的极值为极小值，区间最高值
            % 一定在端点处取得。因此只有在二次项系数为负时，才具体
            % 考虑极大值是否落在区间内。
            xp = f(3)/(2*f(2));  % 二次函数的极大值点
            if xp>=0 && xp<=x(i+1)-x(i)
                % 极大值点落在区间内部，因此区间最高值一定等于这一
                % 极大值。
                localHigh = f(2)*xp^2 + f(3)*xp + f(4);
                localX = x(i)+xp;
            end
        end
    else
        % 区间内的插值函数为三次函数。
        
        % 插值函数的导函数 ax^2 + bx + c 的各项系数。
        a = 3*f(1);
        b = 2*f(2);
        c = f(3);
```

```
        d = b^2-4*a*c;
        if d>0
            % 当判决式 d<=0 时，区间内的三次函数为单调函数，因此区间
            % 最高值在区间端点处取得。只有 d>0 时，才需要进行下面的
            % 考虑。

            % 极大值点。若三次项系数为正，即 a>0，那么导函数的较小
            % 的零点为极大值点；反之，当 a<0 时，导函数的较大的零点为
            % 极大值点。在这两种情况中，极大值点都由下式给出。
            xp = (-b-sqrt(d))/(2*a);
            if xp>=0 && xp<=x(i+1)-x(i)
                % 极大值点在区间内部。但是对于三次函数，即使区间内
                % 存在极大值点，区间最高值也仍然有可能在区间端点处
                % 取得，因此需要进一步判断。
                h = f(1)*xp^3+f(2)*xp^2+f(3)*xp+f(4);
                if h>localHigh
                    localHigh = h;
                    localX = x(i)+xp;
                end
            end
        end
    end

    if localHigh > highest
        highest = localHigh;
        xHi = localX;
    end
end

fprintf('最高气温为%0.2f 摄氏度，在第%0.2f 天时达到\n', highest, xHi);
```

执行上述脚本，可得如下输出结果（在这里，我们将 interp1 函数返回的结构体内容进行了显示，以便读者了解该结构体的字段）。

```
>> tempestim
p = 
  包含以下字段的 struct:

      form: 'pp'
    breaks: [1 2 3 4 5 6 7 8]
     coefs: [7×4 double]
    pieces: 7
     order: 4
       dim: 1
    orient: 'first'
最高气温为 32.68 摄氏度，在第 1.58 天达到
```

插值方法还可以进一步推广到二元函数乃至一般的多元函数,多元函数的插值可使用 `interp2`、`interp3` 或 `interpn` 等函数完成,具体用法请自行参阅 MATLAB 帮助文档。

7.2.3 拟合

曲线或曲面拟合问题广泛地出现在各个应用领域,因此,在 MATLAB R2020a 中,也有多个工具箱提供了各自用于求解拟合问题的函数工具,如 MATLAB R2020a 本身所带的 `polyfit` 函数,Optimization Toolbox 所带的 `lsqcurvefit` 和 `lsqnonlin` 函数,Statistics and Machine Learning Toolbox 所带的 `fitlm`、`fitrm` 和 `fitnlm` 函数,以及 Curve Fitting Toolbox 所提供的 `fit` 函数等。这些函数都能可靠地完成各自需要完成的拟合任务,它们的具体使用方法可能有所不同,各自提供的功能和返回的数据也有所出入,主要是由于不同领域的专业人员对拟合任务的一般需求有所不同。本书主要介绍 Curve Fitting Toolbox 提供的 `fit` 函数及相关的辅助函数。

使用 `fitobj = fit(x,y,fitType)` 或 `fitobj = fit([x,y],z,fitType)`,可根据指定的模型(函数)进行曲线或曲面拟合,拟合结果通过 `cfit` 类型的 `fitobj` 函数返回,其中包含拟合得到的模型参数,以及与拟合算法、拟合过程和拟合结果有关的其他信息。

【例 7.8】

铝棒的长度 L(单位:mm)和温度 t(单位:℃)之间的关系为 $L(t)=L(0)(1+\alpha t)$,其中 α 为铝的线膨胀系数(单位:$℃^{-1}$)。现在对一根铝棒,在不同温度下分别测得其长度(见表 7-2),请估计 $L(0)$ 和 α 的值。

表 7-2 例 7.8 中的铝棒在不同温下的长度数据

i	1	2	3	4	5	6	7	8
t_i / ℃	10	15	20	25	30	35	40	45
L_i / mm	1000.24	1000.36	1000.47	1000.59	1000.72	1000.83	1000.95	1001.07

该问题实际就是根据超定线性方程组 $L_i = L(0)(1+\alpha t_i)$ 确定未知数 $L(0)$ 和 α,其最小二乘解可以直接通过 MATLAB 的矩阵除法运算求得。在这里,我们使用 `fit` 函数完成求解,输入以下内容:

```
>> t = 10:5:45;
>> L = 1000 + [.24 .36 .47 .59 .72 .83 .95 1.07];
>> fo = fit(t',L','poly1')
```

输出结果为

```
fo =
    Linear model Poly1:
    fo(x) = p1*x + p2
    Coefficients (with 95% confidence bounds):
      p1 =     0.02374  (0.02341, 0.02407)
      p2 =        1000  (1000, 1000)
```

调用 fit 函数时,自变量数据应按列排列,因此在此对矢量 t 进行转置;拟合类型指定为 poly1,表示使用一次多项式即线性函数进行拟合。根据返回的 cfit 类型的结果 f。拟合方程式为 $f(x)=p_1x+p_2$,与本例题中希望的拟合方程对比可得,$L(0)=p_2=1000\text{mm}$,$\alpha=p_1/L(0)=23.7\times10^{-6}\ ℃^{-1}$。本例题被拟合的数据点与拟合直线如图 7-7 所示。

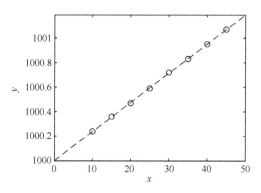

图 7-7 例 7.8 被拟合数据点与拟合直线

fit 函数支持一系列常用拟合模型,这些模型都可以通过字符串直接加以指定,见表 7-3。适用类型一栏中,C 表示用于曲线(一元函数)拟合,S 表示用于曲面(二元函数)拟合。

表 7-3 fit 函数直接支持的常用拟合模型

模型名称	适用类型	说明
polyn	C	多项式函数模型 $y=\sum_{i=1}^{n+1}p_ix^{n-i+1}$,$n$ 的取值范围为 1~9
polymn	S	二元多项式函数模型 $z=\sum_{i=0}^{m}\sum_{j=0}^{n}p_{ij}x^iy^j$,$m$ 和 n 的取值范围均为 1~5
weibull	C	威布尔分布模型 $y=abx^{b-1}\exp(-ax^b)$
expn	C	指数模型 $y=\sum_{i=1}^{n}a_i\exp(b_ix)$,$n$ 的取值范围为 1~2
fouriern	C	傅里叶级数模型 $y=a_0+\sum_{i=1}^{n}[a_i\cos(ixp)+b_i\sin(ixp)]$,$n$ 的取值范围为 1~8,$p=2\pi/(\max\{x_i\}-\min\{x_i\})$
gaussn	C	混合高斯模型 $y=\sum_{i=1}^{n}a_i\exp\left[-\left(\dfrac{x-b_i}{c_i}\right)^2\right]$,$n$ 的取值范围为 1~8
power1	C	幂函数模型 $y=ax^b$
power2	C	幂函数模型 $y=ax^b+c$
ratmn	C	有理分式模型 $y=\sum_{i=1}^{m}p_ix^{m-i+1}\left/\left[x^n+\sum_{j=1}^{n}q_jx^{n-j}\right]\right.$,$m$ 和 n 的取值范围均为 1~5
sinn	C	正弦函数模型 $y=\sum_{i=1}^{n}a_i\sin(b_ix+c_i)$,$n$ 的取值范围为 1~8
cubicspline	C	三次插值样条曲线模型
smoothingspline	C	平滑样条曲线模型
linearinterp	CS	线性插值模型

续表

模型名称	适用类型	说明
nearestinterp	CS	最近邻插值模型
cubicinterp	CS	三次样条插值模型
pchipinterp	C	保形分段三次厄米特多项式插值模型
biharmonicinterp	S	双谐函数插值模型
thinplateinterp	S	薄板样条插值模型
lowess	S	局部线性回归
loess	S	局部二次回归

除了表 7-3 中的模型，用户还可以使用其他方式自定义模型，再用 `fit` 函数进行拟合。

【例 7.9】

在本例题中，首先产生一批随机的模拟数据，然后再使用高斯曲面模型 $z(x,y) = a\exp\left(-\dfrac{x^2+y^2}{b}\right)$ 进行拟合。

输入以下代码：

```
>> rng('shuffle');
>> [x,y] = meshgrid(-3:0.2:3);
>> z = 1.5*exp(-(x.^2+y.^2)/7.5) + randn(size(x))*0.05;
>> f = 'a*exp(-(x^2+y^2)/b)';
>> fo = fit([x(:) y(:)],z(:),f)
```

输出结果为

```
警告: Start point not provided, choosing random start point.
> In curvefit.attention/Warning/throw (line 30)
  In fit>iFit (line 307)
  In fit (line 116)
    General model:
    fo(x,y) = a*exp(-(x^2+y^2)/b)
    Coefficients (with 95% confidence bounds):
      a =        1.506  (1.498, 1.515)
      b =        7.462  (7.387, 7.538)
```

拟合结果为 $a = 1.506$，$b = 7.462$；产生模拟数据时，使用的参数分别为 $a = 1.5$ 和 $b = 7.5$。可见，拟合结果落在真实参数的 95% 置信区间内。如果希望直观地观察拟合结果，可以根据拟合曲面和数据点绘图。输入以下代码：

```
>> zf = fo.a * exp(-(x.^2+y.^2)/fo.b);
>> surf(x,y,zf,'FaceAlpha',0.5); hold on;
>> 
>> plot3(x(:),y(:),z(:),'o','MarkerFaceColor','y','MarkerEdgeColor','k');
```

本例题被拟合的数据点与拟合曲面如图 7-8 所示。如果拟合模型比较复杂，实现拟合过程中需要较为复杂一些的逻辑，那么可以使用 M 函数来实现，再将这一函数作为输入参数传给 `fit` 函数，由 `fit` 函数完成拟合。

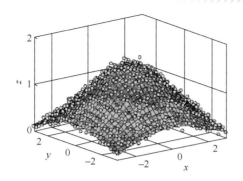

图 7-8 例 7.9 被拟合的数据点与拟合曲面

【例 7.10】

在本例题中，我们使用一个分段表示的斜坡函数作为拟合模型：

$$f(x) = \begin{cases} a, & x \leq k_1 \\ a + (b-a)\dfrac{x-k_1}{k_2-k_1}, & k_1 < x < k_2 \\ b, & x \geq k_2 \end{cases}$$

式中，a、b、k_1 和 k_2 是需要通过拟合确定的参数。该模型是一个分段函数，确定函数值时需要使用条件判断，因此难以通过简单的单个表达式来描述。为此，可将函数的计算通过 M 函数实现，代码如下：

pwramp.m

```
function y = pwramp(x,a,b,k1,k2)

y = zeros(size(x));
y(x<=k1)=a;
y(x>=k2)=b;
i = x>k1 & x<k2;
y(i) = a + ((b-a)/(k2-k1))*(x(i)-k1);

end
```

本例题通过随机数发生器产生若干含噪声的 S 型函数曲线上的点，并利用上述分段斜坡函数拟合这些数据。输入以下代码：

```
>> rng('shuffle');
>> t = -10:0.5:10;
>> y = 2./(1.5 + exp(-2*(t-0.5))) + randn(size(t))*0.1;
```

使用 fittype 函数，将上述 M 函数转换为 fit 函数可以使用的拟合模型对象，输入以下代码：

```
>> ft = fittype('pwramp(x,a,b,k1,k2)')
```

输出结果为

```
ft = 
    General model:
    ft(a,b,k1,k2,x) = pwramp(x,a,b,k1,k2)
```

之后使用 fit 函数进行拟合。当拟合模型的参数较多且非线性时，拟合过程受初始参数点的选取值影响较大。如果用户能够给出质量较好的初始参数点，那么拟合结果的准确性将获得更好的保障。在调用 fit 函数时设置 StartPoint 属性，可以指定初始参数点。输入以下代码：

```
>> fo = fit(t',y',ft,'StartPoint',[-0.2 1.5 -3 3])
```

输出结果为

```
fo = 
  General model:
  fo(x) = pwramp(x,a,b,k1,k2)
  Coefficients (with 95% confidence bounds):
    a =    -0.01603  (-0.04791, 0.01584)
    b =       1.281  (1.248, 1.313)
    k1 =    -0.9661  (-1.285, -0.6472)
    k2 =      1.476  (1.154, 1.797)
```

输入以下代码，可以绘制数据点和拟合曲线：

```
>> plot(t,y,'o'); hold on;
>> plot([-10 fo.k1 fo.k2 10],[fo.a fo.a fo.b fo.b]);
```

本例题被拟合的数据点与拟合曲线如图 7-9 所示。

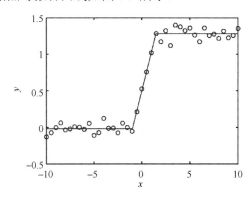

图 7-9　例 7.10 被拟合的数据点与拟合曲线

7.3　数 值 积 分

实际上，在大多数积分问题中被积函数并不存在解析表达的原函数，因此无法求不定积分或使用牛顿-莱布尼茨公式计算定积分。在这种情况下，只能利用数值积分方法求具体的定积分近似值。不同于 Symbolic Math Toolbox 中使用符号数值进行的数值积分，本节所介绍的数值积分函数利用普通的数值类型进行数值积分，其运行效率较符号计算更高，而且精度也足够满足绝大多数应用的需要。

使用 integral(f,xmin,xmax)，可计算一元函数 f 在 [xmin, xmax] 区间上的定积分近似值，其中 f 为函数句柄。要计算的积分可以是正常积分，也可以是求积区间无界或被积函数无界的奇异积分，乃至复平面上的路径积分。

【例 7.11】

对以下（1）～（3）题求定积分。

（1）求定积分 $\int_{\pi/2}^{5\pi/2} \dfrac{\cos\sqrt{x}}{\sqrt{x^3}} \mathrm{d}x$。

输入以下代码：

```
>> f = @(x) cos(sqrt(x))./sqrt(x.^3);
>> integral(f,pi/2,5*pi/2)
```

输出结果为

```
ans =
 -0.195695632668026
```

在构造被积函数的函数句柄时应该注意，函数 f 应该采用数组运算，因为使用 integral 内部调用 f 时可能会以数组作为输入量。

（2）求定积分 $\int_{0}^{5\pi/2} \dfrac{\cos\sqrt{x}}{\sqrt[3]{x}} \mathrm{d}x$。

这是一个被积函数无界的奇异积分，当 $x \to 0^+$ 时，$\dfrac{\cos\sqrt{x}}{\sqrt[3]{x}} \to +\infty$。

输入以下代码：

```
>> f = @(x) cos(sqrt(x))./x.^(1/3);
>> integral(f,0,5*pi/2)
```

输出结果为

```
ans =
 -0.225369543998053
```

（3）求定积分 $\int_{0}^{+\infty} \dfrac{\sin x}{x} \mathrm{e}^{-\frac{x^2}{4}} \mathrm{d}x$。

输入以下代码：

```
>> f = @(x) sin(x)./x .* exp(-x.^2/4);
>> integral(f,0,Inf)
```

输出结果为

```
ans =
 1.323711310152532
```

在调用 integral 函数时，还可以通过设置属性值以改变默认设置，如误差限等，从而完成特定要求的积分。

【例 7.12】

对以下（1）～（2）题求定积分。

（1）求复变函数 $f(z) = \dfrac{\mathrm{e}^{-z}}{3z^2+1}$ 由复平面原点经过 1+0.25i 和 1+0.75i 达到 i 的折线路径的路径积分。

利用 Waypoints 属性可以指定求积路径上的节点。

输入以下代码:
```
>> f = @(z) exp(-z)./(3*z.^2+1);
>> integral(f,0,1i,'Waypoints',[1+0.25i 1+0.75i])
```
输出结果为
```
ans =
  0.677329719553976 - 0.018838931845637i
```

(2) 求函数向量 $\left(\dfrac{\sin x}{x}, \dfrac{\sin x^2}{x^2}, \dfrac{\sin x^3}{x^3}\right)^{\mathrm{T}}$ 在 $[0, 2\pi]$ 区间上的定积分。

输入以下代码:
```
>> f = @(x) [sin(x)./x; sin(x.^2)./x.^2; sin(x.^3)./x.^3];
>> integral(f,0,2*pi,'ArrayValued',true)
```
输出结果为
```
ans =
  1.418151576132629
  1.253655886068091
  1.160048106476407
```

integral2 和 integral3 函数可分别用于计算二重定积分和三重定积分，在此仅介绍 integral2 函数。使用 integral2(f,xmin,xmax,ymin,ymax) 可计算二元函数 f 在平面区域 $x_{\min} \le x \le x_{\max}$ 和 $y_{\min}(x) \le y \le y_{\max}(x)$ 上的二重定积分 $\int_{x_{\min}}^{x_{\max}} \left[\int_{y_{\min}(x)}^{y_{\max}(x)} f(x,y)\mathrm{d}y\right]\mathrm{d}x$。

注意：这里的 ymin 和 ymax 可以是以自变量 x 为输入量的函数句柄，从而使得二重定积分的积分区域不必被限制为矩形区域。

【例 7.13】

对以下 (1) ~ (2) 题求二重定积分。

(1) 求二重定积分 $\iint \dfrac{1}{(1+x+y)\sin\sqrt{x+y}}\mathrm{d}x\mathrm{d}y$，所求积分区域是以原点为圆心、半径为 $\pi/2$ 的圆盘落在第一象限内的扇形部分。

因此，求积分时 x 的范围为 $[0, \pi/2]$，y 的范围为 $\left[0, \sqrt{\pi^2/4 - x^2}\right]$。

输入以下代码:
```
>> f = @(x,y) 1./(sin(sqrt(x+y)).*(1+x+y));
>> integral2(f,0,pi/2,0,@(x) sqrt(pi^2/4-x.^2))
```
输出结果为
```
ans =
  1.082273251740595
```

(2) 现有一个圆环，内径为 5cm，外径为 8cm，截面为圆形，求其体积 V。

如果将该圆环对等横剖为上下两个部分，其上半部分如图 7-10 所示，上下两部分的体积都为 V_{h}，那么整个圆环的体积 $V = 2V_{\mathrm{h}}$。如果假设圆环的圆心位于坐标系原点，并且圆环的横剖面与 xOy 平面重合，那么使用极坐标形式描述圆环曲面更加方便。考虑极角为 $\theta \in [0, 2\pi]$ 的纵剖面，此时在极径方向上，圆环纵剖面曲线如图 7-11 所示。该曲线是圆心在 6.5cm、半径为 1.5cm 的上半圆，因此，圆环纵剖面曲线在极坐标下的函数式为

$$f(\theta,r) = \sqrt{1.5^2 - (r-6.5)^2}$$

因此

$$V = 2V_h = 2\int_0^{2\pi}\int_5^8 rf(\theta,r)\,\mathrm{d}\theta\mathrm{d}r = 2\int_0^{2\pi}\int_5^8 r\sqrt{1.5^2-(r-6.5)^2}\,\mathrm{d}\theta\mathrm{d}r$$

输入以下代码：

```
>> f = @(t,r) r.*sqrt(1.5^2-(r-6.5).^2);
>> V = 2*integral2(f,0,2*pi,5,8)
```

输出结果为

```
V =
    2.886859287318637e+02
```

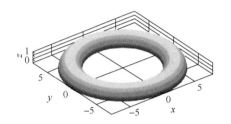

图 7-10 圆环的上半部分

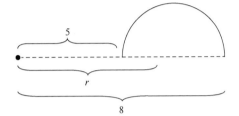

图 7-11 圆环纵剖面曲线

7.4 解常微分方程

MMATLAB 中提供了一系列数值求解常微分方程的函数，可分别用于求解不同性质的常微分方程。这些数值求解函数给出的解并不是常微分方程的闭式解函数，而是在给定的自变量求解区间内，在自变量的若干离散值处待求解函数值的近似值。常微分方程中的自变量通常用 t 表示，因此在帮助文档和后文中我们也以"时间"来指称自变量，显然，并不一定要求常微分方程的自变量必须是时间变量。本节主要介绍数值求解常微分方程组初值问题的 MATLAB 函数。所谓常微分方程初值问题，是指给定了常微分方程解函数的初始值条件的问题，即

$$\frac{\mathrm{d}y_i}{\mathrm{d}t} = f_i(t, y_1, y_2, \cdots, y_n), y_i(t_0) = y_{i,0}, i = 1,\cdots,n$$

或写为矢量形式

$$\frac{\mathrm{d}\boldsymbol{y}}{\mathrm{d}t} = \boldsymbol{f}(t,\boldsymbol{y}), \boldsymbol{y}(t_0) = \boldsymbol{y}_0, \boldsymbol{y} = (y_1,\cdots,y_n)^\mathrm{T}, \boldsymbol{f} = (f_1,\cdots,f_n)^\mathrm{T}$$

数值求解常微分方程初始值问题的 MMATLAB 函数名称基本上以 ode 开头，在 MATLAB R2020a 中提供的求解函数见表 7-4。

表 7-4 常微分方程初始值问题的求解函数

函数名	说明
ode45	利用中阶方法求解非刚性常微分方程
ode23	利用低阶方法求解非刚性常微分方程
ode113	利用变阶次方法求解非刚性常微分方程

续表

函数名	说明
ode15s	利用变阶次方法求解刚性常微分方程
ode23s	利用低阶方法求解刚性常微分方程
ode23t	利用梯形法则求解中等刚性常微分方程
ode23tb	利用梯形法则和后向差分法求解刚性常微分方程
ode15i	利用变阶次方法求解隐式常微分方程

所谓刚性常微分方程，是指常微分方程数值求解时的求解步长的稳定域很小，只能使用很小的求解步长，才能保证数值解是稳定的，即数值解的误差不会随着求解过程而迅速放大；否则，将导致所得的数值解是错误的。但求解步长过小，不仅会使计算时间和空间开销的增加，也会使得数值舍入误差的影响变大。因此，刚性常微分方程属于一类较难求解的问题。隐式常微分方程是指微分方程中的导数项不是以关于 t 和 y 的显式函数给出，而是以方程的形式决定的隐函数，即此时的常微分方程形如

$$f\left(t, y, \frac{\mathrm{d}y}{\mathrm{d}t}\right) = \mathbf{0}$$

表 7-4 中所列函数的调用方式基本上大同小异，以 ode45 函数为例，其最常见的调用方式为 [t,y] = ode45(f, tspan, y0)，其中 f 为常微分方程中的函数 f 的句柄；tspan = [t0 tf] 是一个长度为 2 的矢量，给定了求解时段的初始时刻和终止时刻；y_0 为初始值条件。返回值 t 是指求解时段中的各个离散时刻，y 是各个离散时刻待求解函数的近似值，y 中每行对应一个时刻，每列对应一个待求解函数在各个时刻的近似值。ode15i 函数的调用方式稍有不同，因为其使用的算法为隐式，所以需要额外提供一个初始值。

【例 7.14】

洛伦兹方程组如下：

$$\begin{cases} x'(t) = \sigma(y-x) \\ y'(t) = -xz + rx - y \\ z'(t) = xy - bz \end{cases}$$

上述方程组是一个简单的非线性常微分方程组，即便如此，它不存在解析解，因此，只能求其数值解。下面求 $\sigma = 10$，$r = 28$，$b = 8/3$，$x(0) = y(0) = z(0) = 0.001$ 时该常微分方程组的数值解。

上述常微分方程组包含若干可调参数 σ、r 和 b，而该常微分方程组的求解函数中所需要的函数句柄只能包括两个输入参数 t 和 y。因此，可以通过使用一个中间函数引入可调参数。

输入以下代码：

```
>> f = @(t,y,sigma,r,b) ...
[sigma*(y(2)-y(1)); ...
-y(1).*y(3)+r*y(1)-y(2); ...
y(1).*y(2)-b*y(3)];
>> [t,y] = ode45(@(t,y) f(t,y,10,28,8/3), [0 100], [1;1;1]*1e-3);
```

注意：代码中的 y 表示由该方程组中所有待求解函数构成的向量，因此，代码中的 y(1) 对应于方程中的 $x(t)$，y(2) 对应于方程中的 $y(t)$，以此类推。通过中间函数句柄 f，就可以把可调参数引入 ode45 函数之中了。

对求得的数值解,可以通过多种方式使之可视化。一种常用的方法是以各个待求解函数分别作为坐标轴构成所谓的"相空间"。例如,在本例题中,就可以用 x、y 和 z 构成一个三维的相空间,于是,在每个时刻 t,由数值解给出的待求解函数的近似值就构成相空间中的一个点。将求解时段内的相空间点连接起来,就可以获得由上述常微分方程组确定的系统在相空间中的运动轨迹,即洛伦兹方程组的解在三维相空间的运动轨迹,如图 7-12 所示。

输入以下代码:

```
>> plot3(y(:,1),y(:,2),y(:,3));
```

当然,也可以利用投影的方式降低相空间维数后,观察特定变量之间的关系,或者使用普通曲线显示各个变量随时间的变化趋势。例如,图 7-13 显示的就是 x-z 轨迹,而 y 的时间曲线如图 7-14 所示。

在图 7-12 和图 7-13 中显示的轨迹不够光滑,这主要是由于 ode45 函数在求解过程中为了提高求解速度,在保证精度的前提下自适应地调整离散时刻之间的步长,某些步长对于曲线显示而言偏大。如果希望将步长控制得更小,可以利用 odeset 函数产生 ode45 函数的可选功能参数。例如,在此我们将 ode45 函数的最大求解步长限制为 0.01,以保证所得轨迹的光滑性。此外,为了增加美观,还可以使用渐变色对轨迹进行着色,着色后的光滑轨迹如图 7-15 所示。

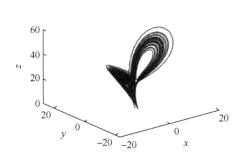

图 7-12 洛伦兹方程组的解在三维相空间的运动轨迹

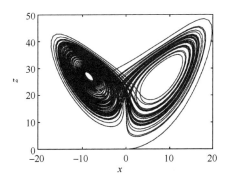

图 7-13 x-z 轨迹

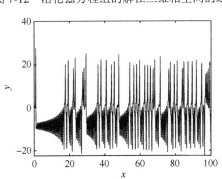

图 7-14 y 的时间曲线

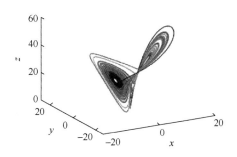

图 7-15 使用渐变色着色后的光滑轨迹

输入以下代码:

```
>> oo = odeset('MaxStep',0.01);
>> [t,y] = ode45(@(t,y) f(t,y,10,28,8/3), ...
```

```
[0 100], [1;1;1]*1e-3, oo);
>> n = length(t)/100;
>> cm = parula(n);
>> for i = 0:n-2
ind = i*100 + (1:101);
plot3(y(ind,1),y(ind,2),y(ind,3),'Color',cm(i+1,:)); hold on;
end
>> ind = (n-1)*100+1 : length(t);
>> plot3(y(ind,1),y(ind,2),y(ind,3),'Color',cm(end,:));
```

【例7.15】

范德波尔方程最初用于描述电子电路中三极管的振荡效应，但作为一种经典的自激振荡系统，范德波尔方程作为一种普适的数学模型被用于众多复杂的动力系统建模。范德波尔方程是一个非线性常微分方程：

$$\frac{d^2 y}{dt^2} + \mu(y^2-1)\frac{dy}{dt} + y = 0$$

下面对该常微分方程求$\mu=1$，初始值条件为$y(0) = -4, -3, \cdots, 4$，$\frac{dy(0)}{dt} = -4, 0, 4$，以及求解时段为[0,50]时的数值解，并在同一坐标系中绘制出各个数值解的在三维相空间的运动轨迹。

范德波尔方程是一个高阶常微分方程，可以通过以下方法把该常微分方程转化为一阶常微分方程组。设一般高阶常微分方程为

$$\frac{d^n y}{dt^n} = f\left(t, y, \frac{dy}{dt}, \cdots, \frac{d^{n-1} y}{dt^{n-1}}\right)$$

构造新变量$y_1, \cdots, y_n$，即

$$y_1 = y, y_2 = \frac{dy}{dt}, \cdots, y_n = \frac{d^{n-1} y}{dt^{n-1}}$$

则有

$$\begin{cases} \dfrac{dy_1}{dt} = \dfrac{dy}{dt} = y_2 \\ \dfrac{dy_2}{dt} = \dfrac{d^2 y}{dt^2} = y_3 \\ \quad\vdots \\ \dfrac{dy_n}{dt} = \dfrac{d^n y}{dt^n} = f\left(t, y, \dfrac{dy}{dt}, \cdots, \dfrac{d^{n-1} y}{dt^{n-1}}\right) = f(t, y_1, y_2, \cdots, y_n) \end{cases}$$

就本例题而言，因为$y_1 = y, y_2 = \dfrac{dy}{dt}$，可得如下方程：

$$\begin{cases} \dfrac{dy_1}{dt} = y_2 \\ \dfrac{dy_2}{dt} = -(y_1^2 - 1)y_2 - y_1 \end{cases}$$

输入以下代码:
```
f = @(t,y) [y(2); -(y(1).^2-1).*y(2)-y(1)];
[y10,y20] = meshgrid(-4:4,[-4 0 4]);
y0 = [y10(:) y20(:)]';
n = size(y0,2);
cm = spring(n);
for i = 1:n
    [t,y] = ode45(f,[0,50],y0(:,i),odeset('MaxStep',0.01));
    plot(y(:,1),y(:,2),'Color',cm(i,:)); hold on;
end
```

输出结果即例 7.15 轨迹，如图 7-16 所示。

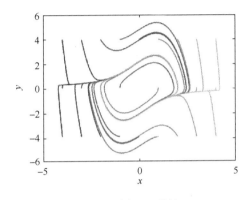

图 7-16　例 7.15 轨迹

练　习

7-1　在极坐标系中，齿轮轮廓上某点处的极径 R 与极角 ϕ（弧度）之间的关系为 $\phi = I(\varphi(R))$。其中，$\varphi(R) = \arccos(R_b / R)$，$I(x) = \tan x - x$，$R_b$ 为齿轮的基圆半径。现在希望该齿轮轮廓上极角为 30°处的极径为 105mm。请问该齿轮的基圆半径应为多少？

7-2　直管的摩擦系数 λ 通过以下公式求得：

$$\lambda = \left[-2\lg\left(\frac{2.51}{\mathrm{Re}\sqrt{\lambda}} + \frac{0.27}{d/k}\right)\right]^{-2}$$

式中，Re 为雷诺数，d 为直管直径，k 为管道内表面粗糙度。请编写一个 fricoef 函数，输入量为直管直径与管道内表面粗糙度之比 d/k，取值范围为[10,10000]。要求所编写的函数能够绘制 lg λ-lg Re 曲线，其中 Re 的取值范围为[4×10^3, 10^7]。求解上述方程时，初始解可设为 0.1。请尝试分别使用符号计算中的数值求解函数和数值计算函数求解上述方程，并比较这两种方法的运行时间。

7-3　求 $y = \sin(x - \sin x)$ 函数曲线上与点(2.1,0.5)最为接近的点。

7-4　最低点坐标为(0,0)的悬链线方程为 $y = C\cosh(x/C) - C$，求经过点(12,5)的悬链线。

7-5　求以下非线性方程组的解：

（1）$\begin{cases} x = 0.7\sin x + 0.2\cos y \\ y = 0.7\cos x - 0.2\sin y \end{cases}, x_0 = y_0 = 0.5$

（2）$\begin{cases} 0.5\sin x + 0.1\cos(xy) - x = 0 \\ 0.5\cos x - 0.1\cos y - y = 0 \end{cases}, x_0 = 0, y_0 = 1$

（3）$\begin{cases} 2x - y - e^{-x} = 0 \\ -x + 2y - e^{-y} = 0 \end{cases}, x_0 = -5, y_0 = 5$

7-6 对以下函数，利用 $f(x_i)$ 和不同的插值方法进行插值，并对比真实函数曲线与插值函数曲线：

（1）$f(x) = x^3$，$x_i = -2+i$，$i = 0, 1, ..., 4$

（2）$f(x) = x + 2/x$，$x_0 = 0.5$，$x_1 = 1$，$x_2 = 2$，$x_3 = 2.5$

（3）$f(x) = \sin(\pi x/6)$，$x_0 = 0$，$x_1 = 1$，$x_2 = 3$，$x_3 = 5$

7-7 在横跨某河流的方向上对一系列位置 x_i 的水深 y_i 进行了测量，水深数据见表 7-5。水深超过 6.5m 时，船只可安全通航。请利用不同插值方法确定河流在该处的安全通航范围，并选取各个插值方法所得到的通航范围的交集作为最终的通航范围。

表 7-5　河流不同位置的水深数据

x_i / m	0	10	20	30	40	50	60	70
y_i / m	0	3.2	5.5	8.7	11.0	7.9	3.9	0

7-8 请利用随机数函数生成模拟测量数据集 $\{(x_i, y_i)\}$，其中 $y_i = a_0 x_i^{b_0} + \varepsilon_i$，$a_0$ 和 b_0 为自行确定的参数，ε_i 为独立同分布的零均值随机数。然后利用幂函数 $y = ax^b$ 拟合所得到的数据集，并对比下述两种拟合方法所得到的参数的准确性：

（1）直接利用 $y = ax^b$ 进行非线性最小二乘拟合。

（2）将 $y = ax^b$ 线性化，使之变为 $\ln y = \ln a + b\ln x$ 后，再进行线性最小二乘拟合。

7-9 某种昆虫的产卵数量 y 与气温 t 有关，观测数据见表 7-6。请确定可体现 y 与 t 之间关系的适当的函数形式，并通过拟合确定其具体的函数关系。

7-10 从 1880 年开始，在若干年份 x_i 对全球平均气温进行了测量，这些测量值相比 1860 年全球平均气温的温升 y_i 数据见表 7-7。请根据上述数据建立全球平均气温的温升模型，并预测全球气温将在哪一年达到高于 1860 年平均气温 6℃ 的水平。

表 7-6　不同温度下昆虫的产卵数量

t_i / ℃	21	23	25	27	29	31	33
y_i / 个	7	11	21	24	66	115	325

表 7-7　1880—1980 年全球平均气温的温升数据

x_i / 年	1880	1896	1900	1910	1920	1930	1940	1950	1960	1970	1980
y_i / ℃	0.01	0.02	0.03	0.04	0.06	0.08	0.10	0.13	0.18	0.24	0.32

7-11 求下列定积分、反常积分或广义积分，并与符号计算中的数值积分对几种积分的运行时间进行对比。

提示：如果单次运行的时间过短，可重复足够次数之后再进行对比。

（1）$\int_{\frac{1}{2}}^{2}\left(1+x-\frac{1}{x}\right)\mathrm{e}^{x+\frac{1}{x}}\mathrm{d}x$　　　　（2）$\int_{2}^{4}\frac{x}{\sqrt{|x^2-9|}}\mathrm{d}x$

（3）$\int_{-\infty}^{\infty}\frac{1}{x^2+2x+3}\mathrm{d}x$　　　　（4）$\int_{0}^{\infty}\frac{x^3}{\mathrm{e}^x-1}\mathrm{d}x$

7-12 在对某辆汽车进行测试的过程中，获得不同时刻 t_i 下该汽车的速度 y_i，测试数据见表 7-8。请利用三次插值估计测试期间的 y-t 函数关系，并估计测试期间该汽车的行驶距离。

表 7-8　测试数据

t_i / s	0	1.8	2.8	3.9	5.1	6.8	8.6	10.5	13.0	16.2	19.7	25.6
y_i / (km/h)	0	30	40	50	60	70	80	90	100	110	120	130

7-13 某地区的人口数量 $y(t)$ 可通过 Logistic 模型 $y'=(a-by)y$ 描述。设 $a=0.02$，$b=0.00004$，$y_0=76.1$，请根据该模型估计该地区在 $t=10,20,\cdots,100$ 时的人口数量。

7-14 标准正态分布的概率密度函数为

$$f(x)=\frac{1}{\sqrt{2\pi}}\mathrm{e}^{-x^2/2}$$

当 $x \geq 0$ 时，标准正态分布的累积概率分布函数为

$$P(x)=\frac{1}{2}+\int_{0}^{x}f(t)\mathrm{d}t$$

请利用数值积分确定 $x=0,0.1,\cdots,3.5$ 时的 $P(x)$ 值。

参 考 文 献

[1] Cleve Moler. https://www.mathworks.com/company/newsletters/articles/the-origins-of-matlab.html. 2019.12.8.

[2] 付文利, 刘刚. MATLAB 编程指南. 北京: 清华大学出版社, 2017.

[3] MathWorks. https://www.mathworks.com/company/user_stories/chery-enables-in-house-development-of-engine-management-system-software-with-model-based-design.html. 2019.12.10.

[4] MathWorks. https://www.mathworks.com/company/user_stories/shanghai-electric-builds-and-deploys-cost-saving-enterprise-software-for-planning-and-designing-distributed-energy-systems.html. 2019.12.10.

[5] MathWorks. https://www.mathworks.com/company/user_stories/docomo-beijing-labs-accelerates-the-development-of-mobile-communications-technology.html. 2019.12.10.

[6] [美]Holly Moore . ATLAB 实用教程. 2 版. 高会生, 刘童娜, 李聪聪 译. 北京: 电子工业出版社, 2010.

[7] [美]Wolfram MathWorld. http://mathworld.wolfram.com/MercatorProjection.html. 2019.12.13.

[8] 秦大同, 谢里阳. 弹簧设计. 北京: 化学工业出版社, 2013.

[9] 《机械设计手册》编委会. 机械设计手册. 北京: 机械工业出版社, 2007.

[10] 邓慧娆, 陈绍林, 莫忠息, 等. 数值计算方法. 武汉: 武汉大学出版社, 2002.

[11] [美]Edward B. Magrab 等. MATLAB 原理与工程应用. 高会生, 李新叶, 胡智奇, 等译. 北京: 电子工业出版社, 2002.

[12] [美]E. E. Mikhailov. MATLAB 程序设计导论. 于俊伟, 刘楠 译. 北京: 机械工业出版社, 2019.

[13] 郑冀鲁. MATLAB 与化学——作图、计算与数据处理. 北京: 化学工业出版社, 2009.

[14] 王绍恒, 王良伟. 数学软件与实验. 北京: 科学出版社, 2017.

[15] 赵东方. 数学模型与计算. 北京: 科学出版社, 2007.

[16] 李允旺, 王洪欣, 代素梅. 机械原理数值计算与仿真. 北京: 科学出版社, 2017.